电网物资质量检测技术实务
线圈类物资

国网江苏省电力有限公司电力科学研究院　编著

中国电力出版社
CHINA ELECTRIC POWER PRESS

内 容 提 要

《电网物资质量检测技术实务》丛书共有《线缆类物资》《材料类物资》《线圈类物资》《开关类物资》4个分册。

本书为《线圈类物资》分册，共分五章，详细介绍了配电变压器、箱式变电站、消弧线圈、电压互感器、电流互感器等电网物资质量检测技术。

本书实用性强、覆盖面广，可供广大从事高压线圈类产品设计、制造、试验、运行等工程技术人员参考使用，同时对试验室专业检测人员也有很好的指导作用。

图书在版编目（CIP）数据

电网物资质量检测技术实务．线圈类物资 / 国网江苏省电力有限公司电力科学研究院编著．—北京：中国电力出版社，2020.12

ISBN 978-7-5198-5113-2

Ⅰ．①电…　Ⅱ．①国…　Ⅲ．①配电系统－线圈－质量检验　Ⅳ．①TM727

中国版本图书馆 CIP 数据核字（2020）第 205775 号

出版发行：中国电力出版社
地　　址：北京市东城区北京站西街 19 号（邮政编码 100005）
网　　址：http://www.cepp.sgcc.com.cn
责任编辑：王　南（010-63412876）
责任校对：黄　蓓　王海南
装帧设计：张俊霞
责任印制：石　雷

印　　刷：三河市万龙印装有限公司
版　　次：2020 年 12 月第一版
印　　次：2020 年 12 月北京第一次印刷
开　　本：787 毫米×1092 毫米　16 开本
印　　张：15.25
字　　数：329 千字
印　　数：0001—1000 册
定　　价：65.00 元

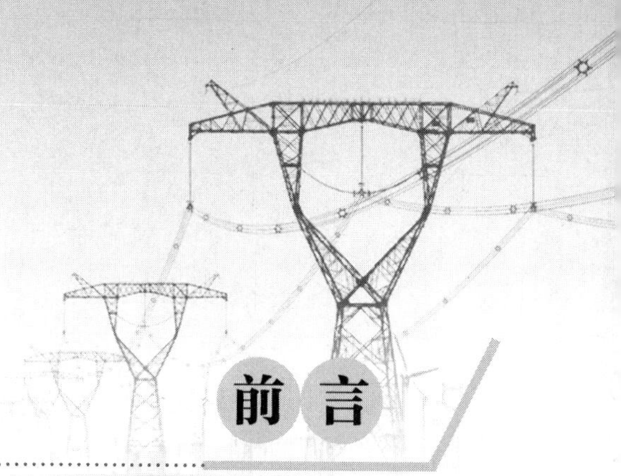

前言

近年来，随着电网物资质量检测覆盖的物资品类、检测项目日益增多，且从业检测人员也越来越多。各电网企业及许多电力用户均加大了电网物资质量的监督力度。如国家电网有限公司（简称国网公司）对入网物资提出了“三个百分百”（物资品类、批次、供应商百分百全覆盖）的抽检要求。经调研发现，目前电网物资质量检测领域缺乏全面系统的指导书籍，而少有的部分检测试验技术相关的书籍主要以检测试验原理、作业指导书为主，未对检测试验的试验准备、试验过程、试验结果评判、典型案例进行系统阐述，可借鉴意义不佳。因此，国网江苏省电力有限公司电力科学研究院结合最新电力系统物资质量水平及电网物资抽检的模式，从实际出发，根据电网物资采购技术规范的最新要求和实际抽检过程中频发的不合格情况、严重等级给出相关的指导说明，明确试验项目、试验方法、评判标准、典型案例分析等关键内容，组织编写了覆盖 23 类电网物资的《电网物资质量检测技术实务》丛书。

根据电网物资类别，本套丛书将 23 类电网物资归纳分类为《线缆类物资》《材料类物资》《线圈类物资》《开关类物资》4 个分册。本书为《线圈类物资》分册，共分五章，详细介绍了配电变压器、箱式变电站、消弧线圈、电压互感器、电流互感器等高压线圈类设备检测技术。

本套丛书实用性强、覆盖面广，适用于广大从事电气设备产品设计、制造、试验、运行等工程技术人员，同时对试验室专业检测人员有很好的指导作用。

本套丛书在编写过程中得到了苏州电器科学研究院股份有限公司、西安高压电器研究院有限责任公司等同行业单位的大力支持，为丛书编制提供了大量的帮助，在此，向他们表示由衷的感谢！

由于编者水平有限，书中难免有疏漏、不妥或错误之处，恳请广大读者给予批评指正。

编　者

2020 年 11 月

目录

前言

第一章　配电变压器 …… 1

第一节　概述 …… 1
第二节　绕组对地及绕组间直流绝缘电阻测量 …… 3
第三节　电压比测量和联结组标号检定 …… 9
第四节　绕组电阻测量 …… 12
第五节　空载损耗和空载电流测量 …… 15
第六节　短路阻抗和负载损耗测量 …… 19
第七节　外施耐压试验 …… 22
第八节　感应耐压试验 …… 27
第九节　液浸式变压器压力密封试验 …… 30
第十节　绝缘液试验 …… 32
第十一节　声级测定 …… 36
第十二节　温升试验 …… 42
第十三节　局部放电测量 …… 47
第十四节　雷电冲击试验 …… 50
第十五节　短路承受能力试验 …… 62

第二章　箱式变电站 …… 72

第一节　概述 …… 72
第二节　主回路绝缘试验及电阻测量 …… 75
第三节　接地连续性试验 …… 82
第四节　高压开关装置的机械试验 …… 84
第五节　高压开关装置的工频耐压试验 …… 87
第六节　低压开关柜介电强度试验 …… 94

第七节　检验预装式变电站中主要元件的温升试验 …… 98
第八节　内部电弧试验 …… 106
第九节　验证预装式变电站声级的试验 …… 114

第三章　消弧线圈 …… 121

第一节　概述 …… 121
第二节　绕组电阻测量 …… 122
第三节　绝缘电阻测量 …… 125
第四节　绕组介质损耗及电容测量 …… 129
第五节　损耗测量 …… 133
第六节　温升试验 …… 136
第七节　绝缘液试验 …… 140
第八节　外施耐压试验 …… 143
第九节　感应耐压试验 …… 146
第十节　局部放电试验（干式消弧线圈适用） …… 149
第十一节　雷电冲击试验 …… 153

第四章　电压互感器 …… 159

第一节　概述 …… 159
第二节　准确度试验 …… 160
第三节　一次端工频耐压试验 …… 166
第四节　二次端工频耐压试验 …… 170
第五节　一次端额定雷电冲击耐压试验 …… 172
第六节　温升试验 …… 180
第七节　局部放电测量 …… 185
第八节　短路承受能力试验 …… 189

第五章　电流互感器 …… 196

第一节　概述 …… 196
第二节　准确度试验 …… 197
第三节　一次端工频耐压试验 …… 203
第四节　段间工频耐压试验 …… 206
第五节　二次端工频耐压试验 …… 208
第六节　雷电冲击试验 …… 210
第七节　温升试验 …… 215

第八节　局部放电测量……221
第九节　匝间过电压试验……225
第十节　短时电流试验……229

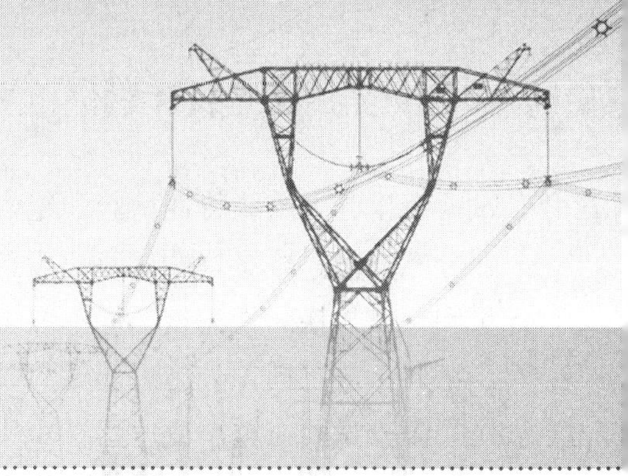

第一章　配 电 变 压 器

第一节　概　　述

电力变压器是一种为了传输电能，通过电磁感应将一个系统的交流电压和电流转变成频率相同的另一个系统的交流电压和电流的静止的电气设备。电力变压器按用途可分为升压变压器、降压变压器、联络变压器及配电变压器。

根据绝缘方式和冷却介质的不同配电变压器可分为液浸式配电变压器和干式配电变压器；根据调压方式的不同可分为无励磁调压配电变压器和有载调压配电变压器；按相数的不同可分为单相变压器和三相变压器；按材质不同可分为硅钢配电变压器和非晶合金配电变压器。

为了保证配电变压器入网的安全运行，国家规定设备入网前必须先取得型式试验报告。型式试验验证包括：全新结构的第一台产品；经过改进结构之后已影响到产品的某方面性能的改进产品；结构没改变，但采用了新材料、新工艺的产品。型式试验项目包括 GB/T 1094.1《电力变压器　第 1 部分：总则》规定的全部例行试验、型式试验及部分特殊试验项目。

国网公司对配电变压器的质量管控主要采取出厂试验（例行试验）和抽检试验两种模式。虽然同一批次产品的设计理念和工艺相同，但是在生产过程中，由于原材料的分散性、操作过程中存在的失误、零部件的质量，以及产品性能参数等可能出现缺陷，为此需要通过必要的试验来进行验证，这些试验项目就称为出厂试验。出厂试验需在每台产品上逐一进行。目前，出厂试验的项目主要根据 GB/T 1094.1 规定的例行试验和国家电网采购技术规范来进行。抽检试验主要根据国家电网公司物资部每年关于物资质量监督要求和供商管理的发文，以及国家电网物资采购的技术规范协议，通常抽检试验项目涵盖在型式试验范围内。

配电变压器在试验过程及入网运行中最容易出现问题的环节是绝缘试验、温升试验和突发短路承受能力试验，下面简单介绍下这三类问题环节。

绝缘缺陷通常可以分为集中缺陷和分布缺陷。集中缺陷是产品绝缘局部损坏、局部绝缘材料含有气隙或杂质在工作电压下局部放电；分布缺陷是绝缘材料受潮、老化等。绝缘试验可以分为绝缘特性试验和绝缘耐压试验。绝缘特性试验用来判断变压器产品中是否存在分布缺陷。绝缘特性试验一般包括：变压器油的试验、绝缘电阻、吸收比、极化指数测量和介质损耗因素测量、局部放电测量。绝缘耐压试验用来发现产品的集中缺陷。绝缘耐压试验一般包括：外施耐压试验、感应耐压试验、雷电冲击试验。

温升试验在整个变压器试验中是非常重要的一个项目，其性能超标现象极为常见。在变压器寿命上，引起绝缘老化的主要原因就是温度。由于变压器内部热量传播不均匀，所以变压器各部位的温度差别很大。变压器在实际运行中，温度过高则会产生严重的隐患，威胁电网安全运行。因此，只有根据国家标准和相关技术，严格对变压器各部位进行温升试验考核，才能保证变压器在使用年限内安全有效运行。

变压器发生短路时，很容易影响电力系统的安全运行。对以往出现故障的变压器进行分析，很大一部分原因是变压器发生短路造成的。变压器在运行中之所以会发生短路故障，主要是在电动力和机械力的共同作用下变压器绕组会出现不同程度的变形，如果绕组变形严重，那么机械性能就会严重下降，当它再次受到短路电流冲击时，很容易发生故障或损坏，进而出现变压器绝缘性能发生变化，导致局部放电、绝缘击穿等一系列绝缘问题，如果不及时采取措施，后果是无法预知的。大部分用户对变压器考核，都将变压器突发短路承受能力试验列为必做试验项目，不管是型式试验验证还是国网公司物资抽检，变压器突发短路承受能力试验都是对试验装备要求最高、考核最严、最不容易通过的一个试验项目。

国网公司配电变压器抽样检测试验项目见表 1-1，分为 A、B、C 三类。

表 1-1　　国网公司配电变压器抽样检测试验项目

序号	抽检类别	试　验　项　目
1	C 类	绕组电阻测量
2		电压比测量和联结组标号检定
3		空载损耗和空载电流测量
4		短路阻抗和负载损耗测量
5		外施耐压试验
6		感应耐压试验
7		绝缘液试验（油浸式变压器适用）
8		绕组对地及绕组间直流绝缘电阻测量
9	B 类	温升试验
10		局部放电试验（干式变压器）
11		雷电冲击试验（全波和截波）
12		压力密封试验（油浸式变压器适用）
13	A 类	突发短路承受能力试验
14		声级测定

本书推荐和涉及的配电变压器检测标准如下，本书的标准未注明年号，均以最新为准：

GB/T 1094.1《电力变压器　第1部分：总则》

GB/T 1094.2《电力变压器　第2部分：液浸式变压器的温升》

GB/T 1094.3《电力变压器　第3部分：绝缘水平、绝缘试验和外绝缘空气间隙》

GB/T 1094.4《电力变压器　第4部分：电力变压器和电抗器的雷电冲击和操作冲击的试验导则》

GB/T 1094.5《电力变压器　第5部分：承受短路的能力》

GB/T 1094.10《电力变压器　第10部分：声级测定》

GB/T 1094.11《电力变压器　第11部分：干式变压器》

GB/T 6451《油浸式电力变压器技术参数和要求》

GB/T 7595《运行中变压器油质量》

GB/T 10228《干式电力变压器技术参数和要求》

GB 20052《三相配电变压器能效限定值及能效等级》

GB/T 22072《干式非晶合金铁心配电变压器技术参数和要求》

GB/T 25289《20kV油浸式配电变压器技术参数和要求》

GB/T 25438《三相油浸式立体卷铁心配电变压器技术参数和要求》

GB/T 25446《油浸式非晶和金铁心配电变压器技术参数和要求》

GB/T 32825《三相干式立体卷铁心配电变压器技术参数和要求》

JB/T 501《电力变压器试验导则》

JB/T 3837《变压器类产品型号编制方法》

JB/T 10088《6kV～1000kV级电力变压器声级》

JB/T 10317《单相油浸式配电变压器技术参数和要求》

JB/T 10778《三相油浸式调容变压器》

Q/GDW 731《有载调容配电变压器选型导则》

Q/GDW 11190《农网高过载能力配电变压器技术导则》

第二节　绕组对地及绕组间直流绝缘电阻测量

一、试验概述

绕组对地及绕组间直流绝缘电阻测量是变压器的例行试验，可用来确定试品绝缘的质量状态，以及作为判断试品是否可以进行绝缘强度试验的一个辅助判断手段。此外，也可判断试品在运输、安装过程中是否因吸潮引起了绝缘劣化。

1. 试验目的

绝缘电阻测量是在绝缘安全的低电压下考核变压器主绝缘性能的试验，及早发现变压器绝缘有无局部或整体的缺陷，参考测量数据，判断绝缘的优劣，是决定是否继续进行下一步绝缘耐压等试验的主要依据。该试验有助于对变压器的绝缘状况做出正确地分析和判定，同时也是对变压器的生产工艺和工程质量监督。

2. 试验依据

GB/T 1094.1、JB/T 501 规定，绕组对地及绕组间直流绝缘电阻测量属于变压器的例行试验。

GB/T 1094.1 第 11.1.2.1 条只规定了该试验的类别，未作其他详细说明，具体的试验方法及结果判定应依据 JB/T 501。

各检测机构型式试验验证都按照 JB/T 501 第 6.2 条要求进行：电压 35kV、容量 4000kVA 以下变压器需提供绝缘电阻值。抽检试验依据采购技术规范协议，同型式试验，无特殊要求。

3. 主要参数及定义

变压器绝缘电阻是指变压器高压对低压及地、低压对高压及地、高压和低压对地等绝缘结构在直流电压作用下的绝缘特性，如果没有特殊规定，通常是指 60s 时的电阻值；在对绝缘电阻施加直流电压时，流过绝缘介质的电流随着时间的增加而逐渐减少，并逐渐趋于稳定值。这个电流是充电电流、吸收电流、泄漏电流三种电流之和。

充电电流是施加电压时对绝缘介质的几何电容充电的电流，一般在极短的时间内衰减。当撤去电压时，电路中产生和充电时极性相反的放电电流，同样衰减很快。

吸收电流是绝缘介质的在施加电压后，由于介质的极化，偶极子转动（绝缘介质的原子核与电子电荷的中心产生偏移，从而使偶极子缓慢转动并调整其排列方向而产生的电流）等原因而产生的。是随着时间衰减，而且是缓慢衰减电流。

泄漏电流是当直流电压施加到被试品上，绝缘内部或表面移动的带电粒子产生的传导电流，这一电流与施加电压的时间无关，一般不随时间的改变而改变。只决定于施加直流电压的大小。

严格地讲，绝缘电阻是外施电压除以全电流后的值。由于电流是随时间变化的量，所以绝缘电阻也是随时间变化的量。只有当时间很长，全电流衰减到泄漏电流时，绝缘电阻才达到稳定值，流过绝缘电阻的电流如图 1-1 所示。

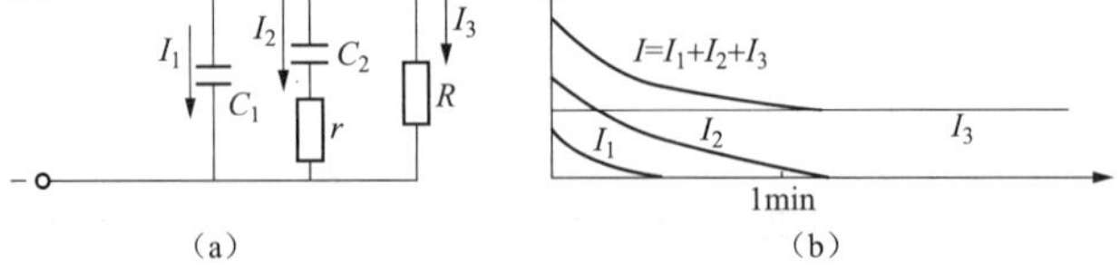

图 1-1 介质绝缘电阻等效电路图与吸收曲线

（a）等效电路图；（b）吸收曲线

I_1—充电电流；I_2—吸收电流；I_3—泄漏电流；I—全电流

从吸收曲线可以看出，所谓绝缘电阻就是指加于试品上的直流电压与流过试品的泄漏电流之比，即

$$R=U/I_3 \quad (1\text{-}1)$$

式中 U——加于试品两端的电压，V；

I_3——对应于电压 U，试品中的泄漏电流，A；

R——试品的绝缘电阻，Ω。

二、试验前准备

1. 试验装备与环境要求

（1）试验室测量时应使用电压2500V、指示量下限不低于10000MΩ、精度不应低于1.5%的绝缘电阻表或数字绝缘电阻表。试验设备要求见表1-2。

表1-2 试验设备要求

仪器设备名称	量程（MΩ）	精度（%）
数字绝缘电阻表或绝缘电阻表	≥10000	不应低于1.5

（2）试验应在5～40℃环境温度（被试品温度），湿度小于85%以下进行。见GB/T 1094.1第11.1.1条、JB/T 501第6.2.6条规定。

2. 试验前的检查

试验前应对所用仪器设备进行仔细核对、做好试验场地周围安全措施，对可能影响试验结果的因素进行排查，具体如下：

（1）被试品接地端子及测量仪器接地端必须牢固接地。

（2）保证引线对各接地部分的绝缘距离，以免在试验过程中出现不应有的放电。

（3）检查试品的油位，确认试品油位是否正常。

（4）保证测量回路接线良好，测量前要检查仪器是否处于正常工作状态，主要检查其“0”和“∞”两点位置。绝缘电阻表在短路时，指针应指在“0”位置；开路时，指针应指在“∞”位置。

（5）在测量时，要注意绝缘电阻表的正确接线，否则将引起不必要的误差甚至错误。绝缘电阻表的接线柱共三个：L为线端，E为地端，G为屏蔽端（保护环）。

（6）对可能储存气体的部位，均应充分放气。

（7）被试品套管表面清洁处理。

三、试验过程

1. 试验原理和接线

变压器的绝缘电阻是表征在同一直流电压下，不同加压时间所呈现的绝缘特性变化。绝缘电阻的变化决定于电流的变化，它直接与施加电流电压的时间有关，对于配电变压器，

绝缘电阻值经过 1min 就可以基本稳定。

试验采用直流法，使用自动绝缘电阻测试仪，绝缘介质的等效电路图如图 1-2 所示。

图 1-2 中，C_1 代表绝缘的几何电容，在直流电压作用下代表位移电流的起始值；R_1 决定绝缘电阻的稳定值和泄漏电流的大小。

试验接线示意图如图 1-3 所示。

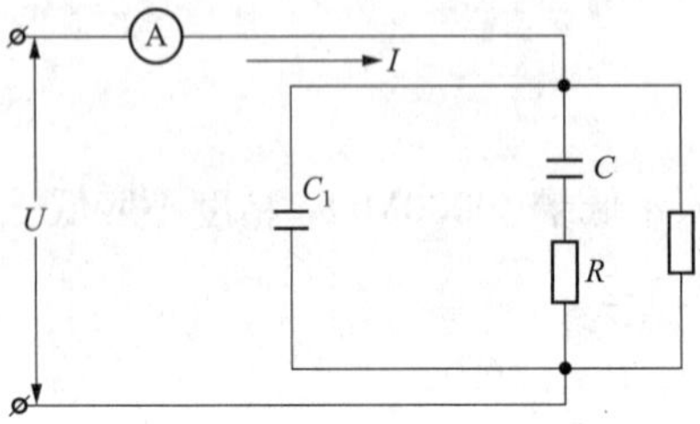

图 1-2　绝缘介质的等效电路图

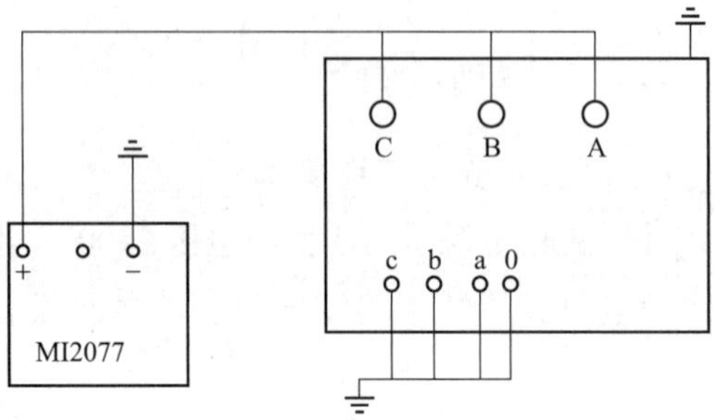

图 1-3　接线示意图

在绝缘电阻测量中，面临的是多种电压等级和多种容量的产品。由于产品的绝缘结构、几何尺寸、绝缘材料的差异，使得表现出的等值电容数值差异很大。可以把每个绕组看作一个电极，电极间的绝缘距离、面积、决定了等值电容的大小。在规定时间内所显示出的绝缘电阻值，以及绝缘电阻随时间的变化曲线，与被试品的等值电容大小，吸收时间常数大小有关。对于同容量的试品，电压等级越高，绝缘电阻起始值越高。对于相同电压等级产品，容量越大，绝缘电阻起始值就越低。

2. 试验方法

试验时，应正确连接试验线路，将电压加到被试绕组上，测量线必须使用仪器自带的测量线以保证测量结果的可靠性及安全性。红色的测量线一端接仪器“+”，另一端接试品的测量端（被试绕组短接在一起），黑色测量线一端接仪器“−”，另一端接地，试品非被试绕组短接接地，施加电压 2.5kV，持续 60s 后记录绝缘电阻值。

在实际测量中，由于外绝缘（特别是低压套管的外绝缘）容易受到表面污秽或测量时周围大气条件（湿度高时，通常 70%以上）的影响，有时表面绝缘电阻会使绝缘电阻降低很多。所以在实际测量中对测量结果进行分析时，应充考虑这些因素。必要时采用外绝缘屏蔽措施，屏蔽的方法是在被测绕组的外绝缘（套管）上用软金属导体在最下节套管伞裙围上一圈，导体与瓷裙表面接触良好，将绝缘电阻表的屏蔽端与瓷裙上的金属导体围成的环用金属导线连接，然后进行绝缘电阻的测量。

测量绝缘电阻时应同时准确测量被试品温度，对油浸式变压器在油的温度稳定后（即油箱上下部油温相差很小时），可将顶层油温度视为试品的温度，否则应取油平均温度作为试品温度。绝缘电阻接线实物图如图 1-4 所示。

单、三相变压器测量方法相同，调容变压器两个容量的绝缘电阻均要测量。

图 1-4 绝缘电阻接线实物图

配电变压器绝缘电阻测量部位见表 1-3。

表 1-3 **配电变压器绝缘电阻测量部位**

序号	配电变压器	
	被试绕组	接地部位
1	高压	低压及外壳
2	低压	高压及外壳
3	高压及低压	外壳

当测量温度不同时，绝缘电阻受温度的影响可按下式进行近似修正，从而方便对数据结果进行对比分析：

$$R_2 = R_1 \times 1.5^{(t_1 - t_2)/10} \tag{1-2}$$

式中 R_1、R_2——温度为 t_1、t_2 时的绝缘电阻。

四、注意事项

（1）应准确读取试品及环境的温度，以便于在不同温度下进行绝缘电阻的换算和分析对比。

（2）变压器高、低压绕组应与其中性点分别连接在一起进行测试，当绕组线端与其中性点未连接在一起时，通过绕组的电流会影响绝缘电阻值。

（3）当铁心与夹件单独引出时（干式配变铁心对地绝缘电阻是可以测量的），应测量铁心与夹件对地的绝缘电阻，试验电压 1kV 即可。

（4）试验前，应检查套管的油位，确认油位正常（明确具体的油位指示，刻度表或者颜色指示）。

（5）测量时，对试品施加一次直流电压后，必须将剩余电荷尽量放完，否则残存电荷将对测量结果产生影响，并可能危及人身安全。

（6）用绝缘电阻表测量绝缘电阻时，要注意“L”和“E”不能接反。正确的接法是“L”线端钮接被测设备导体，“E”地端或连接接地的设备外壳，“G”屏蔽端接被测设备的绝缘部分。如果将“L”和“E”接反了，流过绝缘体内及表面的漏电流经外壳汇集到地，由地经“L”流进测量线圈，使“G”失去屏蔽作用而给测量带来很大误差。另外，因为“E”及内部引线同外壳的绝缘程度比“L”与外壳的绝缘程度要低，当绝缘电阻表放在地上使用，采用正确接线方式时，“E”端对仪表外壳和外壳对地的绝缘电阻相当于短路，不会造成测量误差；而“L”与“E”接反时，“E”对地的绝缘电阻同被测绝缘电阻并联，而使测量结果偏小，给测量带来较大的误差。

五、试验后的检查

（1）试验后应仔细核对原始记录、温湿度和大气压；

（2）如试验数据有异常，应检查试验线路和接地是否完好，仪器使用日期是否在有效范围内，必要时应对试品进行复测；

（3）检查试品外观的完整性、套管处是否有放电痕迹；

（4）检查仪器设备是否完好，有无损伤。

六、结果判定

绝缘电阻值的大小没有相关标准的规定，一般只需提供实测值。如果实测值很低（100MΩ）以下，可能会影响外施耐压等绝缘试验。因其受环境温湿度影响较大，可以将测量结果换算至同一温度下进行对比。试验过程中常见的不合格现象见表 1-4。

表 1-4　　试验过程中常见的不合格现象

序号	试验项目	不合格现象	判定依据	严重等级
1	绕组对地及绕组间直流绝缘电阻测量	绝缘电阻值较低，通常低压 500MΩ	无	轻微
2		绕组对地导通，无法施加电压		严重
3		电压升到一半无法继续升压，试验时绝缘内部有“呲呲”放电声		严重
4		出现放电火花		严重

七、案例分析

［案例一］

（1）案例概况。型号为 SH15-M-400/10 的非晶合金变压器绝缘电阻极低。

（2）不合格现象描述。在短路承受能力试验后，测量绝缘电阻时发现低压对高压及地的绝缘电阻极低，用万用表测量为导通，此时高压对低压及地绝缘电阻正常，说明低压对地导通。

（3）不合格原因分析。在该非晶合金配电变压器的短路承受能力试验过程中，低压铜排受力与变压器箱壳或地相通或有非晶碎片与低压侧相连，从而导致低压侧与地绝缘电阻极低。

［案例二］

（1）案例概况。型号为 S13-M-200/10 油浸式电力变压器高压对低压及地绝缘电阻值为 460MΩ。

（2）不合格现象描述。高压对低压及地的绝缘电阻值为 460MΩ，高压及低压对地绝缘电阻为 420MΩ，低压对高压及地绝缘电阻为 630MΩ。

（3）不合格原因分析。该油浸式电力变压器可能由于油受潮，含水量偏高、油耐压低或器身在处理和安装过程中绝缘受潮引起。

［案例三］

（1）案例概况。型号为 S13-M-400/10 油浸式电力变压器例行试验时，高压绕组绝缘电阻值极低。

（2）不合格现象描述。绝缘电阻测量时，高压对低压及地的绝缘电阻值为零，又用万用表测量为导通，其他绝缘电阻值正常。

（3）不合格原因分析。该油浸式电力变压器在运输过程中，变压器高压绕组受颠簸机械力冲击，造成高压绕组引线或开关引线接地导通。

第三节　电压比测量和联结组标号检定

一、试验概述

电压比测量和联结组标号检定是变压器的例行试验，可以用来验证变压器能否达到预期的电压变换效果。变压器在生产至安装运行的过程中需要多次进行该项试验。

1. 试验目的

一般来说要在不同的制造工序进行三次变压比试验。

（1）绝缘装配完工后，检验线圈匝数是否正确。

（2）引线装配完工之后，确定绕组各分接的引线和分接开关的连接是否正确。

（3）总装配完工之后，检查变压器分接开关内部所处位置与外部指示位置是否一致，以及检查线端标志是否正确。

2. 试验依据

GB/T 1094.1 第 11.3 条规定，变压器的每个分接都应进行电压比测量，应检定单相变压器的极性和三相变压器的联结组标号。

3. 主要参数及定义

（1）额定电压比。一个绕组的额定电压与另一个具有较低绕组的额定电压之比。

（2）联结组标号。用一组字母和时钟序数指示高压和低压的联结方式，是表示低压绕组对高压绕组相位移关系的通用标志。

三相变压器的三个绕组可以联结成星形、三角形或曲折形。联结成星形、三角形或曲折形时，高压绕组用大写字母 Y、D 或 Z 表示，低压用同一字母的小写形式 y、d 或 z 表示。对于有中性点引出的星形或曲折形联结用 YN（yn）或 ZN（zn）表示。对于单相变压器，分别用 I 和 i 表示高压绕组和低压绕组。联结组标号中的数字表示相位移钟时序数。

（3）相位移。当正序电流施加于按字母顺序或数字顺序标志的高压端子时，低压绕组和高压绕组中性点与相应线路端子间电压向量的角度差。这些向量均假定按逆时针旋转。

二、试验前准备

1. 试验设备与环境要求

电压比测量所使用的试验装备的精度和灵敏度要求：不低于 0.2%。

GB/T 1094.1 规定，试验应在 5～40℃的环境温度。

2. 试验前的检查

试验前应对使用仪器设备进行核对检查，并做好试验场地周围的安全措施，对可能影响试验结果的因素进行排查，具体如下。

（1）试品及试验设备均应可靠接地。

（2）按照变压器铭牌标示的值输入相序、组别、总分接数、分解位置（对于额定分接值的位置）、每级调压、额定电压比。

（3）检查试品的油位，保证试品油位正常。

（4）检查和记录试品和试验环境的温度。

（5）试验设备应经检定合格，并调试正常。

三、试验过程

1. 试验原理

电压比电桥法是目前比较常见而简便的试验方法。电桥本身有常见的联结组标号的接收回路，在进行电压比测量的同时，也验证了联结组标号，检查了绕组电压的矢量关系。对于电压比电桥没有联结组标号的产品，只要适当地改变产品与电桥连接，就可以用电桥上的联结组标号进行相应的产品的试验。电压比测量原理图和试验过程接线实物图如图 1-5 和图 1-6 所示。

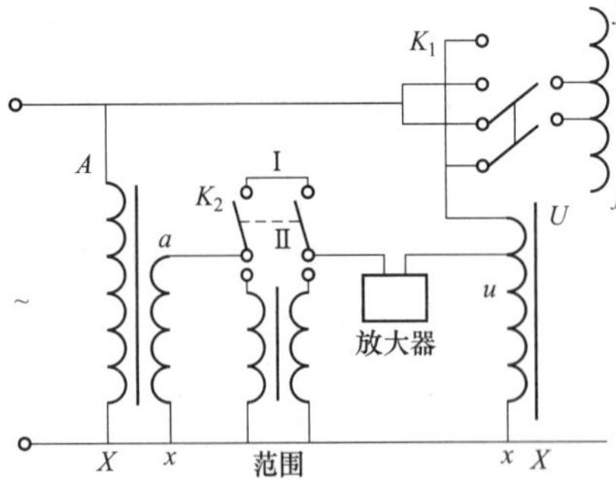

图 1-5　电压比测量原理图

K_1—误差极性转换开关；K_2—范围开关

图 1-6　试验过程接线实物图

2. 试验方法

电压比测量和联结组标号检定通常采用电压比电桥法。电压比电桥的准确度等级是比较高的，通常是 0.1%或 0.2%，这一准确度等级可以满足电压比偏差和规定值相比不超过 0.5%的测量要求。

常用的电压比电桥上均设置有用于不同联结组的转换开关，或有供选择的联结组列表清单，可直接设置或选择用于联结组的测量，当转换开关位置正确，同时电压比正确，变压器的联结组标号是正确的。变压器在测量电压比的同时，也测量了绕组的联结组标号。测量应分别在各分接上进行。

电压比测量和联结组标号检定的试验装备通常使用变压器变比测试仪。现在大多数实验室都使用全自动变比测试仪，能自动识别联结组标号，一般采用单片机作为微处理器，接受面板键盘和开关量输入，对量程、电桥平衡进行自动跟踪控制，并对测量结果进行数据处理，最后将测量结果存储和打印。使用变比测试仪时，应将高压端和低压端电缆的 3 色夹钳按黄、绿、红各对应 A 相、B 相、C 相对应连接，可以一次接线逐相测量三对绕组的电压比。

四、注意事项

（1）试验时，应有信号灯、指示牌、围栏等安全防护措施。

（2）试品及试验设备应可靠接地，正确连接试验线路，规范使用试验设备。

（3）应在保证试验仪器符合要求的情况下接通电源。

（4）根据试验设备的参数设置，正确调节试品分接位置，逐一测量。

（5）在每个分接试验结束时，应对仪器充分放电方可更改分接进行下次测量。

五、试验后的检查

（1）试验后应观察试验数据并结合实际阻抗电压进行结果判定。

（2）试验后应检查各分接每项的偏差，如果相偏差比较大即使测量结果没有超出标准要求，也要更换仪器进行复测以排除仪器故障带来的干扰。

（3）分析试验数据是否存在明显异常，必要时应对试品进行复试。

六、结果判定

GB/T1094.1 第 10 条规定，当电压比测量值满足偏差规定时，认为变压器符合本部分的要求。检定三相变压器的联结组标号应完全符合要求，不允许有误差，国标对电压比试验的偏差要求见表 1-5，试验过程中常见的不合格现象见表 1-6。

表 1-5　　电压比试验的偏差要求

<table>
<tr><th colspan="3">项　　目</th><th>偏差</th></tr>
<tr><td rowspan="3">空载电压比</td><td rowspan="2">规定的第一对绕组</td><td>主分接或极限分接</td><td>下列值中较低者：
（1）规定电压比的±0.5%；
（2）主分接上实际阻抗百分数的±1/10</td></tr>
<tr><td>其他分接</td><td rowspan="2">匝数比设计值的±0.5%</td></tr>
<tr><td colspan="2">其他绕组</td></tr>
</table>

表 1-6　　试验过程中常见的不合格现象

序号	试验项目	不合格现象	结果判定依据	严重等级
1	电压比测量和联结组标号检定	电压比偏差超出允许范围	GB/T 1094.1 第 10 条	严重
2		匝间短路		严重
3		联结组标号无法测出		严重

七、案例分析

［案例一］

（1）案例概况。型号为 SH15-M-400/10 的非晶合金配电变压器进行电压比测量和联结组标号检定时电压比无法测量。

（2）不合格现象描述。按变压器外观标示接线进行的电压比测量，电压比测试不正确。

（3）不合格原因分析。变压器高压侧 A 相和 C 相标反。

［案例二］

（1）案例概况。S13-M-400/10，联结组标号为 Dyn11 的油浸式电力变压器在电压比试验时，电压比无法测试。

（2）不合格现象描述。按变压器外观标示接线进行的电压比测量，电压比测试不正确。

（3）不合格原因分析。用万用表测量变压器高压绕组绝缘电阻值为零，变压器高压绕组引线有接地现象。

［案例三］

（1）案例概况。S13-M-200/10，联结组标号为 Dyn11 的油浸式电力变压器在电压比试验时，电压比偏差超标。

（2）不合格现象描述。按变压器分接位置进行的电压比测量，电压比测试偏差超标。

（3）不合格原因分析。变压器绕组分接位置与外部操作分接位置指示不对应，变压器分接开关指示错误。

第四节　绕组电阻测量

一、试验概述

绕组电阻测量是变压器的例行试验。在生产过程中和现场事故分析中具有重要的指导作用，它是确保变压器生产质量、检修质量和安全运行的一个重要手段。

1. 试验目的

（1）检验绕组导线连接处的焊接是否良好，有无焊接不良现象。

（2）检验引线与套管、引线与分接开关，以及引线之间的连接是否良好。

（3）检查导线的规格、电阻率是否符合要求。

（4）验证各相绕组的直流电阻是否平衡，是否符合标准或技术规范书要求。

（5）可以用来作为计算负载损耗和温升的基本数据。

2. 试验依据

GB/T 1094.1 第 11.2 条规定该试验为例行试验。

JB/T 501 详细介绍了该试验的试验方法。

3. 主要参数及定义

（1）绕组。构成与变压器标注的某一电压相对应的电气线路的一组线匝。

（2）绕组直流电阻不平衡率。以三相直流电阻最大值减最小值作分子，三相实测平均值作分母计算出不平衡率。

GB/T 6451 规定，对于配电变压器，绕组直流电阻不平衡率：相为不大于 4%，线为不大于 2%。如果由于线材及引线结构等原因而使绕组直流电阻不平衡率超过上述值时，除应在记录中记录实测值外，还应写明引起这一偏差的原因。

绕组直流电阻应在变压器的每相、每个绕组、各个分接上进行测量。同时，注意比较其分接之间相差的阻值规律和开关极性转换位置上下对应分接的阻值规律。

二、试验前准备

1. 试验装备与环境要求

（1）现在各厂家和检测机构实验室测量直流电阻时通常都使用直流电阻测试仪，直流电阻测量仪精度为 0.2%±0.2μΩ。

（2）GB/T 1094.1 规定，试验应在 5～40℃的环境温度下进行。

2. 试验前的检查

（1）检查并记录试品和环境温度，且应无明显差异。

（2）检查试品的油位是否正常。

（3）检查试品状态，是否完好，有无损伤。

（4）试验设备应经检定合格，并调试正常。

三、试验过程

1. 试验原理和接线

绕组电阻测量的接线实物图如图 1-7 所示。

图 1-7 绕组电阻测量的接线实物图

2. 试验方法

根据变压器容量大小估算绕组电阻大小选择测试仪的测试电流，各绕组引出端子全部处于开路状态；变压器变换分接时，必须切断测试仪测试回路电源；测量时一定要等待绕组自感效应影响至最低程度，再读取数据，否则将会造成较大的测量误差。

使用直流电流进行测量。应记录被试绕组温度及高压绕组各分接位置绕组端子间的电阻和低压绕组端子间的电阻。

（1）液浸式变压器。变压器注入液体后，至少 3h 不励磁，才可测量液体平均温度（绕组温度被认为与液体平均温度相同）。顶层液体温度与底部液体温度的平均值，作为液体平均温度。

在为温升试验测量冷电阻时，应尽量准确地测定绕组的平均温度。为此，顶层液体与底部液体温度之差不应超过 5K。

（2）干式变压器。测量前，环境温度变化小于 3℃的时间至少不应低于 3h。用内部温度传感器测得的绕组温度与环境温度之差不应大于 2℃。

绕组温度应与绕组电阻同时测量，绕组温度由置于有代表性位置（最好置于绕组内部，如：高、低压绕组间的通道内）的传感器测量。

直流电阻温度换算：不同温度下测量的直流电阻按式（1-3）换算到同一温度，即

$$R_2 = R_1\left(\frac{T + t_2}{T + t_1}\right) \tag{1-3}$$

式中　R_1、R_2——温度 t_1、t_2 时的电阻值；

T——常数，其中铜导线为 235，铝导线为 225。

四、注意事项

（1）试验前，应设置信号灯、指示牌、围栏等安全防护措施。

（2）试验时，应根据仪器的使用说明和绕组的阻值大小选择合适的测试电流。

（3）试验时，试品其他端子应处于开路状态。

（4）对于无励磁调压变压器在切换分接位置时，应切断电源。

（5）测量时，等待绕组自感效应降至最低程度，再读取数据，避免造成较大误差。

（6）每次测量完毕，应对测量回路彻底放电，确认后才可进行下一步操作。

（7）仪器线夹与绕组连接导线应有足够的截面，且接触必须良好。

五、试验后的检查

（1）检查试验数据，计算绕组电阻不平衡率；

（2）如果试验数据存在明显异常，必要时应进行复试；

（3）检查试验设备和试品状态是否完好，有无异常。

六、结果判定

GB/T 6451 的第 4.3.2 条规定，对于配电变压器，绕组直流电阻的不平衡率要求为：线电阻不大于 2%，相电阻不大于 4%。常见不合格现象见表 1-7。

表 1-7 常见不合格现象

序号	试验项目	不合格现象	结果判定依据	严重等级
1	绕组电阻测量	线不平衡率超出标准要求，相不平衡率合格，且制造厂可以提出由于线材结构原因造成的等合理解释	对于配电变压器，线电阻不平衡率不大于 2%，相电阻不大于 4%	轻微
2		电阻无法测量，测量结果异常		严重

七、案例分析

［案例一］

（1）案例概况。型号为 S13-M-400/10 的配电变压器低压绕组线电阻不平衡率超过 2%。

（2）不合格现象描述。低压绕组线电阻不平衡率为 2.6%。

（3）不合格原因分析。低压绕组材料或引线结构原因。

［案例二］

（1）案例概况。型号为 S13-M-200/10 的配电变压器高压绕组线电阻不平衡率超过 2%。

（2）不合格现象描述。高压绕组的线电阻不平衡率为 2.36%。

（3）不合格原因分析。引线与套管，或引线与分接开关之间存在焊接不良现象。

［案例三］

（1）案例概况。型号为 S13-M-400/10 的配电变压器低压绕组相电阻不平衡率超过 4%。

（2）不合格现象描述。低压绕组的相电阻不平衡率为 4.5%。

（3）不合格原因分析。产品的内部结构或导线的规格、电阻率不符合要求。

第五节　空载损耗和空载电流测量

一、试验概述

空载损耗和空载电流是变压器运行的重要参数，空载损耗意味着变压器在运行时的能量损失。该试验属于变压器的例行试验。

1. 试验目的

通过测量空载损耗，可以发现磁路中有无局部或整体缺陷。此外，通过感应耐压试验前后的空载试验，可以判断绕组是否存在匝间短路等情况。

2. 试验依据

GB/T 1094.1 第 11.5 条介绍了空载损耗和空载电流测量的试验方法和要求，JB/T 501 对该试验也有相关的规定，试验结果的考核应根据配电变压器的产品类别（非晶合金、普通硅钢、立体卷铁心等），分别选择相应的技术参数标准和技术规范书要求。

3. 主要参数及定义

（1）空载损耗。空载损耗是指当额定频率正弦波形的额定电压施加到一个绕组的端子上，其他绕组开路时所消耗的有功功率，主要由铁损、绝缘介质损耗和绕组直流电阻损耗组成。

（2）铁损。发生在变压器铁心内的反复磁化损耗，由磁滞损耗和涡流损耗组成。

（3）绝缘介质损耗。变压器内的绝缘介质在交流电压作用下的损耗。

（4）绕组直流电阻损耗。空载电流通过激磁绕组，电流在励磁绕组的直流电阻中产生的损耗。

（5）空载电流。空载电流是指变压器不带负载从电网吸收的电流。当额定频率下的额定电压施加到一个绕组的端子上，其他绕组开路时，流经该绕组的电流值，对于三相变压器是流经三相端子电流的算术平均值。

二、试验前准备

1. 试验装备与环境要求

（1）空载试验使用的电流和电压互感器以及功率分析仪精度见表 1-8。

表 1-8　　仪器设备精度要求

仪器设备名称	精　度
变压器测控系统	电流、电压互感器的精度应不低于 0.2 级，所用仪表的精度不低于 0.5 级。功率测量应采用小于 0.2 低功率因数的功率表

（2）GB/T 1094.1 规定，试验应在 5～40℃的环境温度下进行。

2. 试验前的检查

（1）对于液浸式变压器，检查试品油位是否正常；

（2）试品的油箱或外壳应可靠接地，应有足够的绝缘距离；

（3）检查线路连接，保证试品与试验装备正确接线；

（4）升高座、充油套管、连管等可能储存气体的部位，应充分放气；

（5）检查和记录试品及试验环境的温度。

三、试验过程

1. 试验原理和接线

空载试验的接线原理图如图 1-8 所示。

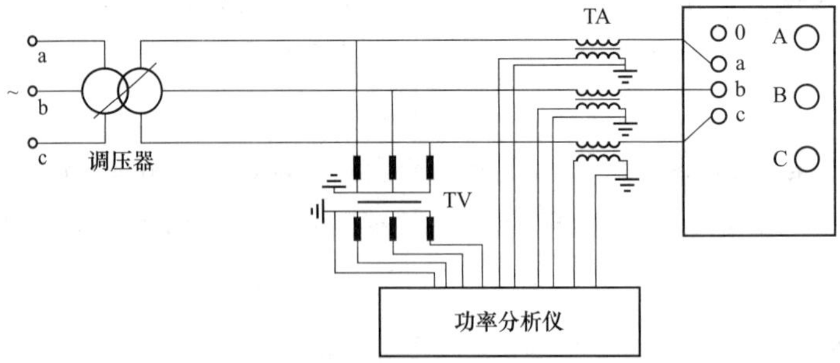

图 1-8　空载试验接线原理图

变压器的接线：首先将变压器接地点接地，然后将低压侧三相 abc 分别连接三相电源，试验过程接线实物图如图 1-9 所示。

2. 试验方法

将额定频率下的额定电压（主分接）或相应分接电压施加于选定的绕组上，其余绕组开路，但开口三角形联结的绕组（如果又）应闭合。

图 1-9 试验过程接线实物图

测量时，变压器的温度应接近试验场所的环境温度。

对于三相变压器，选择接到试验电源的绕组和联结方式时，应尽可能使三个心柱上出现对称的正弦波电压。

实际测量时，为了校正励磁电压波形对空载损耗的影响，要用平均值电压表测量线电压，同时用一测量方均根值电压的电压表与平均值电压表并联。试验电压应以平均值电压表读数为准，令平均值电压表读数记为 U'。同时，方均根值电压表与平均值电压表并联，其读数记为 U。

三相变压器试验时，如果 D 联结或 Y 联结绕组励磁，电压应在线路端子间测量；如果 YN 或 ZN 联结组励磁，则电压应在相和中性点端子间测量。

相对相电压可以从相对地电压测量中导出，但相对中性点电压不应从相对相测量中导出。

如果读数 U' 和 U 值之差在不超过 3%，则试验电压波形满足要求。若超过 3%，则试验的有效性按协议确认。在高于额定电压时，可以接受 3%的读数差，但测量值属于保证值的情况除外。

实测空载损耗 P_m，经偏差 d 校正后的空载损耗 P_0 为

$$P_0=P_m(1+d) \tag{1-4}$$

$$d=(U'-U)/U'\text{（通常为负值）} \tag{1-5}$$

空载电流的方均根值与空载损耗在同一绕组同时测量。对于三相变压器，取三相的平均值。

空载损耗不需做温度校正。

四、注意事项

（1）试验时，应有信号灯、指示牌、围栏等安全防护措施；

（2）试验时，试品的油箱或外壳应可靠接地；

（3）如果空载试验在电阻测量或冲击试验后（短路承受能力试验后）进行，应做空载试验测量前的过励磁给变压器铁心去磁，以保证测量准确度；

（4）进行空载损耗测量时，要注意试验电缆的损耗，当试验电缆损耗相对于变压器损耗不可以忽略时，要从所测的损耗中减去试验电缆的损耗。

五、试验后的检查

（1）试验后检查波形畸变率是否在标准规定范围内；

（2）检查试验设备和试品状态，是否完好，有无损伤；

（3）短路后空载数据要和短路前数据进行比对，如差异大应分析原因。

六、结果判定

GB/T 1094.1 规定，记录的平均值电压表读数与方均根值电压表读数之差应不超过 3%，试验电压的波形才满足要求。配电变压器的空载试验考核变压器的空载损耗和空载电流，根据配电变压器的产品类别，分别选择相应的技术参数标准和技术规范书要求，国网公司采购技术规范对空负载要求不得有正偏差。试验过程中常见不合格现象见表 1-9。

表 1-9　　试验过程中常见不合格现象

序号	试验项目	不合格现象	判定依据	严重等级
1	空载损耗和空载电流测量	空载损耗超标，超过规定值的偏差 d：0%＜d≤3%	技术参数和标准要求，以及技术规范书要求	轻微
2		空载损耗超标，超过规定值的偏差 d：d＜3%		中度
3		试验系统合闸后，电流异常的大，匝间短路		严重

七、案例分析

［案例一］

（1）案例概况。型号为 SH15-M-400/10 的非晶合金配电变压器在短路承受能力试验后空载损耗值超标。

（2）不合格现象描述。短路承受能力试验后进行的空载损耗测量值为 0.218kW，超出标准规定值。

（3）不合格原因分析。进行的短路试验导致该变压器内部有非晶碎片脱落，导致空载损耗偏大。

［案例二］

（1）案例概况。型号为 S13-M-200/10 的配电变压器空载损耗测量值大于技术参数标准要求。

（2）不合格现象描述。空载损耗测量值为 0.320kW。

（3）不合格原因分析。该变压器在运输、吊运过程中，器身遭到碰撞，导致内部结构受损。

［案例三］

（1）案例概况。型号为 S13-M-200/10 的配电变压器空载电流异常。

（2）不合格现象描述。试验电流异常，试验无法进行。

（3）不合格原因分析。绕组匝间损伤，造成匝间短路；铁心硅钢片之间绝缘不良或部分硅钢片之间短路。

第六节 短路阻抗和负载损耗测量

一、试验概述

变压器的负载损耗意味着在运行时的能量损失，变压器的短路阻抗也是系统安全运行的重要参数，对变压器的寿命和长期运行有很大的影响。短路阻抗和负载损耗测量属于变压器的例行试验。

1. 试验目的

进行变压器短路阻抗和负载损耗测量，可以确定这两个重要性能参数是否满足标准和技术规范的要求，还可以发现绕组设计与制造，以及载流回路和结构的缺陷。同时，负载损耗测量也为该产品的温升试验和短路承受能力试验提供必要的试验数据。

2. 试验依据

GB/T 1094.1 第 11.4 条规定了短路阻抗和负载损耗的试验方法和要求，试验结果的考核应根据配电变压器的产品类别，分别选择相应的技术参数标准和技术规范书要求。

3. 主要参数及定义

（1）负载损耗。负载损耗是在变压器一侧绕组中通过额定频率、正弦波的额定电流，另一侧短路时的损耗。负载损耗主要由绕组中的直流电阻损耗和绕组电流产生的漏磁场引起的附加损耗组成。

根据产生的原因，负载损耗可以分为直流电阻的损耗和附加损耗。

1）直流电阻损耗：I^2R。

2）附加损耗包括：①绕组导体内的涡流损耗，是导线在漏磁场中产生的；②绕组内并联导线中不平衡电流损耗是并联导线中因漏磁场引起的；③铁心内的附加损耗是漏磁场在铁心片中附加损耗；④夹件等结构件内的附加损耗是漏磁场在结构件中引起的涡流损耗。⑤油箱的附加损耗是漏磁场在结构件中引起的涡流损耗。

漏磁场是指磁通有一部分通过空气，绕组的导线处在漏磁场中，漏磁通会在导线中产生涡流损耗。

附加损耗一般不超过电阻损耗的 10%；对于大、中型变压器，附加损耗可由电阻损耗的 10%增加到 100%，甚至超过绕组的电阻损耗。

（2）短路阻抗。变压器的负载电流除了产生负载损耗外，还在绕组中产生电压降，从而使变压器在负载时的输出电压低于空载电压。负载电流在绕组中产生的电压降以绕组额定电压的百分数表示，称为短路阻抗压降（也称阻抗电压压降）。短路阻抗压降包括与负载损耗相对应的等效电阻上的电阻压降分量和绕组与绕组漏磁通相对应的漏抗上的电抗压降分量，上述两个压降分量无法分别测量，只能在测出负载损耗和短路阻抗之后用计算的方法求出。

二、试验前准备

1. 试验设备与环境要求

负载试验使用的电流、电压互感器和功率分析仪的精度见表 1-10。试验时，应注意测量用互感器角差对测量数据的影响（配电变压器可以忽略）。

表 1-10　　仪器设备精度要求

仪器设备名称	精　　度
变压器测控系统	电流和电压互感器的精度应不低于 0.2 级，所用仪表的精度不低于 0.5 级。功率测量应采用小于 0.2 低功率因数的功率表

GB/T 1094.1 第 11.1.1 条规定，试验应在 5～40℃的环境温度下进行。

2. 试验前的检查

（1）对于液浸式变压器，检查试品油位是否正常。

（2）试品的油箱或外壳应可靠接地。

（3）检查线路连接，保证试品与试验装备正确接线。

（4）对变压器可能储存气体的部位，应充分放气。

（5）应正确检查和记录试品以及试验环境的温度。

（6）短接用铜排截面积是否足够，连接是否可靠。

三、试验过程

1. 试验原理和接线

试验原理图如图 1-10 所示。试验过程接线实物图如图 1-11 所示。

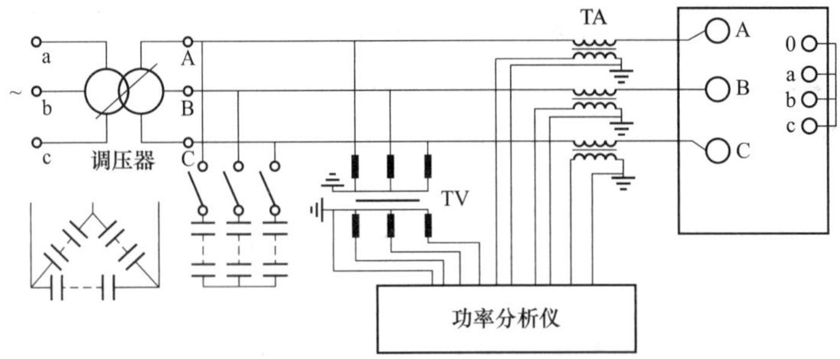

图 1-10　试验原理图

2. 试验方法

一对绕组的短路阻抗和负载损耗测量时，应在额定频率下，将电压施加到一个绕组上，另一个绕组短路，其他绕组（如果有）开路。宜施加等于相应额定电流的分接电流，但不应低于该电流的 50%。试验应尽快进行，以减少温升引起的明显误差。顶层液体与底部液体的温差应足够小，以便准确得到液体平均温度。顶层液体与底部液体的温度不应大于 5K。

负载损耗值乘额定电流对试验电流之比的平方，得到的结果应校正到参考温度。I^2R 损耗（R 为绕组直流电阻）随绕组温度呈正向变化，而所有其他损耗与温度呈反向变化。温度校正程序详见 GB/T 1094.1。

图 1-11　试验过程接线实物图

短路阻抗用电抗和交流电阻串联表示。短路阻抗应校正到参考温度，此时，假定电抗是常数，而由负载损耗导出的交流电阻变化如上所述。

对于带分接绕组的变压器，如果分接范围不超过±5%，则短路阻抗在主分接上测量。

当分接范围超过±5%时，短路阻抗应分别在主分接及超过±5%的极限分接上测量。在其他分接位置上的测量按技术规范书的规定。

如果分接范围时不对称的，则按照用户的要求，也可在中间分接上进行。

负载试验时测量电压不使用平均值电压表，全部使用方均根值电压表。

三相变压器的负载试验要测量三相的电压和电流，并以三相的平均值为准。

四、注意事项

（1）正确选择试验电源容量。

（2）应准确测量受试绕组的温度，试验应在较短时间内完成，以确保试验期间绕组温度不发生变化。

（3）低压接线的导线截面要满足短路电流要求，接线要牢固可靠。

（4）试验前，应设置信号灯、指示牌、围栏等安全防护措施。

（5）试验前，应检查试品状态，油位应正常，分接位置符合要求。

（6）应从被试端子处采集试验电压，避免试验线路损耗带来的影响。

五、试验后的检查

（1）检查和分析试验数据，试验结果有疑问必要时应进行复试；

（2）检查试验设备和试品状态，是否完好，有无损伤；

（3）检查试验方法是否符合标准要求，认真核对试验流程。

六、结果判定

GB/T 1094.1 第 11.4 条规定了短路阻抗和负载损耗测量的试验方法和要求，试验结果的考核应根据配电变压器的产品类别，分别选择相应的技术参数标准和技术规范书要求，国网采购技术规范对空负载要求不得有正偏差。常见不合格现象见表 1-11。

表 1-11　　常见不合格现象

序号	试验项目	不合格现象	结果判定依据	严重等级
1	短路阻抗和负载损耗测量	负载损耗实测值超过规定值的偏差 d：$0\%<d\leqslant3\%$	技术参数和要求标准，以及技术规范书要求	轻微
2		负载损耗实测值超过规定值的偏差 d：$d<3\%$或短路阻抗值不合格		严重

七、案例分析

［案例一］

（1）案例概况。型号为 SH15-M-400/10 的非晶合金配电变压器在短路承受能力试验后，负载损耗和短路阻抗的测量值均超出标准要求。

（2）不合格现象描述。短路承受能力后复试负载损耗值为 4.820kW，短路阻抗测量值为 4.45%。

（3）不合格原因分析。该变压器在进行短路承受能力试验时，机械力造成绕组横向和纵向均产生变形，从而导致负载损耗和短路阻抗偏大，超出标准要求。

［案例二］

（1）案例概况。型号为 SBH15-M-200/10 的非晶合金配电变压器的负载损耗测量值偏高，超出标准要求。

（2）不合格现象描述。负载损耗测量值为 3.580kW，超出标准要求。

（3）不合格原因分析。该变压器内部结构存在缺陷，绕组材质不符合要求。

［案例三］

（1）案例概况。型号为 S13-M-315/10 的配电变压器短路阻抗超出标准要求。

（2）不合格现象描述。短路阻抗的测量值为 4.88%，超出标准要求。

（3）不合格原因分析。该变压器在设计或生产工艺方面存在缺陷。

第七节　外施耐压试验

一、试验概述

外施耐压试验是配电变压器的例行试验。变压器的电气强度是考核变压器在正常工作电压和非正常状态下（如遭受雷电过电压、操作过电压等）能安全可靠运行的必要条件。只有通过这些作用电压的考核，才可以说变压器已经具有上网运行的基本条件。因此，每台变压器均应承受外施耐压试验、冲击耐压和局部放电测量等试验的考核。

绝缘的击穿是试验电压的峰值在起作用，所以无论是雷电冲击、操作冲击、外施耐压还是感应耐压都是测量电压的峰值（为了避免波形畸变而保证电压波形的正弦），雷电和操作标准中给出的试验值和测量的电压值统一都是峰值，外施和感应标准中给出的是有效值，测量的是峰值，所以要开平方。试验电压的指示值，在耐受时间内允许有±3%偏差。这个偏差的规定，一是考虑电源波动，二是考虑电压测量系统的不确定性。

1. 试验目的

外施耐压试验是主绝缘的抗电强度试验，目的是用来验证线端和中性点端子及它们所连接绕组对地及其他绕组的外施耐受强度。保证出厂的变压器符合安全可靠运行的要求，除变压器的绝缘性能，电气性能要符合国家标准外，还必须使变压器的绝缘电气强度符合要求。

2. 试验依据

GB/T 1094.3 第 10 条规定油浸式变压器的试验方法和额定绝缘耐压水平。

GB/T 1094.11 第 19 条规定了干式变压器的试验方法和额定绝缘耐压水平。

JB/T 501 第 11.3 条为外施耐压试验方法导则。

3. 主要参数及定义

（1）额定绝缘水平。一组标准的耐受电压，表示绝缘的介电强度特性。

（2）变压器绕组的全绝缘。与变压器绕组端子相连接的所有出线端都具有相同的规定的绝缘水平。

（3）变压器绕组的分级绝缘。变压器绕组的中性点端子直接或间接接地时，其中性点端设计的绝缘水平低于线端所规定的绝缘水平。

（4）交流电压峰值。正负半波峰值的平均值。

（5）试验电压值。试验电压值是电压的峰值除以 $\sqrt{2}$ 。

（6）方均根值（有效）值。一个完整的周波中电压值平方的平均值的平方根。

二、试验前准备

1. 试验装备与环境要求

（1）通常用于变压器外施耐压试验设备包括高电压、调压、测量和保护设备。这些设备的相互关系如图 1-12 所示。

实验室常用的仪器设备见表 1-12。

表 1-12　　试验室常用仪器设备

仪器设备名称	参数及精度要求
工频无局部放电试验变压器成套设备	按照 GB/T 16927.1 在其额定频率下测试验电压值（峰值/ $\sqrt{2}$ 或 r.m.s 值）的扩展不确定度≤3%
工频电容分压器	
峰值表	

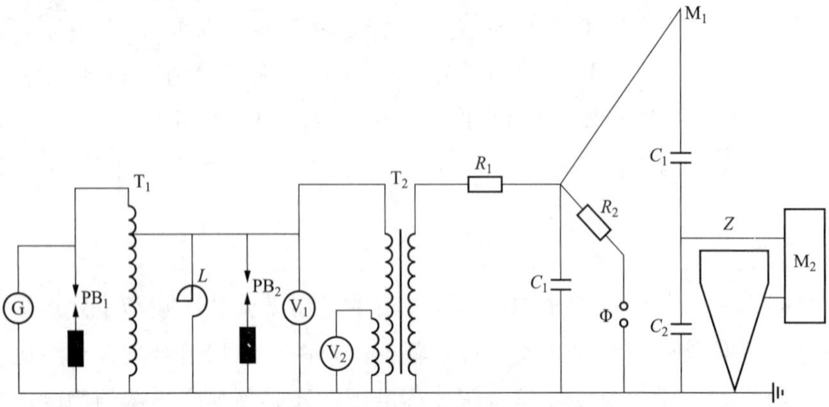

图 1-12　外施耐压试验设备

C_1—试品；G—电源设备；T_1—调压设备；T_2—高电压设备；Φ—球极；M_1—电容分压器（由 C_1 和 C_2 组成）；M_2—高电压指示仪；V_1—原方电压表；V_2—第三绕组的电压表；L—补偿电感；PB_1—电源过电压保护；PB_2—低压绕组过电压保护；R_1、R_2—保护电阻；Z—电缆阻抗

（2）GB/T 1094.1 第 11.1.1 条规定，试验应在 5～40℃的环境温度下进行；GB/T 1094.11 第 14 条规定，变压器在进行绝缘试验时，试品温度应与试验环境的温度相接近。

2. 试验前的检查

（1）确认试品部件的装配符合要求，变压器及其各部件应如同运行时一样装配完整。

（2）确认试品铭牌试验电压值是否与技术资料一致，如有差异应与委托方或用户协商讨论。

（3）在变压器进行绝缘试验时绝缘液体不循环流动。

（4）应安装并监测用于收集或检测故障产生游离气体的设备。

（5）外部过电压保护设备（如避雷器）不需要安装，且宜拆除套管火花放电间隙或增大间隙以避免在试验中发生放电。

（6）被试品及试验装备要正确接线，要保证引线对各接地部分的绝缘距离，以免在试验过程中出现不应有的放电。

（7）检查试品的油位，确认试品油位是否正常。

（8）保证主回路（供电回路）及测量回路接线良好。

（9）对可能储存气体的部位，均应充分放气。

三、试验过程

1. 试验原理和接线

外施耐压试验的接线原理图和接线实物图分别如图 1-13 和图 1-14 所示。

2. 试验方法

试验应依次在变压器的每个独立绕组进行。

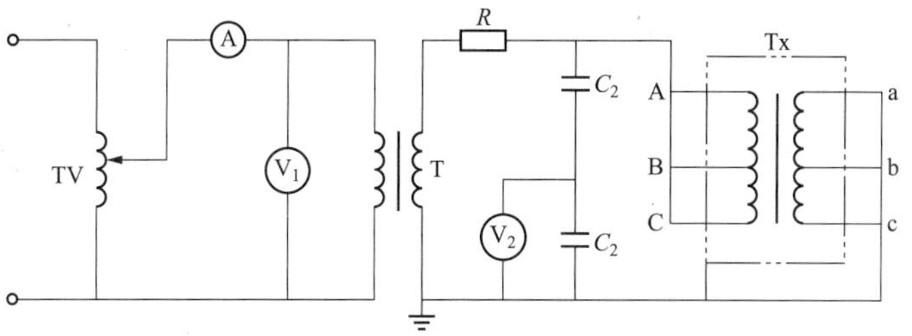

图 1-13 外施耐压试验的接线原理图

全电压试验值应施加于被试绕组的所有连接在一起的端子与地之间，加压时间 60s。试验时，其余绕组的所有端子、铁心、夹件，以及油箱或外壳等连在一起接地。

图 1-14 外施耐压接线实物图

外施交流耐受电压试验应采用不低于 80%额定频率，波形尽可能接近正弦波的单相交流电压进行。应测量电压的峰值，试验电压值应是测量电压的峰值除以 $\sqrt{2}$ 。

试验应从不大于规定试验值的 1/3 的电压值开始，并与测量相配合尽快地增加到试验值。试验结束，应将电压迅速地降低到试验值的 1/3 以下，然后切断电源。不能在较高的电压下突然切断，以避免可能出现瞬变过程而导致发生过电压损坏变压器或仪表以及造成不正确的试验结果。

试验部位：高压—低压及地/低压—高压及地。

四、注意事项

（1）试验前，应设置信号灯、指示牌、围栏等安全防护措施。

（2）变压器的铁心及外壳应可靠接地。

（3）试品的油面指示必须符合要求。

（4）试验时，非被试绕组端子连接在一起并可靠接地。

（5）试验过程中，如果发生放电或击穿，应立即切断电源。

五、试验后的检查

（1）检查和分析试验数据，必要时应进行复试。

（2）检查试验设备和试品状态，是否完后，有无损伤。

（3）检查试验方法是否符合标准要求，认真核对试验流程。

六、结果判定

GB/T 1094.3 第 10 条规定，如果试验电压不出现突然下降，则试验合格。试验过程中还有些现象不是很容易下结论，具体参考如下。

（1）如果试验时的高电压指示和电流指示都稳定不变，并且在变压器内没有异常响声，这时就判断试品通过试验。

（2）如果试验时仪表指示都发生变化（其中，电流表指示增大或减小），并听到变压器内部有放电声，这时就判断试品没有通过试验，必要时应吊心或拆开检查。

（3）如果仪表指示变化不明显，但变压器内部出现清脆的放电声（像炒豆似的声音），这时就要根据复试的结果进行判断。当复试时放电声消失，判断试品通过试验；当复试时放电声不消失，判断试品没有通过试验，必要时应吊心或拆开检查。

试验过程中常见的不合格现象见表 1-13。

表 1-13　常见不合格现象

试验项目	序号	不合格现象	严重等级	判定依据
外施耐压试验	1	试验电压突然下降	严重	GB/T 1094.3 第 10 条
	2	无法升压	严重	
	3	仪表指示变化不明显，试品内部有放电声	轻微	
	4	仪表指示变化大，并且有沉闷的放电声	严重	
	5	电压变化不大，电流变化较大，变压器内部出现清脆的放电声，且重复试验时现象和之前一样	中度	

七、案例分析

［案例一］

（1）案例概况。型号为 SBH15-M-400/10 的非晶合金配电变压器进行外施耐压试验时发生放电。

（2）不合格现象描述。对该变压器进行“高压—低压及地”耐压试验，试验电压升至 30kV 时，试验电压突然下降。

（3）不合格原因分析。该变压器内部绝缘距离不够，发生对地放电。

［案例二］

（1）案例概况。型号为 S13-M-500/10 的配电变压器进行外施耐压试验时，发生击穿。

（2）不合格现象描述。对该变压器进行“高压—低压及地”试验，试验电压升至 35kV 时，持续时间至 15s 时，试验电压突然下降。

（3）不合格原因分析。变压器内部结构存在缺陷，产生绝缘损伤。

［案例三］

（1）案例概况。型号为 S13-M-100/10 的配电变压器进行外施耐压试验时，无法施加试验电压。

（2）不合格现象描述。对该变压器进行“低压—高压及地”试验时，无法升压。

（3）不合格原因分析。该变压器低压侧对地导通。

第八节 感应耐压试验

一、试验概述

感应耐压试验是考核变压器电气强度的一个重要试验项目，属于例行试验。全绝缘和分级绝缘变压器的感应耐压试验的试验方法和目的是不一样的，由于配电变压器通常都属于全绝缘变压器，本节重点介绍全绝缘变压器的感应耐压试验。

1. 试验目的

对于全绝缘的变压器主要是考核变压器的纵绝缘（绕组匝间、层间、段间）和相间绝缘；对于分级绝缘的变压器室用来考核严重变压器每个线端和它们连接的绕组对地及对其他绕组的耐受强度以及相间和被试绕组纵绝缘的耐受强度。

2. 试验依据

GB/T 1094.3 第 11 条规定了感应耐压试验的试验方法和试验时间，标准中的表 2 规定了绕组的试验电压水平。

3. 主要参数及定义

额定电压：在处于主分接的带分接绕组的端子间或不带分接的绕组端子间指定施加的电压或空载时感应出的电压。

设备最高电压：三相系统中相间最高电压的方均根值变压器绕组绝缘是按此设计的。

试验电压：由绕组的设备最高电压确定试验电压水平。

试验时间：除非另有规定，当试验电压频率等于或小于 2 倍额定频率时，其全电压下的试验时间应为 60s。当试验频率超过两倍额定频率时，试验时间应为：$120\times f_r/f$（s），但不少于 15s。其中，f_r 为额定频率，f 为试验频率。

二、试验前准备

1. 试验装备与环境要求

电压互感器：准确度为 1 级的电压互感器就能够满足高电压测量要求；0.5 级的电压互感器能当做用于校正的标准仪器，可以校正分压器的指示电压。因为高电压试验的电压允许偏差时 3%，用 0.5 级互感器当标准仪器就能满足三级传递标准的要求，某试验室使用的仪器设备及其精度见表 1-14。

表 1-14　　试验用仪器设备及其精度

仪器设备名称	精度
变压器试验电源测试系统	0.1

GB/T 1094.1 规定，试验应在 5～40℃的环境温度下进行。

2. 试验前的检查

（1）试品及试验设备是否可靠接地；

（2）检查样品状态是否完好，试品温度是否符合要求；

（3）检查试品的油位，确认试品油位是否正常；

（4）试验设备是否正常，是否经检定合格；

（5）检查试验线路的接线是否正确，是否保留足够的安全距离。

三、试验过程

1. 试验原理和接线感应耐压

感应耐压试验接线原理图如图 1-15 所示，感应耐压试验接线实物图如图 1-16 所示。

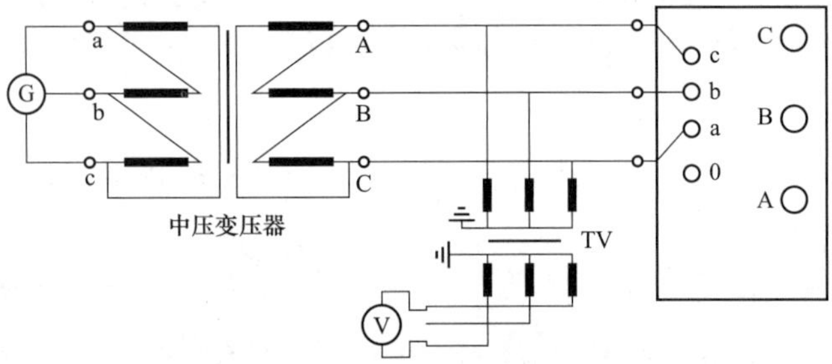

图 1-15 感应耐压试验接线原理图

图 1-16 感应耐压试验过程接线实物图

2. 试验方法

对于全绝缘变压器，所有三相变压器应使用对称三相电源进行试验。如果变压器有中性点端子，则试验期间应将其接地。对具有全绝缘绕组的变压器，只进行相间试验。对地的试验按外施耐压试验进行。

试验采用两倍额定电压的办法来考核绕组匝间、层间、段间和相间及对地绝缘。如果用工频来试验则是不可能的，因为铁心磁通极度饱和，I_0 急剧增长超过额定电流，因此需要很大的试验电源。为此需要有一个高于工频的试验电源。

由电工原理可知

$$E=4.44f\cdot W\cdot B\cdot S \tag{1-6}$$

式中 E ——感应电动势，V；

S ——铁心截面积，cm^2；

f ——频率，Hz；

W——绕组匝数；

B ——磁通密度，T。

从式中可知，若磁密不变，增加 1 倍电压，必须使频率增加 1 倍。

除非另有规定，当试验电压频率等于或小于 2 倍额定频率时，其全电压下的试验时间应为 60s。当试验频率超过两倍额定频率时，试验时间应为

$$t=120\times f_r/f \tag{1-7}$$

式中 f_r——额定频率；

f ——试验频率。

试验时间不应少于 15s。

试验应在不大于规定试验电压的 1/3 电压下接通电源，并应与测量配合尽快升至试验电压值。施加电压达到规定的时间后，应将电压迅速降至试验电压的 1/3 以下，然后切断电源。

四、注意事项

（1）试验前，应设置信号灯、指示牌、围栏等安全防护措施。

（2）记录试验时的环境温度、相对湿度、油温及大气压力。

（3）试验应在小于 1/3 试验电压下合闸，将电压尽快升至试验电压，监控试验电源及试品的电压和电流有无异常变化，变压器内部有无异常声响，并做好相关记录。

（4）试验前，应检查套管的油位，查看油位是否正常。

（5）注意试验顺序，试验应在外施耐压试验之后进行。

（6）按试验方案连接试验线路，检查试品是否可靠接地。

（7）试验时，试验人们要撤离到安全区域，认真观察试品状况。

（8）试验现场必须有明显标志，防止误入试验场地。

（9）试验时，电压峰值或有效值的测量总不确定度不大于 3%。

五、试验后的检查

（1）检查试验后试品是否完好，有无损伤。

（2）检查是否存在外部闪络。

（3）如试品试验时发生明显异常，应吊心检查器身绝缘的状况。

六、结果判定

GB/T 1094.3 规定，如果试验电压不出现突然下降，没有发现放电声，则试验合格。如果匝间击穿，或过电压引起球隙放电，则很明显产品是有缺陷的。试验过程常见不合格现象见表 1-15。

表 1-15　常见不合格现象

试验项目	序号	不合格现象	严重等级	结果判定依据
感应耐压试验	1	试验电流异常，无法升压	严重	GB/T 1094.3 第 11.2 条

续表

试验项目	序号	不合格现象	严重等级	结果判定依据
感应耐压试验	2	试验电压突然下降	严重	GB/T 1094.3 第 11.2 条
	3	电压和电流指示都摆动	严重	
	4	突然有一声“当”，此时电压及电流指示无变化	轻微	
	5	有炒豆声	中度	
	6	感应试验后空载损耗增大 10%以上	中度	

七、案例分析

［案例一］

（1）案例概况。型号为 SH15-M-400/10 的非晶合金配电变压器进行感应耐压试验时，电流异常，试验无法继续进行。

（2）不合格现象描述。试验电压升至 0.150kV 时，试验电流约 50A，试验无法继续进行。

（3）不合格原因分析。变压器绕组内部出现匝间短路。

［案例二］

（1）案例概况。型号为 S13-M-500/10 的配电变压器进行感应耐压试验，试验电压升至二倍额定电压时，试验电压突然下降。

（2）不合格现象描述。试验电压升至两倍额定电压，持续时间 10s 时，试验电压突然下降。

（3）不合格原因分析。该变压器内部绕组之间或绕组对地绝缘出现损伤。

［案例三］

（1）案例概况。型号为 S13-M-200/10 的配电变压器进行感应耐压试验时，试品内部有放电声。

（2）不合格现象描述。接通电源后，电压升至试验电压值过程中，试品内部有放电声。

（3）不合格原因分析。变压器绕组内部出现匝间、层间或段间短路现象。

第九节 液浸式变压器压力密封试验

一、试验概述

液浸式变压器压力密封试验是液浸式变压器的例行试验。变压器应按相关技术参数标准和协议进行试验，以证明变压器油箱在运行时不会发生泄露。

1. 试验目的

检测变压器油箱和充油组件及装配部位的密封性能，防止运行时渗漏油的发生，以及防止变压器主体在运输时的漏气、漏油或因进水而引起的变压器受潮。

2. 试验依据

GB/T 1094.1 第 11.8 条。

GB/T 6451 第 4.3.4 条。

GB/T 25446 第 5.3.5 条。

GB/T 25438 第 6.4 条。

3. 主要参数及定义

试验压力：对于液浸式配电变压器，应根据变压器的类别、容量和油箱结构，依据标准或技术规范要求，施加合适的试验压力。

试验时间：配电变压器相关的技术参数和要求标准规定，试验时间为 12h。如果有技术规范书要求，应按协议进行。

二、试验前准备

1. 试验装备与环境要求

试验室常用的密封压力表精度见表 1-16。

表 1-16 压力表精度

仪器设备名称	精度
压力表	1.6 级

GB/T 1094.1 第 11.1.1 条规定，试验应在 5～40℃的环境温度下进行。

2. 试验前的检查

（1）检查试品状态是否完好，有无损伤；

（2）检查变压器油位是否正常；

（3）试品温度与环境温度应无明显差异；

（4）如果压力释放阀有闭锁，试验时应打开。

三、试验过程

1. 试验原理和接线

密封试验的接线实物图如图 1-17 所示。

图 1-17 密封试验的接线实物图

2. 试验方法

充气加压法和吊罐油柱法。

试验室通常采用充气加压法，此方法简单方便，即向储油柜胶囊内或油面上充入一定压力的干燥气体，一般都是充氮气。

四、注意事项

（1）如果压力释放阀有闭锁，试验时应打开。

（2）试验过程中，试品和环境温度应符合标准要求，避免因温度变化影响试验结果。

（3）试验期间，观察油箱是否发生渗漏和损伤现象。

五、结果判定

GB/T 1094.1 第 11.8 条规定，试验结束后，试品不得有渗漏和损伤；对于非晶合金配电变压器和立体卷铁心配电变压器，试验后剩余压力不低于施加压力的 70%。常见不合格现象见表 1-17。

表 1-17　　常见不合格现象

试验项目	序号	不合格现象	严重等级	结果判定依据
液浸式变压器压力密封试验	1	试验后剩余压力达不到要求	轻微	GB/T 1094.1 GB/T 6451 GB/T 25446 GB/T 25438
	2	箱壁、片散有渗漏和损伤	严重	

六、案例分析

［案例一］

（1）案例概况。型号为 S13-M-400/10 的配电变压器的液浸式变压器压力密封试验不合格。

（2）不合格现象描述。试验结束后，变压器箱沿处发生渗漏油现象。

（3）不合格原因分析。变压器箱沿密封胶圈未压牢。

［案例二］

（1）案例概况。型号为 SBH15-M-200/10 的配电变压器的液浸式变压器压力密封试验不合格。

（2）不合格现象描述。试验结束后，油箱内部剩余压力为 10.5kPa，按照非晶变压器技术标准，此容量变压器应充 20kPa 干燥空气，试验后剩余压力不得低于规定值的 70%（14kPa），故油箱存在渗漏现象。

（3）不合格原因分析。油箱质量存在缺陷，密封性能不符合要求。

第十节　绝缘液试验

一、试验概述

绝缘液相当于液浸式变压器的血液，主要起两个作用，一个是绝缘，一个是散热。绝缘液试验包括击穿电压、介质损耗、色谱、含气量、含水量、颗粒度测定。对于配电变压器，相关标准通常要求只需测量击穿电压和介质耗损，下面重点介绍这两个指标。绝缘液试验属于例行试验。

1. 试验目的

变压器绝缘液的介质损耗因数是衡量变压器油本身的绝缘性能和被杂质污染程度的重要参数。绝缘液的介质损耗因数越大，变压器的整体介质损耗因数也就越大，绝缘电阻相应降低，油纸绝缘的寿命也会缩短。因此，通过介质损耗因数测量，可以将绝缘液的介质损耗因数控制在较低范围内。

变压器绝缘液的击穿电压是衡量变压器绝缘液被水和悬浮杂质污染程度的重要指标。绝缘液的击穿电压越低，变压器的整体绝缘性能越差，直接影响变压器的安全运行。因此，通过击穿电压测量，可以将变压器绝缘液的击穿电压控制在要求范围内。

2. 试验依据

GB/T 1094.1 第 11.1.2 条。

JB/T 501 第 7 条。

GB/T 7595 第 3 条。

3. 试验中主要参数定义

击穿电压：对变压器油均匀提高施加电压，当电压达到某一值时，变压器油将遭受破坏而失去电阻，伴随着电弧的产生而发生放电，这一电压叫作变压器油的击穿电压。

介质损耗因数（$\tan\delta$）：和其他绝缘材料一样，变压器油也不是理想的绝缘材料。由于少量自由电荷和极性分子的存在，在高场强下，变压器油不仅通过电容电流，还通过电导电流和极化电流，消耗有功功率，这种现象成为变压器油的介质损耗。衡量变压器油介质损耗的大小常用介质损耗因数（$\tan\delta$）表示。

二、试验前准备

1. 试验装备与环境要求

某试验室绝缘油试验仪器设备准确级见表 1-18。

表 1-18　某试验室绝缘油试验仪器设备准确级

仪器设备名称	准确级
介电强度自动测定仪	±3%
高精度全自动电容、电感及介质损耗测量电桥	±0.02%rdg±0.01pF；±0.5%rdg±1×10^{-5}

JB/T 501 规定，试验环境的相对湿度不大于 75%；试品温度与环境温度之差应不大于 5℃。

2. 试验前的检查

（1）检查试验的环境温度和相对湿度。

（2）试验仪器调试正常，并经检定合格。

（3）仪器装备外壳和接地点应可靠接地。

（4）检查电极间距是否符合要求。

（5）电极和油杯应清洗干净，无水分残留。

三、试验过程

1. 试验原理和接线

绝缘液介质损耗因数测量试验原理图及实物图如图 1-18 和图 1-19 所示。

击穿电压测量试验原理图及实物图如图 1-20 和图 1-21 所示。

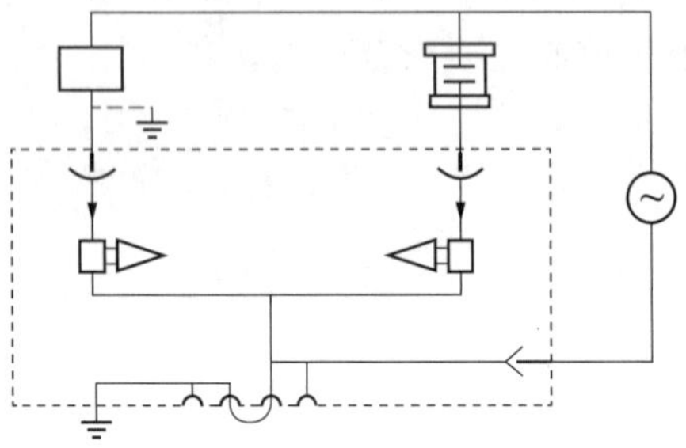

图 1-18　绝缘液介质损耗因数测量试验原理图

图 1-19　绝缘液介质损耗因数测量试验实物图

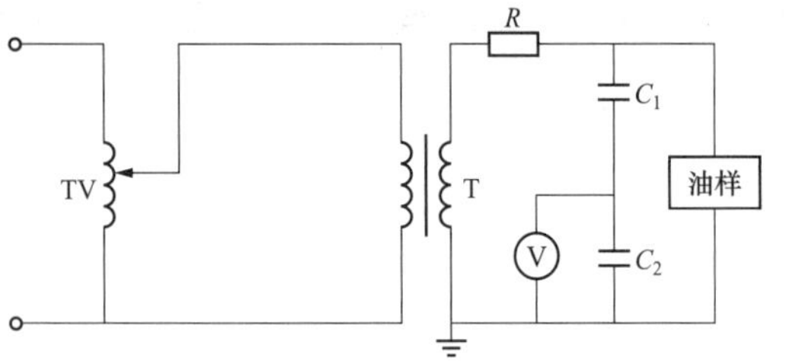

图 1-20　击穿电压测量试验原理图

图 1-21　击穿电压测量实物图

2. 试验方法

变压器油介质损耗因数测量的试验方法按 GB/T 5654 的规定进行。

将待测油样放在洁净的试验台面上静止半个小时以上，油样温度接近试样，试样中无可见气泡。试验时用待测油样冲洗试验池油杯两次，然后在油杯中倒入 40mL 油样进行加热。在试验温度达到 90℃时马上升压不能无故拖延试验时间，升压、降压要缓慢均匀，当试验电压达到 2kV 时读出该油样的介质损耗值。

试验油样温度 90℃±1℃。测量同一油样时，两次测试值之差不应大于 0.0001 加上两个值中较大一个的 25%；如果不能满足上述重复性要求应继续测量油样，直到满足要求；取两次有效测量中较小的一个值作为油样的介质损耗因数。

变压器油击穿电压测量的试验方法按 GB/T 507 的规定进行。

将带测油样放在实验室洁净的试验台面上静止半个小时以上，油样温度接近试验、试样中无可见气泡。试验时用带测油样冲洗试样油杯两次，然后将油样缓慢的倒入试验油杯中，第一次试验加压是在油样倒入油杯没有可见气泡 5min 中后进行，然后每次试验间隔 3min，重复 6 次试验，取 6 次试验结果的平均值作为试验结果的有效值。

第一次加压应该在油样倒入油杯 5min 后油样中没有可见气泡时进行，电极间距 2.5mm，由于试验在同一平行面试验，试验结果取六次试验的平均值作为结果的有效值。

四、注意事项

（1）试验设备外壳和接地点应可靠接地；
（2）装倒油样时，内电极不宜接触其他物体；
（3）油杯和电极清洗后，严禁用手或不洁净物接触；
（4）应在保证试验仪器符合要求的情况下接通电源；
（5）自动介质损耗测量仪器的电源不应接在磁饱和稳压电源上；
（6）若试验结果和规定值的偏差大于 10%，则需分析是否由于操作不当所引起。

五、试验后的检查

（1）试验设备是否完好，有无损伤；
（2）分析试验方法是否符合标准要求；
（3）检查试验结果，确保试验项目完整，无遗漏。

六、结果判定

对于介质损耗因数（$\tan\delta$）测量，JB/T 501 规定，测试同一油样时，两次测试值之差不应大于 0.1%加上两个值中较大一个的 25%。如果不能满足要求，应继续测量抽样，直到满足要求，此时测量结果才能视为有效。取两次有效测量中较小的一个值作为油样的介质损耗因数。

液浸式配电变压器的介质损耗因数（$\tan\delta$）应不大于 1%。

对于击穿电压测量，JB/T 501 规定，配电变压器的击穿电压应不小于 35kV；GB/T 7595 规定，投入运行前的油的击穿电压应不小于 40kV。常见不合格现象见表 1-19。

表 1-19　　绝缘油试验常见不合格现象

试验项目	序号	不合格现象	严重等级	判定依据
绝缘液试验	1	介质损耗因数偏高，超出标准	严重	JB/T 501；GB/T 7595
	2	击穿电压较低，超标	严重	

七、案例分析

［案例一］

（1）案例概况。型号为 S13-M-200/10 的配电变压器进行绝缘液试验，介质损耗因数

（$\tan\delta$）测量的测量结果偏高。

（2）不合格现象描述。介质损耗因数（$\tan\delta$）测量的试验结果为 1.88%，超出 JB/T 501 和 GB/T 7595 的要求。

（3）不合格原因分析。绝缘液中含有悬浮杂质，导致绝缘性能偏低，介质损耗因数（$\tan\delta$）偏高。

［案例二］

（1）案例概况。型号为 S13-M-400/10 的配电变压器进行绝缘液试验，击穿电压测量的试验结果较低，不符合标准要求。

（2）不合格现象描述。击穿电压测量的试验结果为 30kV，低于 JB/T 501 和 GB/T 7595 的要求。

（3）不合格原因分析。绝缘液中含水量偏高，有悬浮杂质污染，导致击穿电压偏低。

第十一节 声 级 测 定

一、试验概述

随着城区的不断扩大以及城乡用电量的日益增加，变压器的安装地点越来越靠近居民区，甚至在居民区内安装。为了保护环境不受噪声污染，维护良好的居住环境，必须控制变压器的噪声。声级测定属于变压器的型式试验。变压器的噪声与其电气性能一样，都是变压器极为重要的技术参数。

1. 试验目的

通过声级测定，可检验变压器是否满足标准及技术规范书的要求，保证变压器运行时不对周围环境产生噪声污染。

2. 试验依据

GB/T 1094.1。

GB/T 1094.10。

GB/T 1094.11。

GB/T 1094.101。

GB/T 25438。

GB/T 25446。

JB/T 10088。

JB/T 501 第 18 条。

3. 主要参数及定义

（1）声压。声波在运动时，使空气压强发生变化，这种变化即空气压强与平均空气压强之差就是声压，声压法通过对背景噪声和声反射进行修正。

（2）声压级是声压平方与基准声压（p_0=20×10^{-6}）平方之比的以 10 为底的对数乘以 10。单位为分贝（dB）。

（3）声强。单位面积上通过的能量。声强是矢量，而声压是标量，仅用大小来表征。

（4）声功率。一个用来对声源进行计量和比较用的参数。它是声源声输出的一个基本说明用语，故只是声源的一个绝对的物理特性，而与任何外界因素（如环境及其到接收器的距离等）无关。声功率可通过测得的声压和声强值来计算。

（5）声功率级。给出的声功率与基准声功率（W_0=1×10^{-12}W）之比的以 10 为底的对数乘以 10。单位为分贝（dB）。

（6）基准发射面。围绕试品的假想表面，认为声音是从该表面发出的。

（7）规定轮廓线。与基准发射面相距某一规定水平距离（即测量距离）的水平线，各测量点位于此线上。

（8）测量表面。包络声源的假象表面，各测量点位于此表面上。

（9）背景噪声。试品未通电时的 A 计权声压级。

（10）声级产生机理。变压器所发出的可听到的噪声是由铁心的磁滞伸缩变形和绕组及磁屏蔽内的电磁力引起的。

磁场诱发铁心叠片沿纵向振动所产生的噪声是变压器噪声的主要成分。振动的幅值与铁心叠片中的磁通密度及铁心材质的磁性能有关，而与负载电流关系不大。但随着目前铁心设计的进步及采用较低的磁通密度，铁心中的噪声已有所降低，于是电磁力所产生的噪声便成为变压器噪声不可忽视的成分，电流在绕组中通过会在绕组中产生电磁力。此外，漏磁场也能使结构件产生振动。电磁力（和振动幅值）与电流的平方成正比，而发射的声功率与振动幅值的平方成正比。因此，发射的声功率与负载电流有很明显的关系。

二、试验前准备

1. 试验装备与环境要求

标准未对声级设备的精度做出明确规定；

GB/T 1094.1 规定，试验应在 5～40℃的环境温度下进行；

GB/T 1094.10 规定，试验环境应是一个在一反射面之上的近似的自由场。理想的试验环境应是使测量表面位于一个基本不受邻近物体或该环境边界反射干扰的声场内。因此，反射物体（支撑面除外）应尽可能远离试品。

2. 试验前的检查

（1）变压器位置按标准要求摆放；

（2）检查声级计是否完好；

（3）测量变压器尺寸和高度，方便后续数据计算；

（4）根据产品尺寸，制定基准轮廓线。

三、试验过程

1. 试验原理和接线

声级测定试验接线原理图如图 1-22 所示。声级测定试验过程接线实物图如图 1-23 所示。

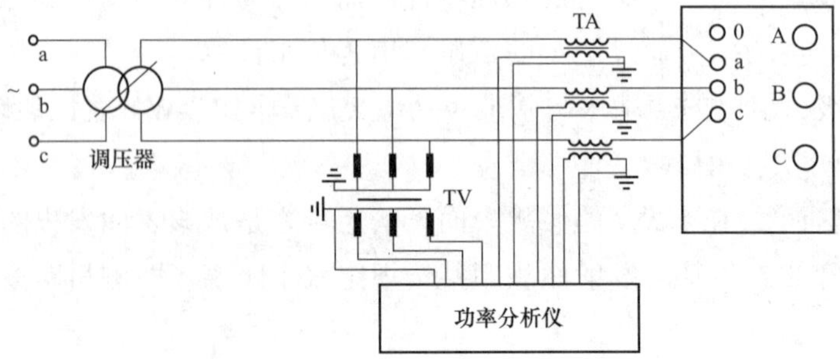

图 1-22　声级测定试验接线原理图

图 1-23　声级测定试验过程接线实物

2. 试验方法

声压测量和声强测量均可用来确定声功率级数值。两种方法均有效，至于选择哪种方法，则应在订货时由制造单位与用户协商确定。对于配电变压器，通常选择声压测量方式。

为了判断负载电流下的声级测量是否必要，可先粗略地估算负载电流声功率级为

$$L_{\mathrm{WA,IN}} \approx 39 + 18\lg\frac{S_{\mathrm{r}}}{S_{\mathrm{p}}} \tag{1-8}$$

式中　$L_{\mathrm{WA,IN}}$——变压器在额定电流、额定频率及短路阻抗下的 A 计权声功率级；

S_{r}——额定容量，MVA；

S_{p}——基准容量，MVA。

若 $L_{\mathrm{WA,IN}}$ 的值比保证的声功率级低 8dB 或低得更多时，则负载电流声级测量不必进行。

（1）基准发射面。对于液浸式配电变压器，基准发射面是指由一条围绕变压器的弦线轮廓线，从箱盖顶部（不包括高于箱盖的套管、升高座及其他附件）垂直移动到箱底所形成的表面。

对于无保护外壳的干式变压器，基准发射面是指由一条围绕干式变压器的弦线轮廓线，从变压器顶部垂直移动到其有效部分底面所形成的表面，但基准发射面不包括框架、外部连线和接线装置以及不影响声发射的附件。

（2）规定轮廓线。对于液浸式配电变压器，规定的轮廓线应距基准发射面 0.3m，但对无保护外壳的干式变压器，由于安全的原因，该距离应选为 1m。

对于油箱高度小于 2.5m 的变压器，规定轮廓线应位于油箱高度 1/2 处的水平面上对于

油箱高度为 2.5m 及以上的变压器，应有两个轮廓线，分别位于油箱高度 1/3 处和 2/3 处的水平面上，但若由于安全的原因，则选择位于油箱高度更低处的轮廓线。

（3）传声器位置。传声器应位于规定轮廓线上，彼此间距大致相等，且间隔不得大于 1m，至少应设有 6 个传声器位置。

（4）测量表面面积的计算。

1）距基准发射面 0.3m 处的测量。以平方米（m^2）表示的测量表面面积 S，计算公式为

$$S=1.25hL_m \tag{1-9}$$

式中 h——高度，m；

L_m——规定轮廓线的周长，m；

1.25——考虑试品上部发射声能的经验系数。

对于液浸式变压器或带保护外壳的干式变压器，h 指油箱或保护外壳的高度；对于无保护外壳的干式变压器，h 指铁心及其框架高度。

2）距基准发射面 1m 处的测量。以平方米（m^2）表示的测量表面面积 S，计算公式为

$$S=(h+L)L_m \tag{1-10}$$

式中 h——连同框架在内的铁心高度，m；

L_m——规定轮廓线的周长，m；

L——测量距离，m。

（5）声压级测量。测量应在背景噪声值近似恒定时进行。在即将对试品进行声级测量前，应先测出背景噪声的 A 计权声压级。测量背景噪声时，传声器所处的高度应与测量试品噪声时其所处的高度相同；背景噪声的测量点应在规定的轮廓线上。

当测量点总数超过 10 个时，允许只在试品周围呈均匀分布的 10 个测量点上测量背景噪声；如果背景噪声的声级明显低于试品和背景噪声的合成声级（即差值大于 10dB），则可仅在一个测量点上进行背景噪声测量，且不需对所测出的试品的声级进行修正。

对于配电变压器，进行声级测定时，应施加额定频率下的额定电压。测量完毕且在切除试品电源后，应立即重复测量背景噪声。

平均声压级计算如下：

1）未修正的平均 A 计权声压级 $\overline{L_{pA0}}$ 应由在试品供电时于各测点上测得的 A 计权声压级 L_{pAi} 计算，为

$$\overline{L_{pA0}}=10\lg\left(\frac{1}{N}\sum_{i=1}^{N}10^{0.1L_{pAi}}\right) \tag{1-11}$$

式中 N——测点总数。

当各 L_{pAi} 值间的差别不大于 5dB 时，可用简单的算术平均值来计算，此平均值与上式计算出的值之差不大于 0.7dB。

2）背景噪声的平均 A 计权声压级 L_{bgA}，应根据试验前、后的各测量值计算，为

$$\overline{L_{\mathrm{bgA}}}=10\lg\left(\frac{1}{M}\sum_{i=1}^{M}10^{0.1L_{\mathrm{bgAi}}}\right) \tag{1-12}$$

式中　M——测点总数；

L_{bgAi}——各测点上测得的背景噪声 A 计权声压级。

如果试验前、后背景的平均声压级之差大 3dB，且较高者与未修正的平均 A 计权声压级之差小于 8dB，则本次测量无效，应重新进行试验。但是，当未修正的平均 A 计权声压级小于保证值时除外。此时，应认为试品符合声级保证值的要求。这种情况应在试验报告中予以记录。

如果这两个背景噪声平均 A 计权声压级中的较高者，与未修正的平均 A 计权声压级之差小于 3dB，则本次测量无效，应重新进行试验。但是，当未修正的平均 A 计权声压级小于保证值时除外。此时，应认为试品符合声级保证值的要求。这种情况应在试验报告中予以记录。

虽然标准允许试品与背景的合成声级同背景声级之间有小的差值，但仍需尽力使其差值不小于 6dB；当背景声级与合成声级之差小于 3dB 时，应考虑用其他的测量方法进行测量。

3）修正的平均 A 计权声压级为

$$\overline{L_{\mathrm{pA}}}=10\lg(10^{0.1\overline{L_{\mathrm{pA0}}}}-10^{0.1\overline{L_{\mathrm{bgA}}}})-K \tag{1-13}$$

式中　$\overline{L_{\mathrm{bgA}}}$——两个计算出的背景噪声平均 A 计权声压级中的较小者。

在本试验中，环境修正值 K 的最大允许值为 7dB。

四、注意事项

1. 声测量的实施要点

GB/T 1094.10 所列出的要求是为了得到可以接受的声功率级值的最起码的要求。然而，通过多年来的实践经验表明，为了得到更准确的测量结果，需要对这些基本要求进一步充实并完善。本章将对声压和声强测量提出更进一步的实用建议。

2. 试品的方位

在试验室内，发出的声压波形成了直射波和反射波两种波。反射波能对发射波构成干扰，产生驻波。此时，若在驻波区域内测量声压值时，会使声功率的估值偏高。因此，建议试品放置的方位示意图如图 1-24 所示。

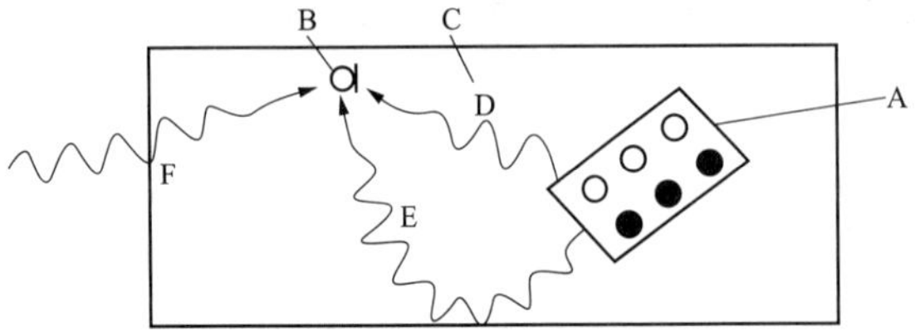

图 1-24　试品放置的方位示意图

A—试品；B—传声器；C—实验室反射面；D—直射声波；E—反射声波；F—背景噪声

3. 测量面的测量点数

GB/T 1094.10 阐明了各传声器测量点应沿规定的轮廓线上大致均匀地布置，且彼此之间的距离不大于 1m。该标准同时也要求任何一台试品至少应有 6 个测量点。但是，由于油箱内器身的位置、冷却设备的位置和油箱的总体设计，声场可能是不均匀的，即油箱某一侧发出的声音可能要比其他侧发出的声音要大。实际经验已表明：测量点数的基本要求是可以完善的。

对于油浸式配电变压器，虽然从各传声器测量位置之间的距离不大于 1m 来看，每条轮廓线（在每个测量高度处）上至少需要 6 个测量点是可以接受的，但是，每条轮廓线（在每个测量高度处）上有 8 个测量点时或许会更好些。这些测量点的分布是按油箱每边中心点处和每个箱角处要置放一个传声器来确定的。

为了更准确地测量，每条轮廓线上还可均匀布置 20 个测量点。然而，试验已表明，按 8 个测量点测定的声值与按 20 个测量点测定的声值相比较，它们之间的差异小于 1dB（A）。

对于干式配电变压器，在大多数情况下，由 3 个心柱上线圈分别发射的声场有明显的差异。经验表明，需要在轮廓线上布置 12 个测量点。测量点位置的分布如图 1-25 所示。在轮廓线上正对外壳的每个角处各布置一个测量点，且在轮廓线上每边正对每个线圈中心的位置处布置一个测量点。

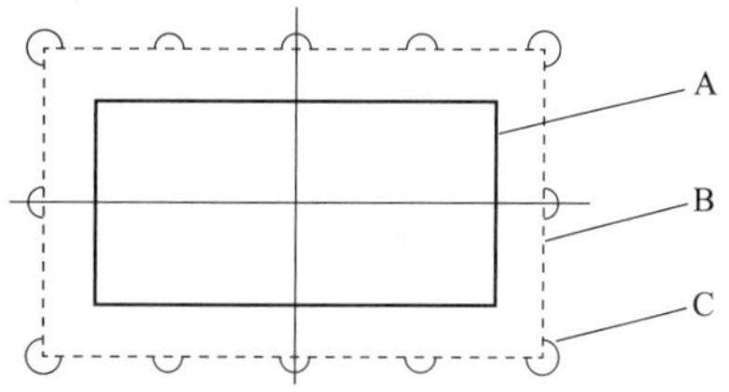

图 1-25 变压器声级测量点的布置图

A—变压器；B—轮廓线；C—传声器位置

为了更准确地测量，每条轮廓线上还可均匀布置 20 个测量点。但试验表明，按 12 个测量点测定的声值与按 20 个测量点测定的声值比较，其差异小于 1dB（A）。

五、试验后的检查

（1）试验后检查仪器设备是否完好；

（2）测量结果是否符合国家标准及技术协议要求。

六、结果判定

配电变压器的声级测定的试验结果，应根据产品的类别，选择相应的技术参数和要求标准以及技术规范书要求，进行考核。不合格现象分级见表 1-20。

表 1-20　不合格现象分级表

试验项目	序号	不合格现象	严重等级	判定依据
声级测定	1	实测值超过规定值但小于等于 3dB	轻微	GB/T 25438； GB/T 25446； JB/T 10088； 以及采购技术规范书
	2	实测值超过规定值但大于 3dB	严重	

七、案例分析

（1）案例概况。型号为 S13-M-400/10 的配电变压器声功率超差。

（2）不合格现象描述。声功率测量值为 58dB，保证值为 55dB 超过标准要求。

（3）不合格原因分析。采用的硅钢片达不到设计的要求，铁心缝隙大，工艺差。

第十二节 温 升 试 验

一、试验概述

温升试验是变压器的型式试验，是变压器所有型式试验和例行试验项目中需要电源容量最大、占用时间最长的一项试验。由于变压器在不同负载情况下的温升是不同的，所以，除有特殊规定外，作为型式试验只进行额定容量下的温升试验。三相变压器的温升试验应使用三相电源进行。

1. 试验目的

温升试验是验证变压器在额定工作状态下，主体所产生的总损耗与散热装置热平衡的温度是否符合有关标准的规定，并验证产品结构的合理性，发现油箱、外壳和结构件上的局部过热程度。

2. 试验依据

液浸式变压器：GB/T 1094.2。

干式变压器：GB/T 1094.11 第 23 条。

3. 主要参数及定义

（1）温升。所考虑部件（部位）的温度（例如：绕组平均温度）与外部冷却介质的温度之差。

（2）顶层液体温度。油箱顶部（冷却回路顶部）的绝缘液体温度。

（3）顶层液体温升。顶层液体温度与外部冷却介质温度之差。

（4）底部液体温度。绕组底部位置或冷却液体入口处的绝缘液体温度。

（5）液体平均温度。顶层液体温度与底部液体温度的平均值。

（6）绕组平均温度。在温升试验后期通过测量绕组直流电阻确定的温升值。

（7）绕组平均温升。绕组平均温度与外部冷却介质温度之差。

（8）绕组平均温度梯度。绕组平均温度与绝缘液体平均温度之差。

二、试验前准备

1. 试验装备与环境要求

（1）温升试验所需仪器设备的精度要求见表 1-21。

表 1-21　　温升试验仪器设备精度要求

仪器设备名称	参数及精度要求
直流电阻测试仪	测量范围 0～20kΩ；最大输出电流 50A；最小分辨率 0.01μΩ
测温装置	精度不低于 0.2℃
变压器测控系统	电压、电流互感器应不低于 0.2 级

（2）GB/T 1094.1 规定，试验应在 5～40℃的环境温度下进行。

2. 试验前的检查

（1）顶层温度是否放置到位，对于干式变压器绕组温度是否布置正确；

（2）环境温度是否按要求布置；

（3）检查试品的油位，确认试品油位是否正常；

（4）保证低压短路铜排截面积符合要求。

三、试验过程

1. 试验原理和接线

空载温升试验接线原理图（干式变压器）如图 1-26 所示。负载温升试验接线原理图（干式、油浸式变压器）如图 1-27 所示。油浸式变压器温升试验接线实物图如图 1-28 所示。干式变压器负载温升试验接线实物图如图 1-29 所示。

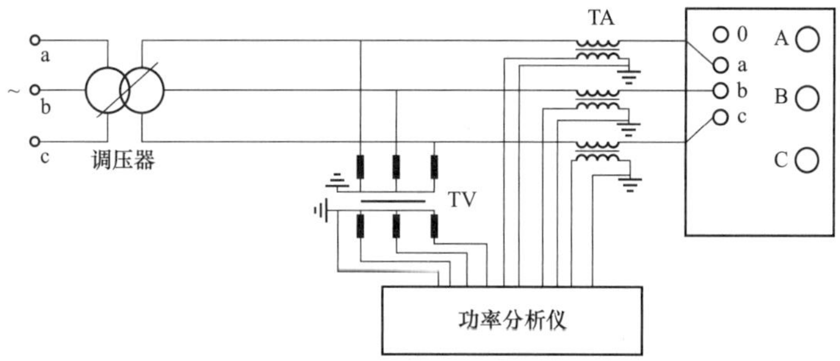

图 1-26　空载温升试验接线原理图（干式变压器）

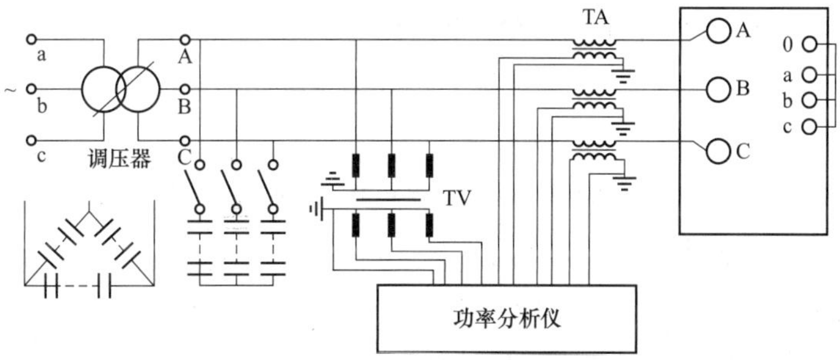

图 1-27　负载温升试验接线原理图（干式、油浸式变压器）

图 1-28　油浸式变压器温升试验接线实物图

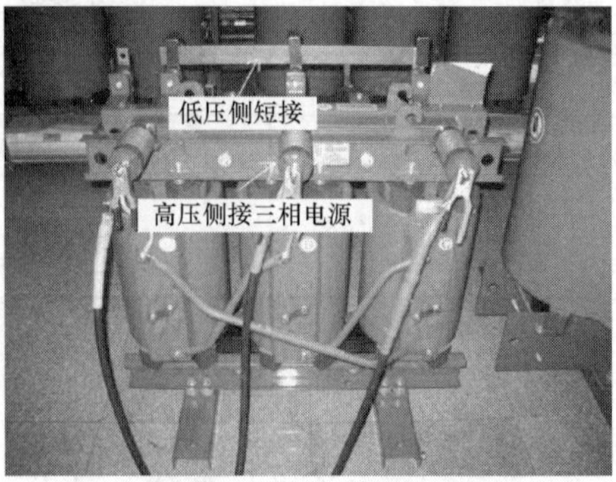

图 1-29　干式变压器负载温升试验接线实物图

2. 试验方法

（1）液浸式变压器。试验按 GB/T 1094.2 第 7.3 条的试验方法进行。

测定稳态温升的标准方法是采用短路接线的等效试验法。

在特殊情况下，也可以按协议对适当的负载施加额定电压和额定电流。这主要适用额定容量较小的变压器。

试验时，不是同时施加额定电压和额定电流，而是施加计算得出的总损耗。总损耗得出的值可以由已测出的空载损耗和参考温度下的负载之和得到。试验时，应记录顶层液体温度、冷却器出口和入口温度、周围环境温度，顶层液体温度和冷却器出口温度的平均值作为液体平均温度。试验分两个阶段进行。

1）第一阶段，施加总损耗。当施加对应于变压器最大总损耗的试验电流时，可以测定顶层液体温升和液体平均温升。由于试验电流比额定电流大，因而绕组温升将相应的增高。试验中，要监测顶层液体和冷却介质温度，试验需持续进行，直到液体的温升稳定为止。

当顶层液体温升的变化率小于 1K/h，并至少维持 3h 时，本试验阶段可以结束。如果每隔一定时间记录离散的温度值，则取最后 1h 内读数的平均值作为试验的结果；若使用自动连续记录装置，则取最后 1h 内的平均值。

2）第二阶段，施加额定电流。顶层液体温升测定之后，应立即将试验电流降至额定电流继续试验。持续 1h，在此期间应至少间隔 5min 记录一次顶层液体和外部冷却介质温度，并连续记录。施加额定电流 1h 结束时，应迅速切断电源和打开短路接线，测量两个绕组的电阻。

根据绕组电阻值变化，并考虑电流降到额定电流时液体温度的降低以及外部冷却介质温度的变化来确定变压器两绕组的平均温度。

（2）干式变压器。试验按 GB/T 1094.11 第 23 条的试验方法进行。

试验通常采用模拟负载法，适用于非封闭式、封闭式或全封闭式干式自冷或风冷变压器。温升值是通过短路试验和空载试验的组合来确定的。

试验开始时，变压器的温度应与试验室的环境温度一样稳定。应测量高、低压绕组各自的电阻值，这些测量值将作为计算这两个绕组温升值的基础值。试验室的环境温度也应被测量并记录下来。

对于三相变压器，其电阻测量应在中间相与一个边相绕组的线端之间进行。

各温度测量点的位置，无论是参考测量还是最终测量，均应相同。

绕组短路试验应在一个绕组流过额定电流而另一个绕组短路下进行，且持续到绕组和铁心温度都达到稳态时为止。用电阻法或叠加法确定各绕组的温升。

在额定频率和额定电压下的空载试验，应持续到绕组和铁心温度都达到稳态时为止，然后应测出各自绕组的温升。

温升试验程序应采用两种方法：①先进行空载试验，直到铁心和绕组温度达到稳定为止，然后进行绕组短路试验，直到铁心和绕组温度达到稳定为止；②先进行绕组短路试验，直到铁心和绕组温度达到稳定为止，然后进行空载试验，直到铁心和绕组温度达到稳定为止。

试验过程中，记录绕组和铁心的温度、周围的环境温度，通常每半小时记录一次，当温升值趋于稳定，即每小时的温升变化值不超过 1K 时，则认为温升已达到最终值。为确定以达到稳定温升时的条件，应将热电偶置于上铁轭中心处且尽可能紧靠最内部的低压绕组顶部处的导线。对于三相变压器，测量应在中间的心柱上进行。

温升已达到最终稳定值后，断开试验电源，测量热态电阻值，绘制和提供热态电阻曲线。

四、注意事项

（1）在进行温升试验时，如果试验室电源容量有限，不能达到规定的电流或者总损耗，可以用不低于 90%的规定电流或者不低于 80%的规定总损耗进行试验，试验后要进行电流和损耗校正。

（2）试验前，应检查套管的油位，确认油位正常。

（3）试验时升高座，充油套管，连管等可能储存气体的部位，应充分放气。

（4）温升前后冷热态电阻测量所用仪器应尽量使用同一台，排除仪器带来的不确定度。

（5）做好试验的安全措施，要有信号灯、指示牌、围栏等。

五、试验后的检查

（1）检查试验数据是否异常，计算结果确认无误。

（2）检查试品状态是否正常，仪器设备是否完好。

（3）测量结果是否符合标准及技术协议要求。

六、结果判定

1. *液浸式变压器*

对于分接范围不超过±5%，且变压器的额定容量不超过 2500kVA 的变压器，温升限值适用于与额定电压相对应的主分接。

对于分接范围超过±5%或额定容量大于 2500kVA 的变压器，在适当的分接容量、分接电压和分接电流下，温升限值对所有分接都适用。液浸式变压器温升限值见表 1-22。

表 1-22　　液浸式变压器温升限值

要求	温升限值（K）	
	常规产品	优质产品
顶层绝缘液体	60（国网采购技术规范要求：55）	53
绕组平均温升（ONAN）	65	60

2. 干式变压器

按正常运行条件设计的变压器，每个绕组的温升均不应超过表 1-23 所列出的相应限值。干式变压器绕组温升限值见表 1-23。

表 1-23　　干式变压器绕组温升限值

绝缘系统温度（℃）	额定电流下的绕组平均温升限值（K）
105（A）	60
120（E）	75
130（B）	80
155（F）	100
180（H）	125
200	135
220	150

温升试验不合格评定分级表见表 1-24。

表 1-24　　温升试验不合格评定分级表

试验项目	序号	不合格现象	严重等级	结果判定依据
温升试验	1	规定值＜实测值≤规定值+3K	轻微	GB/T 1094.2，GB/T 1094.11，国网采购技术规范
	2	规定值+3K＜实测值≤规定值+12K	中度	
	3	实测值＞规定值+12K	严重	

七、案例分析

［案例一］

（1）案例概况。型号为 SBH15-M-400/10 的非晶合金配电变压器，绕组温升超过标准值要求。

（2）不合格现象描述。绕组温升要求值：65K，实测高压绕组 71.4K，低压绕组 81.4K，超过了标准的规定，判定温升试验不合格。

（3）不合格原因分析。可能散热器散热不够、油道不畅通、绕组间位置太紧、油位不够等原因。

［案例二］

（1）案例概况。型号为 S13-M-200/10 配电变压器，低压绕组温升超过标准值要求。

（2）不合格现象描述。绕组温升要求值：65K，实测高压绕组 63.5K，高压绕组温升合格。低压绕组 75.1K，低压绕组温升不合格，超过了标准的规定。

（3）不合格原因分析。设计裕度过小，低压测油道不畅通，绕组间距离太近，油位过低等原因。

［案例三］

（1）案例概况。型号为 S13-M-500/10 配电变压器，高压绕组温升超过标准值要求。

（2）不合格现象描述。绕组温升要求值：65K，实测高压绕组 70.5K，高压绕组温升不合格。低压绕组 62.2K，低压绕组温升合格，超过规定值。

（3）不合格原因分析。设计裕度过小，高压测油道不畅通，绕组间或绕组与箱壁间距离太近，油位过低，冷电阻测量值不够准确等原因。

第十三节　局部放电测量

一、试验概述

局部放电测量是干式变压器的例行试验和特殊试验，所有干式变压器均应进行局部放电测量。局部放电测量应在 U_{m}≥3.6kV 的绕组上进行。测定干式变压器应测量在某一规定电压下的局部放电量，以及测定干式变压器局部放电的起始电压和熄灭电压。

1. 试验目的

本试验用来验证变压器在正常运行条件下不会发生有害的局部放电。以与运行同样的方式在变压器上施加试验电压。试验中对称电压出现在线端和匝间，中性点没有电压（试验时中性点可靠接地），感应电压试验用于验证变压器运行条件下匝间绝缘、线端对地绝缘和相间绝缘的质量，对于评价产品的设计结构和制造质量，保证变压器在长期工作电压下能够安全可靠地运行具有重要作用。

2. 试验依据

GB/T 1094.11 第 22 条规定了干式变压器局部放电测量的例行试验和特殊试验的试验方法及试验结果要求。

3. 主要参数及定义

局部放电是指高压电器中的绝缘介质在高电场强度的作用下，发生在电极之间但并未贯通的放电。这种放电可在导体附近发生，也可能不在导体附近发生，它可以产生在固体绝缘的空穴中或不同介质特性绝缘的分界面上。

二、试验前准备

1. 试验环境要求

依据标准的相关规定，试验应在10～40℃的环境温度下进行。

2. 试验前的检查

（1）试品及试验装备接地是否可靠。

（2）仪器、仪表是否完好，是否在使用有效期内。

（3）被试品及试验装备要正确接线，要保证引线对各接地部分的绝缘距离，以免在试验过程中出现不应有的放电。

（4）检查试品的油位，确认试品油位是否正常。

（5）对可能储存气体的部位，均应充分放气。

（6）端子是否进行了屏蔽处理。

三、试验过程

1. 试验原理和接线

局部放电测量接线实物图如图1-30所示。

图1-30　局部放电测量接线实物图

2. 试验方法

局部放电测量通常采用电气法。一般在低压绕组励磁，采用对称方式施加电压，并逐相进行测量，非励磁Y接绕组将其中性点接地，非励磁D接绕组将试验相绕组的首尾端接地。为防止电晕干扰，出线端子应有防晕措施。

试验时将试验场所的试验装备及可能产生悬浮放电的物体可靠接地，并尽量远离试品。

对于局部放电测量的例行试验部分，相间预加电压为$1.8U_r$，加压时间为30s。然后不切断电源，将相间电压降至压为$1.3U_r$，保持3min，在此期间进行局部放电测量。

对于局部放电测量的特殊试验部分，先施加相间预加电压$1.3U_r$，加压时间30s，然后不切断电源，将相间电压降至U_r，保持3min，在此期间进行局部放电测量。此后，依次将另一个线端接地，重复进行本试验。

四、注意事项

（1）做好试验的安全措施，要有信号灯、指示牌、围栏等。

（2）试验时要指定专人观察产品、设备，并保证校正方波准确无误。

（3）每次校准前应检查方波发生器电池电量是否充足，与校准方波发生器之间连线最好选用同轴电缆，以免造成方波的畸变；其引线应尽可能短，试验回路接地可靠，当更换试品或改变试品任一参数时，必须重新校正。

（4）做好试品接地牢靠。

（5）试验时将试区周围的设备及可能产生悬浮放电的物体可靠接地，尽量远离被试品。

（6）局部放电量的允许值应符合相关标准或技术条件的规定。

五、试验后的检查

（1）施加电压值与出厂值是否一致。

（2）是否符合标准及技术协议要求。

（3）外部绝缘距离是否足够，是否产生电晕，影响被试品的局部。

（4）重新进行局部放电校准。

六、结果判定

GB/T 1094.11 第 22 条规定，局部放电水平的最大值为 10pC，国网采购技术规范对常规设备要求局部放电水平的最大值为 8pC。

不合格现象分级表见表 1-25。

表 1-25　不合格现象分级表

试验项目	序号	不合格现象	严重等级	结果判定依据
局部放电测量	1	不合格且局部放电量≤30pC	轻微	GB/T 1094.11 采购技术规范
	2	30pC＜局部放电量≤300pC	中度	
	3	局部放电量＞300pC 或线圈内部出现放电	严重	

七、案例分析

［案例一］

（1）案例概况。型号为 SCB12-1250/10 干式变压器局部放电试验时局部放电量超过 10pC。

（2）不合格现象描述。在电压 1.3U_r 下 A 相局部放电 124pC，B 相局部放电 35pC，C 相局部放电 13pC。

（3）不合格原因分析。根据波形图综合判断在变压器 A 相线圈内存在局部放电，可能有异物或接触不良。

［案例二］

（1）案例概况。型号为 SCB12-500/10 干式变压器局部放电试验时，B 相局部放电量超过 10pC。

（2）不合格现象描述。在电压 1.3U_r 下 A 相局部放电 8pC，B 相局部放电 65pC，C 相局部放电量 7pC。

（3）不合格原因分析。波形图判断：在变压器 B 相绕组内、外均有灰尘，造成局部放电偏大。

［案例三］

（1）案例概况。型号为 SCB12-315/10 干式变压器局部放电试验时，C 相局部放电量超过 10pC。

（2）不合格现象描述。在电压 1.3U_r 下：A 相局部放电 7pC，B 相局部放电 8pC，C 相局部放电 130pC。

（3）不合格原因分析。波形图综合判断：在变压器 C 相绕组内存在局部放电，可能有灰尘、异物或出线端子处有接触不良的地方。

第十四节　雷电冲击试验

一、试验概述

变压器在电力系统运行中要受到各种电压的作用，如持续工频电压、暂时过电压、操作过电压和雷电过电压等。为保证变压器在各种电压作用下安全运行，要用相应的试验对产品进行考核，雷电冲击试验就是为了考核变压器耐受雷电过电压的绝缘性能。

1. 试验目的

雷电冲击试验主要考核变压器每一线端对地、对其他绕组以及被试绕组本身的冲击电压耐受强度。

（1）线端雷电全波冲击试验（LI）（适用于干/油式）。本试验用来验证设备在运行过程中耐受瞬态快速上升典型雷电冲击电压的能力。用来验证变压器的雷电冲击耐受强度。

（2）线端雷电截波冲击试验（LIC）（适用于油式）。与 LI 试验目的相同，用来验证设备在运行过程中耐受某些高频冲击的能力。与全波冲击试验相比，其电压峰值更高，频率也更高。

2. 试验依据

目前雷电冲击试验引用的标准主要有 GB/T 16927.1《高电试验技术压　第 1 部分：一般定义及试验要求》7.2 条规定、GB/T 1094.3《电力变压器　第 3 部分：绝缘水平、绝缘试验和外绝缘空气间隙》13 条规定、GB/T 1094.4《电力变压器　第 4 部分：电力变压器和电抗器的雷电冲击和操作冲击试验导则》及 GB/T 1094.11《电力变压器　第 11 部分：干式变压器》21 条规定，JB/T 501 第 11.2 条也提及了该项试验。GB/T 1094.3 中第 7.2.1 条规定了不同类别变压器的要求与试验，见表 1-26。

表 1-26　雷电冲击试验类别

设备最高电压范围	≤72.5kV
绝缘类型	全绝缘

续表

线端雷电全波冲击试验（LI）	型式（包括在 LIC 中）
线端雷电截波冲击试验（LIC）	型式
中性点端子雷电全波冲击试验（LIN）	型式 [a]

[a] 对全绝缘的三相变压器，当中性点端子不引出时，中性点端子雷电全波冲击试验（LIN）为特殊试验。

3. 主要参数及定义

标准雷电冲击电压全波是指波前时间为 1.2μs，视在半峰值时间为 50μs 的雷电冲击全波。考虑实际的冲击电压波形中，起始部分通常不宜区分，峰值附近波形比较平滑，标准中用峰值电压的 0.3、0.5 及 0.9 等数值来确定冲击波形的实际参数。标准雷电全波波形图如图 1-31 所示。

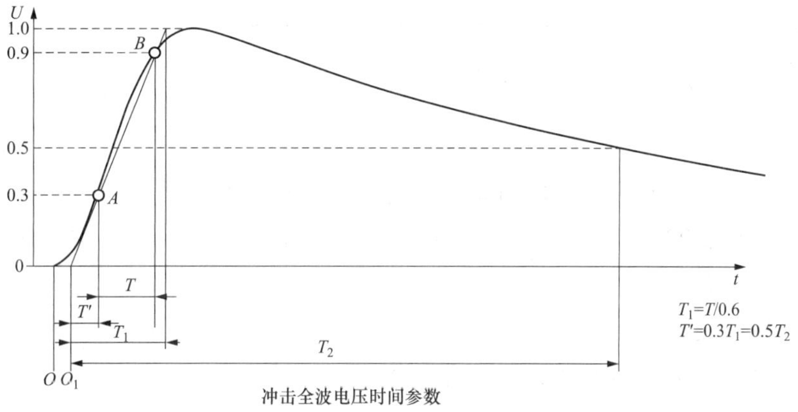

图 1-31　标准雷电全波波形图

波前时间：定义为试验电压曲线峰值的 30%和 90%之间时间间隔的 1/0.6 倍。

半峰值时间：定义为从视在原点到试验电压曲线下降到试验电压值一半时刻之间的时间间隔。

视在原点：试验电压曲线中相当于 A 点超前 0.3 的瞬间，对于具有线性时间刻度的波形，它为通过波前部分 A、B 两点所画直线与时间轴的交点。

雷电冲击截波：变压器标准雷电截波是指标准雷电冲击波经过 3～6μs 被外间隙截断的波形。截波波形可用截断时间、截断时刻、截波峰值、截断时刻电压、电压过零系数/等参数来表征。截断后视在持续时间为 C 点和 D 点时间间隔的 1.67 倍，C 和 D 点为截断时刻时电压的 70%和 10%。标准雷电截波波形图如图 1-32 所示。雷电

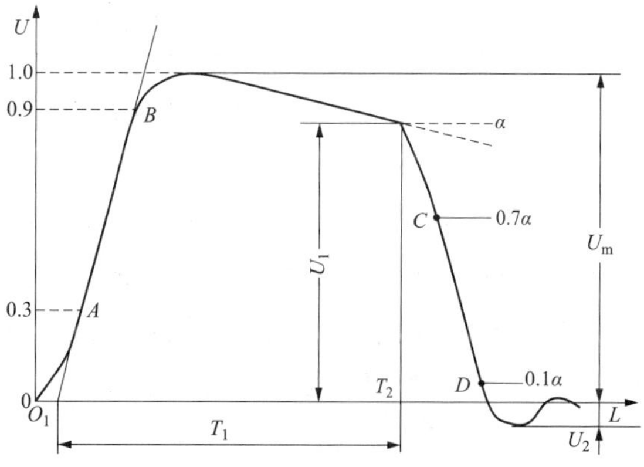

图 1-32　标准雷电截波波形图

冲击波形参数要求见表 1-27。

截断时间：定义为视在原点与截断瞬时的时间间隔。

过零系数：≤0.3。

表 1-27　　雷电冲击波形参数要求

波形	特征参数	技术要求	容许偏差
全波	峰值 U_m	峰值处的过冲和震荡不超过 5%U_m	±3%
	波前时间 T_1	1.2μs	±30%
	半峰值时间 T_2	50μs	±20%
截波	截断时间 T_c	3～6μs	—
	过零系数 O_Z	≤0.3	—

二、试验前准备

1. 试验装备与环境要求

（1）试验装备。根据 GB/T 1094.3 中表 2 要求 35kV 等级变压器雷电冲击全波电压为 200kV，截波电压为 220kV，雷电冲击本体最高电压不低于 400kV，总能量不低于 20kJ，截波装置 400kV，两级。

测量采集系统按 GB/T 16927.2（高电试验技术压　第 2 部分：测量系统）中第 8 条雷电冲击电压的测量，雷电冲击试验仪器设备及其精度要求见表 1-28。

表 1-28　　雷电冲击试验仪器设备及其精度要求

仪器设备名称	参数及精度要求
冲击电压发生器成套试验装置	1）按照 GB/T 16927.1 测量系统全波或波尾截断冲击的试验电压值的扩展不确定度为≤3%； 2）测量波前截断（0.5μs＜截断时间＜2μs）冲击的峰值的扩展不确定度为≤5%； 3）按照 GB/T 16927.1 测量规定波形的时间参数扩展不确定度为≤10%； 4）测量可能叠加在冲击波上的振荡，应保证振荡不超过 GB/T 16927.1 给定的允许值
分压器	

（2）试验环境。GB/T 1094.1 中第 11.1.1 条规定：试验应在 5～40℃的环境温度下进行。

2. 试验前的检查

GB/T 1094.34 条款总则规定：变压器（包括可能影响其绝缘介电强度的各种部件在内）应如同运行时一样装配完整。正常情况下，绝缘液体在变压器进行绝缘试验时不循环流动。在试验过程中，用于收集或检测故障产生游离气体的设备应安装并监测。试验时，外部过电压保护设备（如避雷器）不需要安装，且宜拆除套管火花放电间隙或增大间隙以避免在试验中发生放电。

（1）检查试品状态，应完好无异常。

（2）正确连接试验线路，保证足够的绝缘距离。

（3）确认分接位置，检查试品油位是否异常。

（4）对于试品存储气体的部位，应充分释放气体。

（5）选择分接开关位置，并用万用表检查分接开关的导通状态，保证接触良好；

（6）对可能储存气体的部位，均应充分放气。

三、试验过程

1. 试验原理和接线

雷电冲击试验线路原理图如图 1-33 所示。雷电冲击试验接线示意图如图 1-34 所示。雷电冲击试验接线实物图如图 1-35 所示。

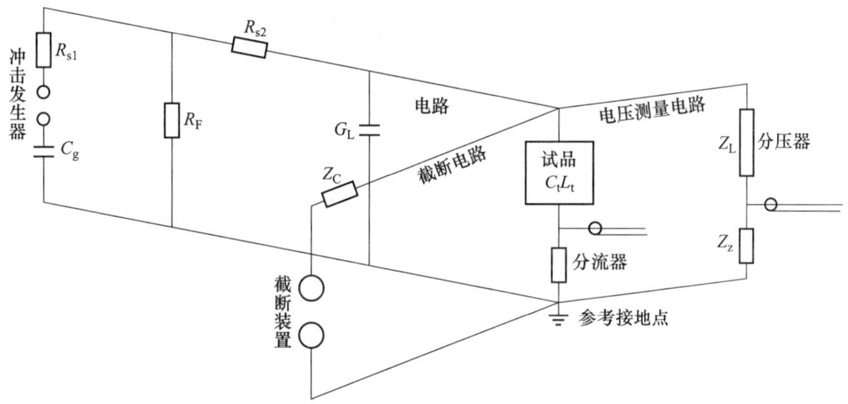

图 1-33 雷电冲击试验线路原理图

C_g—发生器电容；C_t—负荷电容；G_L—试品等值电容；L_t—试品等值电感；R_{s1}—内部波前电阻；R_{s2}—外部波前电阻；R_F—波尾电阻；Z_C—截断电路附加阻抗；Z_L—分压器高压臂；Z_z—分压器低压臂

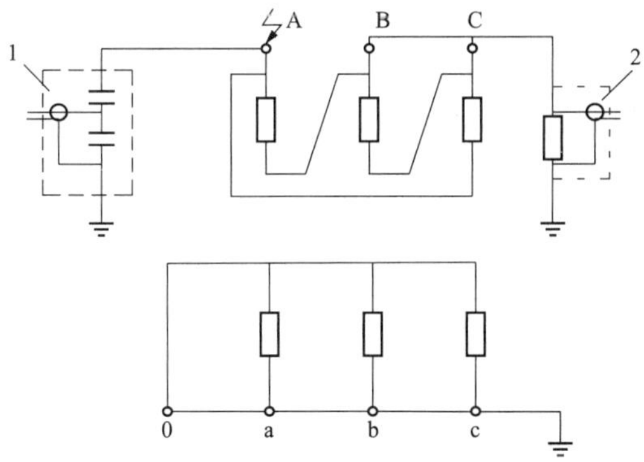

图 1-34 雷电冲击试验接线示意图

1—电容分压器；2—分流器

图 1-35 雷电冲击试验接线实物图

2. 试验方法

(1) 波形调整。试验时，首先要根据试品的参数（主要是产品的电压及容量）及技术条件选择冲击发生器的级数及串并联联结。考虑发生器同步及安全等因素，发生器的运行电压尽可能低些，例如在60%额定电压下，发生器的效率可估计在60%～80%，实际上在主电容较大且用高效率回路对一般产品试验时效率约在90%，如果波形上冲较大则会超过100%。

(2) 加压顺序。一次50%～70%全电压的全波参考冲击；一次100%全电压的全波冲击；两次截波雷电冲击试验电压的截波冲击；两次100%全电压的全波冲击。

可以使用不大于50%全电压的多次冲击（全波或截波），且不必在试验报告中说明。

如果在任何一次冲击下，在线路中或在套管间隙处产生了外部闪络，或者在任何规定测量通道上的示波记录图失效，则这一次冲击应不计入，并需重新施加一次。

各次截波雷电冲击应尽可能采用相同的截断时间。

不同结构产品试验中的差异：GB/T 1094.11 第21条没有对干式变压器进行截波试验的要求。

四、注意事项

(1) 试验前，应设置信号灯、指示牌和围栏等安全防护措施。

(2) 检查试品状态，油位应正常，分接位置应符合要求。

(3) 试验线路连接应规范，保持足够的电气安全距离。

(4) 切换被试端子之前，应对试品及试验设备进行充分放电。

(5) 试验时，应认真观察，分析试验波形是否符合要求。

(6) 如果试验出现异常，应严格依据标准进行相关操作。

五、试验后的检查

(1) 检查试品状态是否完好，有无放电痕迹。

(2) 检查试验设备有无异常。

(3) 检查试验结果是否符合标准要求。

六、结果判定

如果在降低电压下所记录的电压和电流瞬变波形图与在全电压下所记录的相应的瞬变波形图无明显差异，则试验合格。

如果电压发生降落或偏离，在制造方与用户协商一致的情况下可以不立即判定试验失败，按试验顺序完成试验，然后参考原来降低的冲击电压波形重复全试验顺序，如果发生进一步的电压降落或偏离，则判定试验不合格。试验过程中常见不合格现象见表1-29。

表 1-29 常见不合格现象

试验项目	序号	不合格现象	严重等级	结果判定依据
雷电冲击试验	1	雷电冲击前未进行短路试验，电压波形出现击穿，电流波形发生变化，主绝缘对地放电	严重	GB/T 1094.3
	2	短路试验后进行雷冲试验，电压波形出现击穿，电流波形发生变化，主绝缘对地放电	轻微	

七、案例分析

［案例一］

（1）案例概况。型号为 SH15-M-400/10 的非晶合金变压器雷电冲击试验时波形被截断，波尾变短，初步判断是绕组绝缘受损。

（2）不合格现象描述。A 相全波在 64.47kV 电压处截断，C 相截波在 80.26kV 电压下异常；A 相 50%全波正常，电压为 47.78kV，T_1=1.18μs，T_2=50.4μs，A 相 50%全波波形图如图 1-36 所示；第一次 100%全波时波形异常，电压为 64.47kV，T_1=1.17μs，T_c=1.9μs，同时电流波形异常，A 相第一次 100%全波波形图如图 1-37 所示。

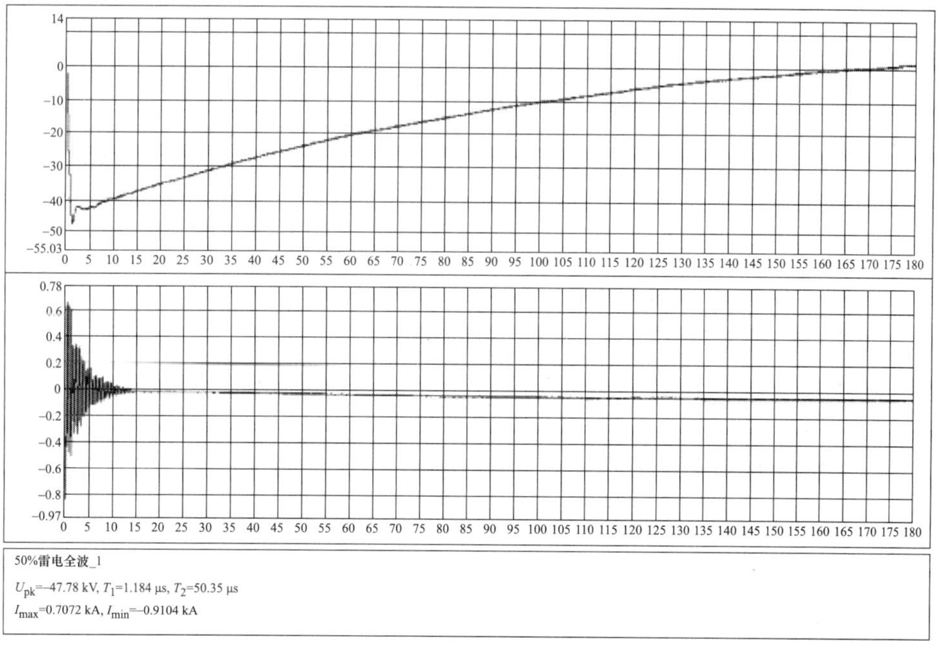

图 1-36 A 相 50%全波波形图

C 相 50%、100%（第一次）全波正常，第一次 100%截波异常。50%全波电压为 47.82kV，T_1=1.25μs，T_2=50.5μs；100%全波电压为 74.9kV，T_1=1.24μs，T_2=51.8μs。50%截波电压为 47.69kV，T_c=3.93，C 相 50%截波波形图如图 1-38 所示；100%截波电压为 80.26kV，T_c=1.51μs

（T_c 不在标准范围内，已确认雷电冲击截波装置正常），C 相第一次 100%截波波形图如图 1-39 所示。

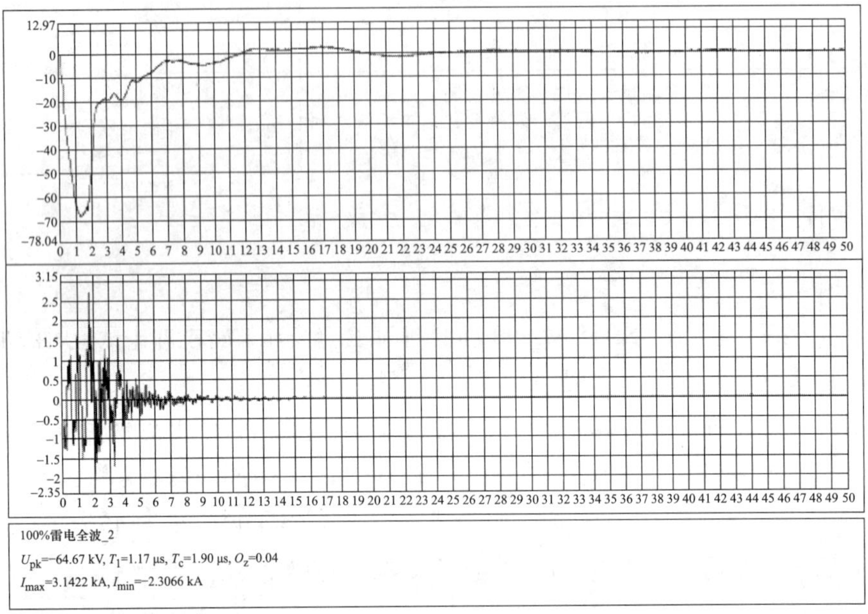

图 1-37　A 相第一次 100%全波波形图

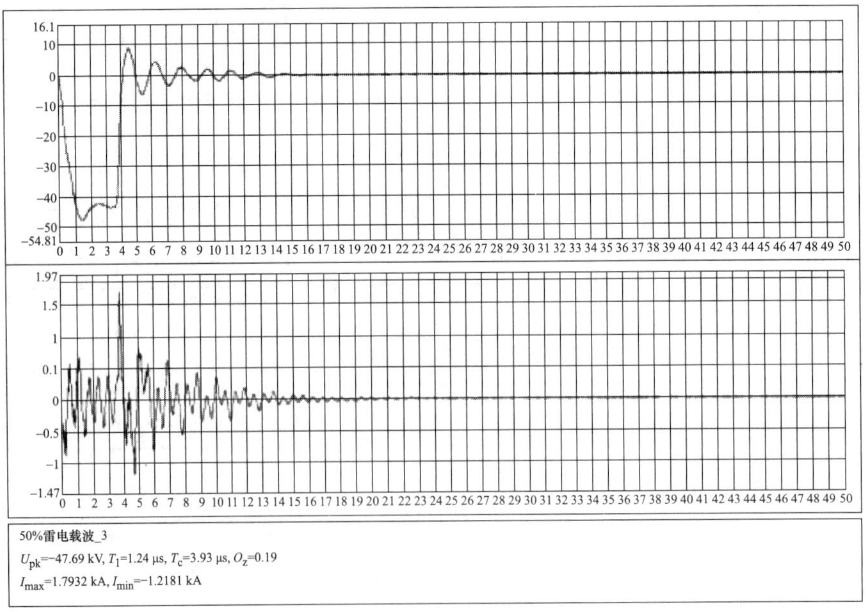

图 1-38　C 相 50%截波波形图

（3）不合格原因分析。该配电变压器联结组别为 Dyn11，A 相第一次 100%全波击穿，波尾变短，类似波形被截断，C 相第一次 100%全波通过，第一次 100%截波时波形异常，综合分析该变压器 A 相高压端绕组上部绝缘受损，匝间击穿。

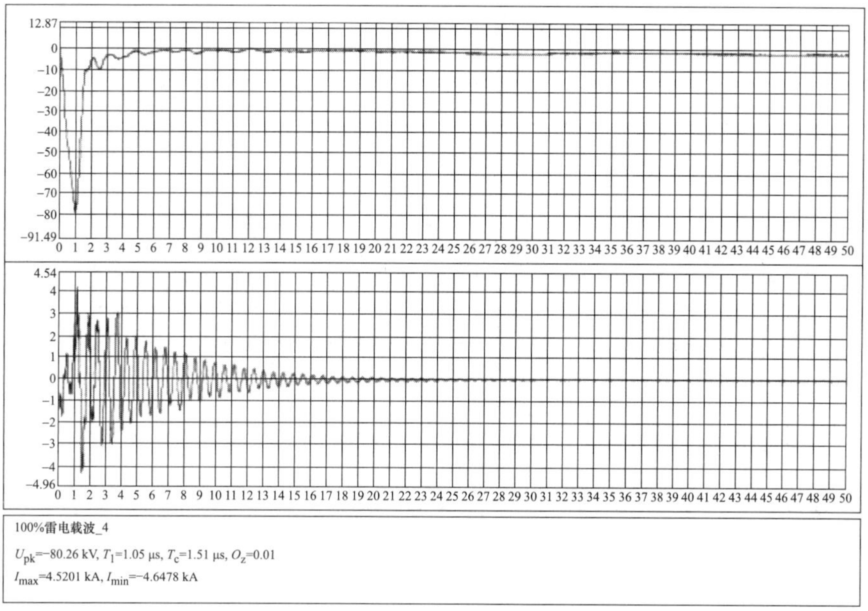

图 1-39　C 相第一次 100%截波波形图

［案例二］

（1）案例概况。型号为 SH15-M-400/10.5 的非晶合金变压器雷电冲击全波试验时波形异常，初步判断绕组绝缘受损。

（2）不合格现象描述。C 相 50%全波电压为 48.91kV，T_1=1.45μs，T_2=54.0μs，C 相 50%全波波形图如图 1-40 所示；第一次 100%全波电压为 75.50kV，T_1=1.43μs，T_2=8.66μs，C 相第一次 100%全波波形图如图 1-41 所示；第二次 100%电压为 74.96kV，T_1=1.43μs，T_2=16.3μs，C 相第二次 100%全波波形图如图 1-42 所示。

（3）不合格原因分析。该变压器第一次 100%全波和第二次 100%全波波形异常，波尾从 8.66μs 到 16.3μs 变化，说明有一点自恢复的功能，判断 C 相主绝缘（上压板、拉螺杆、引线等）绝缘受损。

［案例三］

（1）案例概况。型号为 SH15-M-400/10.5 的非晶合金变压器 A 相雷电冲击截波试验时波形异常，B 相 50%全波波形异常。

（2）不合格现象描述。A 相 50%截波电压为 50.01kV，T_1=1.35μs，T_c=3.93μs，过零 19%，A 相 50%截波波形图如图 1-43 所示；第一次 100%截波电压为 83.80kV，T_1=1.33μs，T_c=3.73μs，过零 17%，A 相第一次 100%截波波形图如图 1-44 所示；第二次 100%截波电压为 83.67kV，T_1=1.32kV，T_c=3.20μs，过冲 40%且电流波形异常（不合格），A 相第二次 100%截波波形图如图 1-45 所示。

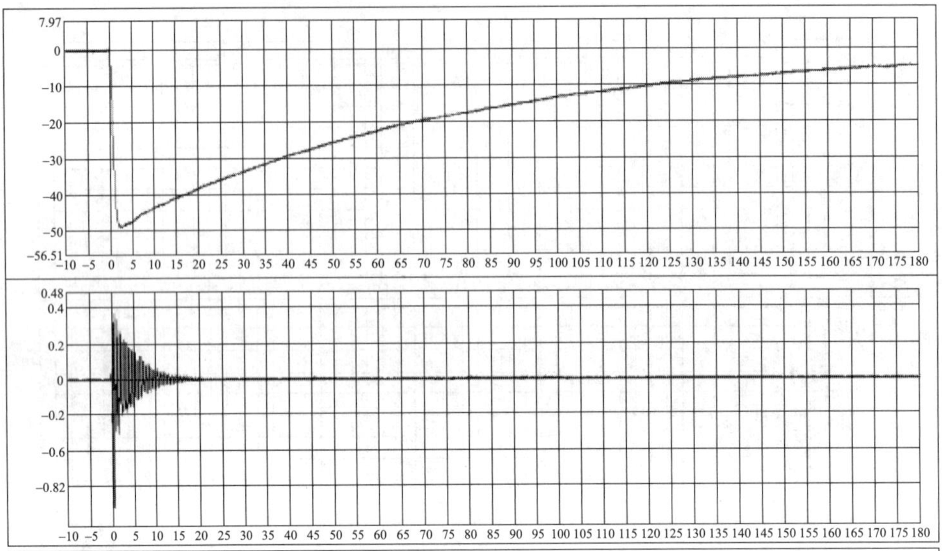

高压A 50%雷电全波_1

U_{pk}=−48.91 kV, T_1=1.452 μs, T_2=53.99 μs

I_{max}=0.4836 kA, I_{min}=−0.9221 kA

图 1-40　C 相 50%全波波形图

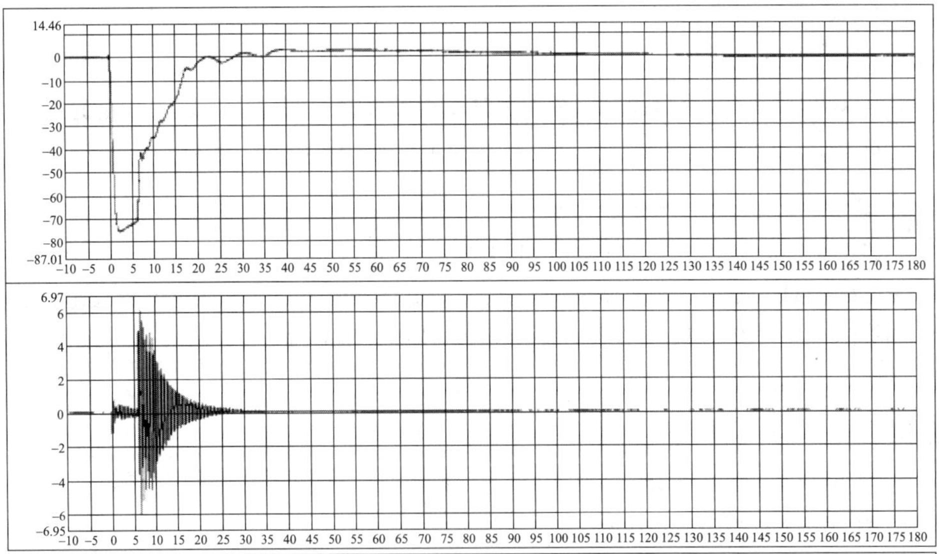

高压A 100%雷电全波_2

U_{pk}=−75.50 kV, T_1=1.430 μs, T_2=8.66 μs

I_{max}=6.1599 kA, I_{min}=−6.1421 kA

图 1-41　C 相第一次 100%全波波形图

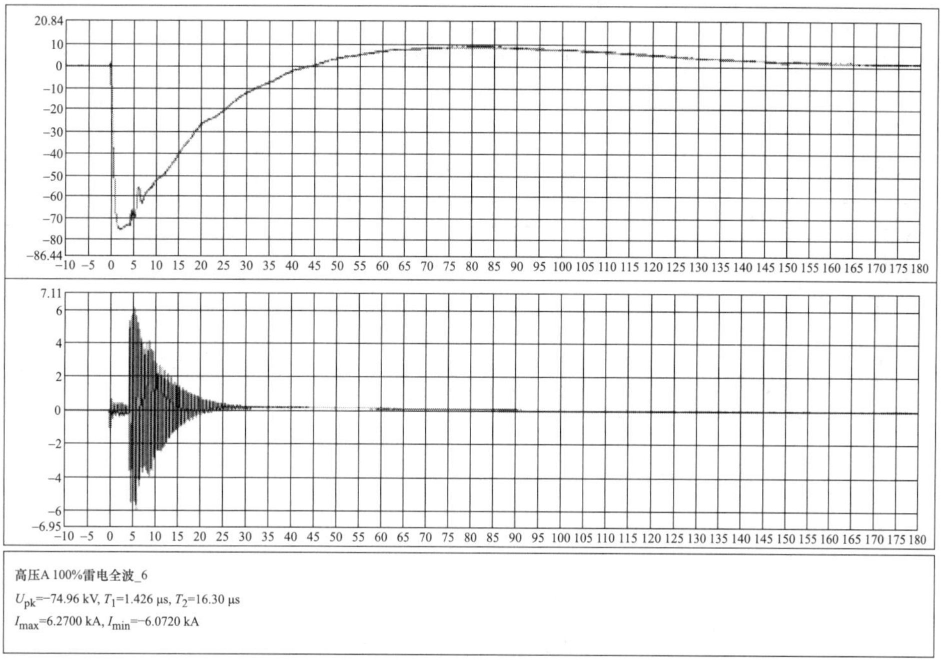

图 1-42 C 相第二次 100%全波波形图

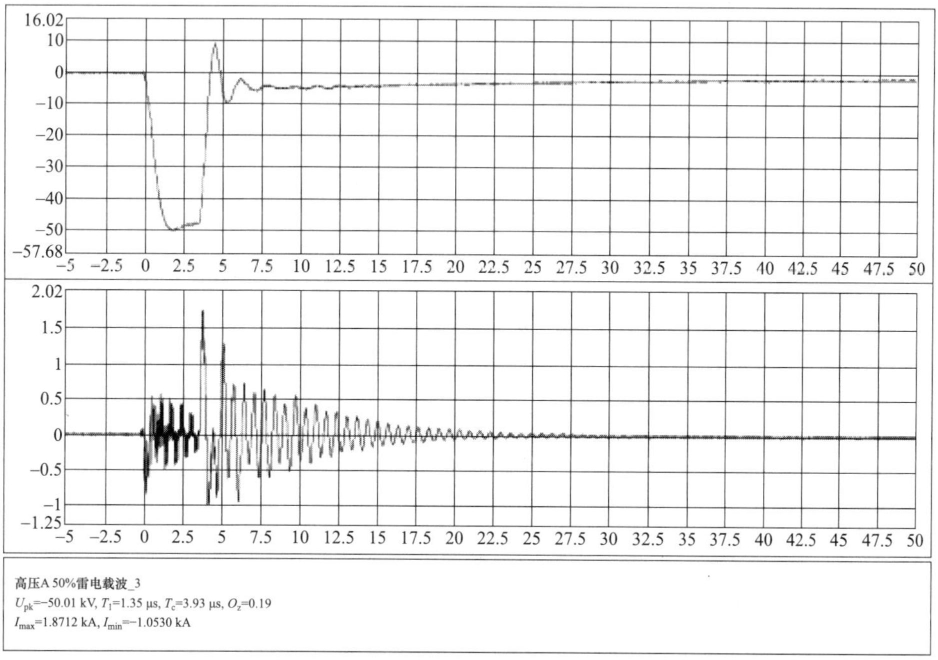

图 1-43 A 相 50%截波波形图

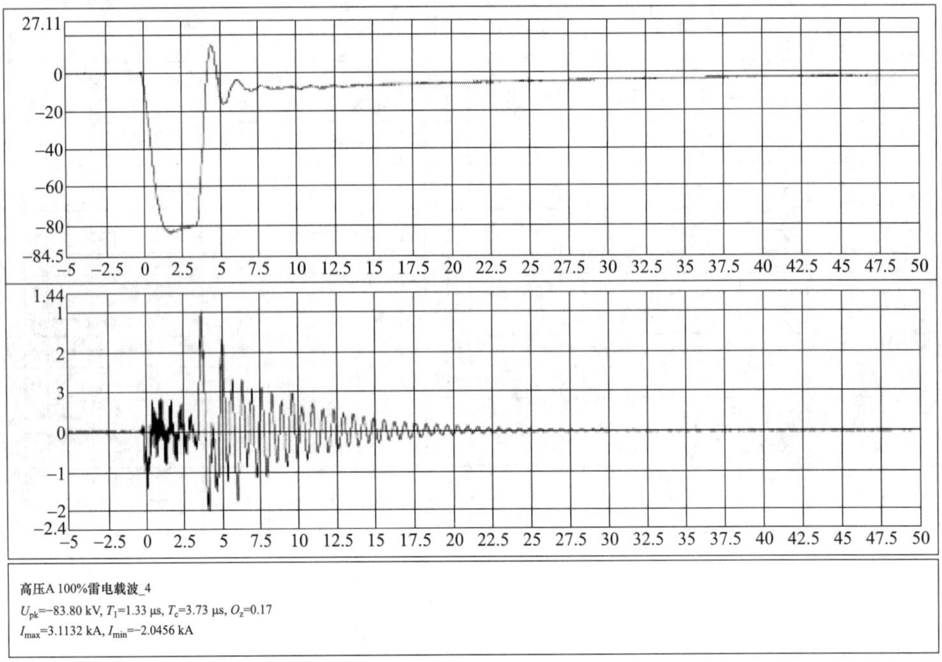

图 1-44　A 相第一次 100%截波波形图

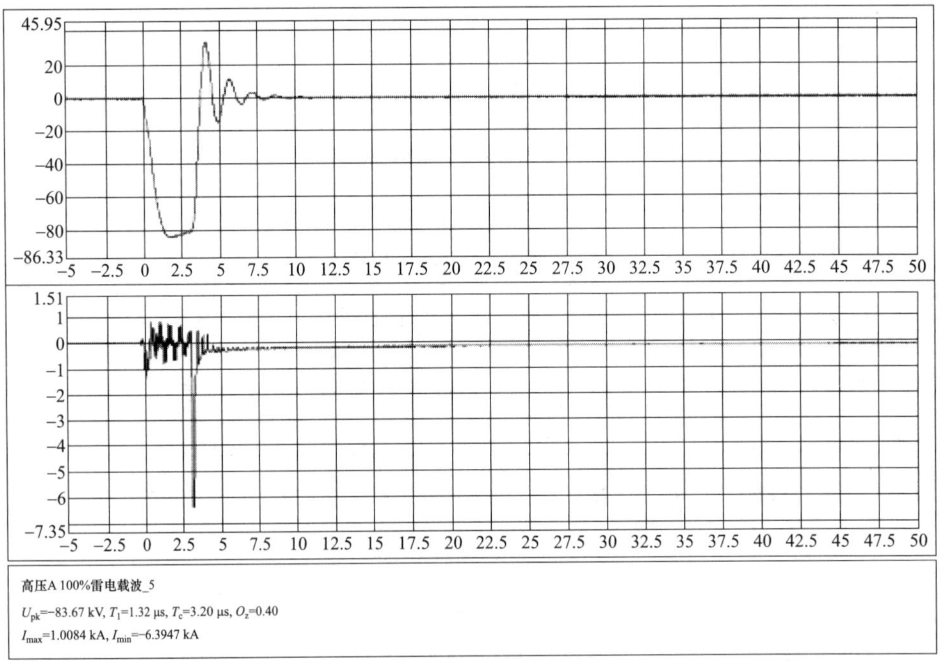

图 1-45　A 相第二次 100%截波波形图

B 相 50%全波截断，电压为 36.82kV，T_1=0.81μs。T_c=0.90μs，B 相 50%全波波形图如图 1-46 所示。

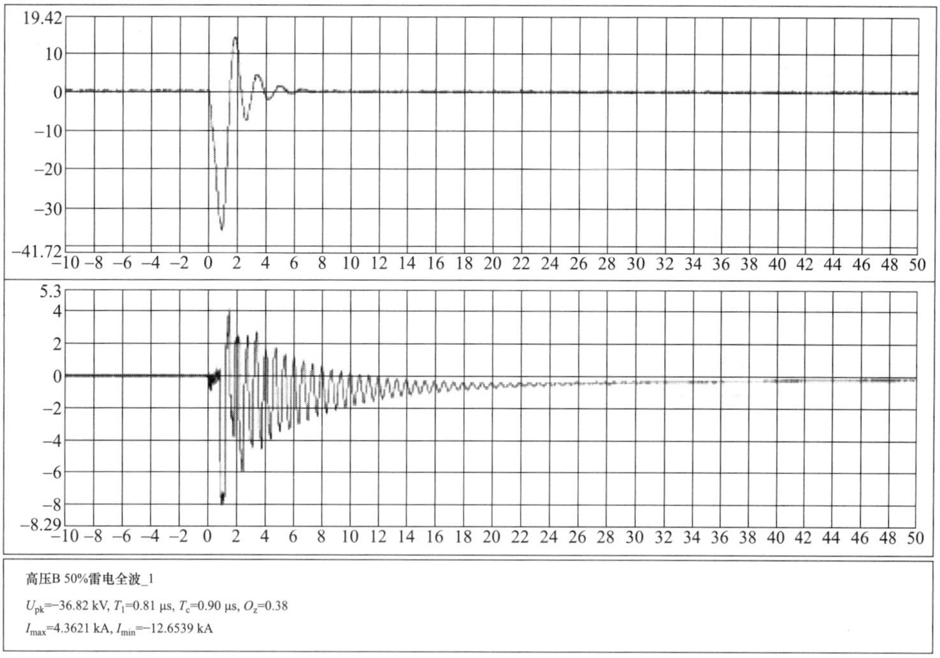

图 1-46　B 相 50%全波波形图

（3）不合格原因分析。该配电变压器联结组别为 Dyn11，A 相第一次 100%截波通过，第二次 100%截波波形异常，B 相第一次 50%全波被截断，综合分析该变压器 B 相高压端绕组上部绝缘受损，匝间击穿。

［案例四］

（1）案例概况。雷电冲击试验后外施或感应试验不合格：雷电冲击试验时绝缘破损或绕组匝间击穿但雷电冲击波形不易识别出来，雷电冲击后的外施耐压试验和感应试验出现击穿不合格或加不上压。

（2）不合格现象描述。菲晶合金变压器型号为 S（B）H15-M.R-400/10，在雷电冲击试验完成后，发现感应耐压试验当电压升至 34.3V 时，试验电流异常，无法继续试验；空载试验时，当电压升至 23.9V 时试验电流为 59.67A，电流异常，无法继续试验。

（3）不合格原因分析。雷电冲击试验后进行的空载试验和感应试验在较低电压下电流很大，判断该变压器绕组匝间存在短路。怀疑在雷电冲击试验过程中绕组匝间受损导致以上试验不通过。

［案例五］

（1）案例概况。型号为 S13-M-400/10 的配电变压器 B 相 50%全波试验时被截断。

（2）不合格现象描述。电压为 46.67kV，T_1=1.52μs，T_c=15.06μs，B 相 50%全波波形图如图 1-47 所示。

（3）不合格原因分析。B 相引线距离不够，主绝缘击穿。在雷电冲击试验补做了高压外施耐压试验，当电压升到 15.3kV，电压突然下降，内部有放电声。

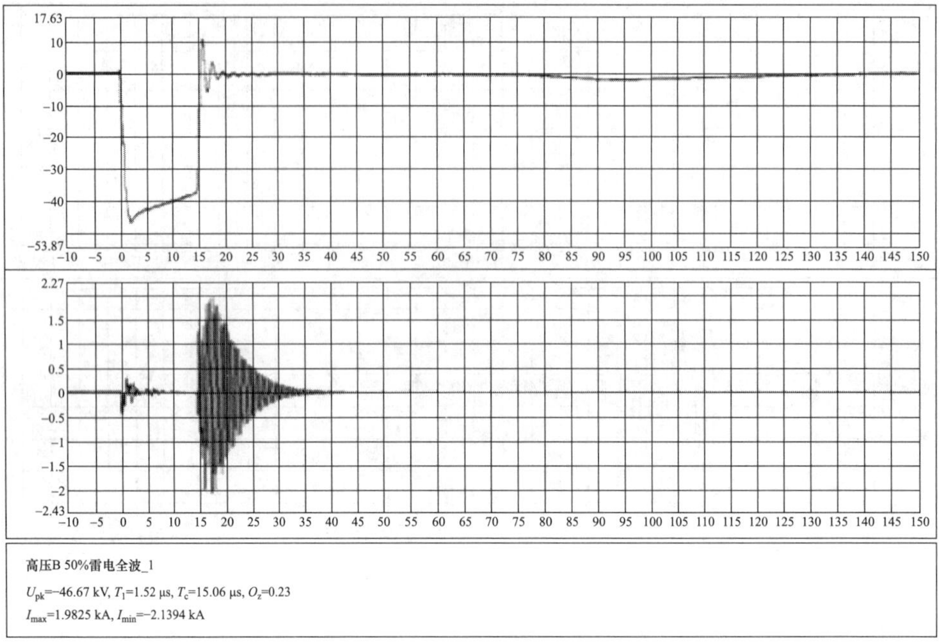

图 1-47　B 相 50%全波波形图

第十五节　短路承受能力试验

一、试验概述

变压器在运行过程中，除了可能遭受各种过电压的作用，还可能受到短路电流的冲击。变压器在电力系统运行中通常有 4 种短路情况，即单相短路、两相短路、两相接地短路和三相短路。一般以三相短路最严重，单相短路的概率最高。出现短路的原因主要是电力系统中电气绝缘的破坏，引起这种破坏的原因通常有过压、雷击、绝缘老化、设备维护不周、运行人员误操作以及鸟害、鼠害、施工机械的直接损害等。短路承受能力试验属于变压器的特殊试验项目，是耐受试验，与雷电冲击试验和外施耐压试验一样，不属于破坏性试验。

1. 试验目的

本试验主要考核变压器在输出绕组的外部发生短路事故，变压器能否承受住短路电流冲击，不发生损坏。变压器发生短路后电力系统各工作点电压降低、电流增大，往往超过变压器额定电流的几倍到几十倍，此时，如果变压器短路强度不够，将在这种热效应和动效应的作用下遭到破坏。验证变压器能承受住过电流条件下的短路动稳定承受能力，主要是验证绕组在峰值过电流作用后能保持动态的轴向和幅向的不失稳。

2. 试验依据

承受短路试验能力引用的标准主要是 GB/T 1094.5，该标准修改采用 IEC 60076-5，在采用时考虑到国内实际情况做了一些修改，但不存在原则性的差别。国内销售的变压器依据 GB 标准检测，国外销售的变压器多数依据 IEC 标准检测，另有部分销售到北美的产品依据 IEEE StdC57.12.90 油浸式配电、电力和调压变压器试验导则进行检测。IEEE 同 IEC 标准在容量划分、试验次数、结果判断等方面存在较大差异。干式变压器依据 GB/T 1094.11 中第 25 条检验，但该条款指向 GB/T 1094.5，所以同油浸式变压器检验方法相同。

3. 主要参数及定义

运行中的变压器发生短路故障时，绕组中的对称短路电流由变压器本身的阻抗和所在系统的阻抗决定，非对称短路电流第一峰值主要由产品自身的 X/R 和发生短路时电源电压的初相角有关。X 是产品的电抗，由绕组的结构、位置和几何尺寸有关，是产品的固有参数，与温度等外界参数的变化无关；R 是产品的交流电阻，由产品负载损耗得出，不同于产品直流电阻值，变压器短路试验等效电路图如图 1-48 所示。

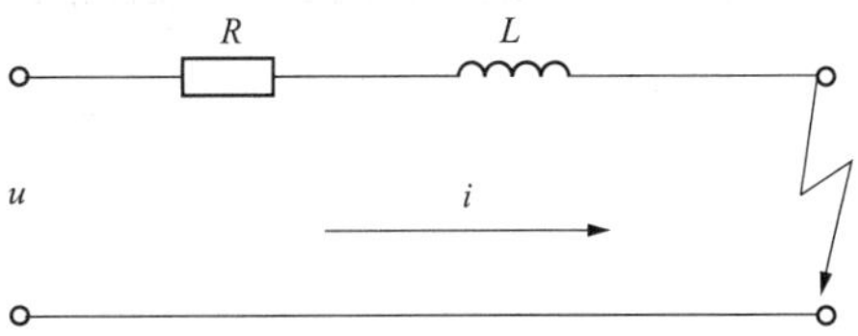

图 1-48 变压器短路试验等效电路图

图 1-48 中 u 为一次侧系统电压，i 为短路电流，R、L 分别表示短路等值电阻和电感。二次侧短路时，产品一次侧电压为电阻和电感的压降之和。

对称短路电流：由变压器本身的阻抗与所在系统的阻抗决定，考核变压器的热稳定性，三相变压器对称短路电流为

$$I = \frac{U}{\sqrt{3} \times (Z_t + Z_s)} \tag{1-14}$$

式中 I——对称短路电流值，A；

U——被试变压器所考虑绕组试验分接的分接的电压，V；

Z_s——系统短路阻抗，Ω/相；

Z_t——折算到变压器供电绕组在相应分接的短路阻抗，Ω/相。

$$Z_s = \frac{U_s^2}{S} \tag{1-15}$$

式中 U_s——系统额定电压，kV；

S——系统短路视在容量，MVA。

$$Z_t = \frac{u_k \times U_r^2}{100 \times S_r} \tag{1-16}$$

式中 u_k——折算至参考温度时额定电流下的实测用%表示的短路阻抗；

U_r——所考虑绕组的分接电压，kV；

S_r——被试变压器额定容量，MVA。

对于 I 类变压器，如果系统阻抗等于或小于变压器短路阻抗的 5%，则在计算短路电流时系统阻抗应忽略不计。系统短路视在容量见表 1-30。

表 1-30 系统短路视在容量

系统标称电压（kV）	设备最高电压（kV）	短路视在容量（MVA）
6、10、20	7.2、12、24	500
35	40.5	1500
66	72.5	5000
110	126	9000
220	252	18000
330	363	32000
500	550	60000
750	800	83500

非对称电流第一峰值：对变压器的动稳定性进行考核，由产品本身的电抗和电阻之比决定。

$$i_m = K\sqrt{2}I \tag{1-17}$$

式中 i_m——非对称电流第一峰值，A；

I——对称短路电流值，A；

$K\sqrt{2}$——偏移系数，与 $\frac{X}{R}$ 有关，其中 X 为变压器电抗与系统电抗之和（X_t+X_s）；R 为变压器电阻与系统电阻之和（R_t+R_s）。

如无另行规定，应假定系统的 X_s/R_s 值等于变压器的 X_t/R_t 值。可通过公式计算或查表 1-32 用线性插值法得到

$$k=1+ [e^{-(\varphi+\pi/2) R/X}] \sin\varphi \tag{1-18}$$

其中，$\varphi=\arctan X/R$。

峰值系数 $K\sqrt{2}$ 的值见表 1-31。

表 1-31 峰值系数 $K\sqrt{2}$ 的值

X/R	1	1.5	2	3	4	5	6	8	10	14
$K\sqrt{2}$	1.51	1.64	1.76	1.95	2.09	2.19	2.27	2.38	2.46	2.55

对称短路电流的持续时间：对于Ⅰ类变压器，计算承受短路耐热能力的电流持续时间为 2s，试验承受短路动稳定能力的电流持续时间为 0.5s。

本部分试验，将变压器分为三类：

Ⅰ类：25～2500kVA；

Ⅱ类：2501～100000kVA；

Ⅲ类：100000kVA 以上。

短路电流允许偏差：非对称短路电流第一峰值（±5%）/对称短路电流方均根值（±10%）。

路时间允许偏差：Ⅰ类（0.5s±10%）/Ⅱ、Ⅲ类（0.25s±10%）。

二、试验前准备

1. 试验装备与环境的要求

（1）变压器承受短路能力试验对电源系统的要求。试品变压器的短路容量为

$$S = \frac{S_r}{u_k} \tag{1-19}$$

式中 u_k——折算至参考温度时额定电流下的实测用%表示的短路阻抗；

S——试品变压器的短路容量，kV；

S_r——被试变压器额定容量，MVA。

（2）变压器承受短路能力试验对电源容量。根据最大功率传输原理，采用先短路法试验，系统电源电压是试品短路时所承受电压 2 倍时，所需系统电源容量最小，为 4 倍试品变压器短路容量）。采用后短路法试验，a 取 1.15，则 A 为 8.8，所需系统电源容量是试品短路容量的 8.8 倍，远大于先短路法所需系统电源容量。

$$a = \frac{U_s}{U_t} \tag{1-20}$$

$$A = \frac{a^2}{a-1} \tag{1-21}$$

式中 A——系统电源容量所需倍数；

a——系统电源电压倍数；

U_s——系统电源电压；

U_t——试品短路时承受电压。

（3）合闸选相同步器。用于控制试验线路的合分、瞬态记录仪的启动。分散性小于 0.1ms。

（4）合闸选相开关。用于选相合闸，使变压器被试相得到要求的非对称短路电流第一峰值。分散性小于 0.5ms。

（5）测量设备。包括高低压电流、电压测量设备，瞬态波形记录设备，电流测量可用 TPY 级电流互感器，也可用无感分流器。

（6）试验环境要求。GB/T 1094.1 中第 11.1.1 条规定：试验应在 5～40℃的环境温度下进行。GB/T 1094.5 第 4.2.2.3 条中的短路试验开始时，绕组的平均温度最好在 10～40℃，短路试验期间，由于流过短路电流，绕组的温度可能升高。当布置Ⅰ类变压器的试验线路时应考虑这种情况。

2. 试验前的检查

（1）变压器外观检查，变压器油箱无渗漏，高低压套管无损坏，连接螺丝应牢固无松

动，压力释放装置应安装在变压器上，试验开始时需处于工作状态。

（2）变压器吊心，检查铁心、绕组和引线，对绕组、引线、垫块等部位进行标记，对器身整体及标记部位拍照，用于试验后的比较，吊心后按要求对变压器注油，检查产品的油位，确认产品油位正常，对可能储存气体的部位，均应充分放气。

（3）变压器应按 GB/T 1094.1 规定进行例行试验，负载试验应测量极限分接及额定分接数据，此阶段不要求做雷电冲击试验。

（4）根据变压器额定参数及负载试验数据依据 GB/T 1094.5 计算短路电流施加值。

（5）采用预先短路法，将低压输出线端用足够承受短路电流的导线或铜排进行短接，被试品及试验装备要正确接线，要保证引线对各接地部分的绝缘距离，以免在试验过程中出现不应有的放电。

（6）测量极限分接及额定分接电抗，所有电抗测量值的复验性应在±0.2%以内；短路试验开始时，绕组的平均温度最好在 10～40℃。

三、试验过程

1. 试验原理和接线图

试验原理图如图 1-49 所示。短路实验接线实物图如图 1-50 所示。

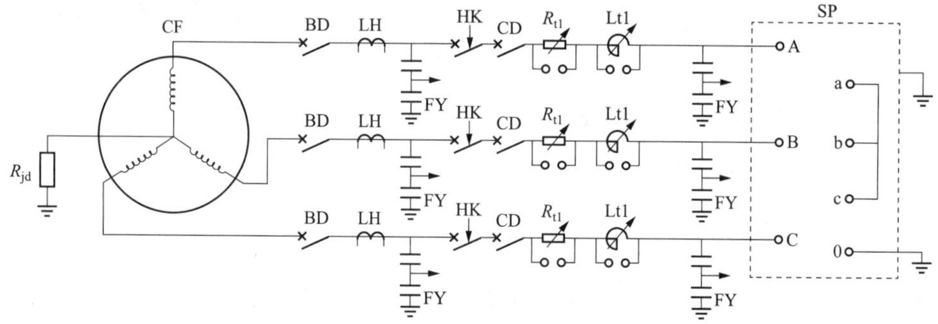

图 1-49　试验原理图

CF—短路发电机；BD—保护断路器；HK—合闸开关；CD—操作断路器；R_{t1}—功率因数调节电阻；Lt1—调节电抗器；FY—分压器；LH—保护电流互感器；SP—试品；R_{jd}—接地电阻。

2. 试验方法

采用三相电源进行预先短路承受能力试验。

试验电压施加于高压三个线端上，低压线端短路，如果联结组为 YNd11，则将高压中性点接地，如果联结组为 Dyn11，则将低压中性点接地。共试 9 次，对于小于 70%规定电流进行预先调整的试验不记入试验次数。

试验顺序如下：

（1）调试最大分接，如果联结组为 YNd11，则在 A 相相电压过零时合闸，如果联结组为 Dyn11，则在 AB 线电压过零时合闸，可以在 A 相得到最大非对称电流值。

（2）试验最大分接，根据调试角度在 A 相进行最大非对称电流试验 3 次。

（3）调试额定分接，如果联结组为 YNd11，则在 B 相相电压过零时合闸，如果联结组为 Dyn11，则在 BC 线电压过零时合闸，可以在 B 相得到最大非对称电流值。

（4）试验额定分接，根据调试角度在 B 相进行最大非对称电流试验 3 次。

（5）调试最小分接，如果联结组为 YNd11，则在 C 相相电压过零时合闸，如果联结组为 Dyn11，则在 AC 线电压过零时合闸，可以在 C 相得到最大非对称电流值。

（6）试验最小分接，根据调试角度在 C 相进行最大非对称电流试验 3 次。

图 1-50　短路试验接线实物图

试验电流要求，对称短路电流方均根值偏离规定值应不大于 10%，非对称电流第一峰值偏离规定值应不大于 5%。

试验电流持续时间要求，对于 I 类变压器，短路持续时间为 0.5s，允许偏差±10%。

每次试验前后绕组电抗偏差要求，每次短路试验后均要测量绕组的电抗值，以 Ω 表示的每相短路电抗值与原始值比较，圆形线圈不大于 2%，低压金属箔线圈不大于 4%，非圆形线圈不大于 7.5%。

通常，我们测量线电抗值（X_{AB}、X_{BC}、X_{CA}），并计算如下相电抗值，用来比较短路前后电抗偏差。

$$X_P = \frac{X_{AB} + X_{CA} + X_{BC}}{2} \tag{1-22}$$

$$X_A = \frac{X_{BC} X_{CA}}{X_P - X_{AB}} - (X_P - X_{AB}) \tag{1-23}$$

$$X_B = \frac{X_{CA} X_{AB}}{X_P - X_{BC}} - (X_P - X_{BC}) \tag{1-24}$$

$$X_A = \frac{X_{AB} X_{BC}}{X_P - X_{CA}} - (X_P - X_{CA}) \tag{1-25}$$

四、注意事项

（1）变压器进行承受短路能力试验时，因产品质量不可靠，可能会出现起火、爆炸和油箱开裂泄油等现象，所以试验时试品周围应有隔火、防爆的防护板，试品下方应具备装有油火隔离装置的储油池，现场准备灭火设备，试验时，所有人员撤离试验现场，试验过程远程监控。

（2）试验开始前，试品的压力释放装置要处于工作状态。高低压接线的导线截面要满足短路电流要求，接线要牢固可靠，检查接触面无缝隙。

（3）为防止危险的过热，两次试验的时间间隔应适当，对于 I 类变压器试验时，由于温度升高而引起的 *X/R* 的变化，并在试验回路中提供相应的补偿。

（4）调试试验是用来检查合闸相角，预期电流，电流持续时间，只有调试试验波形中各参数满足要求，方可进行正式试验。

（5）每次试验后，应对试验期间所获得的波形进行检查，读取的数据应在短路电流标准偏差范围内，电压、电流示波图中应无异常。

（6）试验过程中，短路电抗的变化通常呈减少的趋势。电抗值也可能在试验后过了一段时间会有某些变化。因此，如果电抗变化大，以致超出了规定的限值，则可以以试验后立即测出的值为基准，再经过一定的时间间隔，对电抗值进行谨慎的重复测量，以确认这种变化是否保持住。在确定其是否符合标准时，要以最后测出的电抗值作为最终值。

五、试验后的检查

（1）试验波形和参数是否符合要求；

（2）变压器档位是否正确；

（3）电抗测试仪器是否完好；

（4）变压器外观是否有放电痕迹。

六、结果判定

短路试验后，满足以下几点要求，可判定试验合格。

（1）短路试验期间的电流、电压波形无异常，外观检查油箱无渗漏、变形，压力释放装置无动作，套管无损伤变形；

（2）短路试验期间每次试验后测量的电抗变化符合标准要求；

（3）变压器应按 GB/T 1094.1 规定复试全部例行试验，测量数据符合标准及委托技术协议要求，绝缘试验合格，雷电冲击试验（如果有）合格；

（4）将变压器吊心，检查铁心、绕组和引线，并与试验前的状态比较，不应出现危及变压器安全运行的变化，内部无放电的痕迹。

试验过程中常见不合格现象见表 1-32。

表 1-32　　常见不合格现象

试验项目	序号	不合格现象	严重等级	结果判定依据
短路承受能力试验	1	短路试验后，复试例行试验的试验结果异常	中度	GB/T 1094.5
	2	短路后电抗偏差正常，绕组、绝缘垫块变形	轻微	
	3	短路后电抗偏差正常，变压器漏油	轻微	

续表

试验项目	序号	不合格现象	严重等级	结果判定依据
短路承受能力试验	4	变压器损坏、炸裂	严重	
	5	试验波形有衰减	严重	
	6	完成 9 次电流冲击，试验后电抗偏差超过标准要求	中度	

七、案例分析

［案例一］

（1）案例概况。型号为 SBH15-M-400/10 的非晶合金配电试品在进行 A 相 1 分接第一次试验时，试品发生爆炸。

（2）不合格现象描述。在进行 A 相 1 分接第一次试验时，通流 120ms 后试验电流突然增大，如图 1-51 所示；试品发生爆炸，如图 1-52 所示。

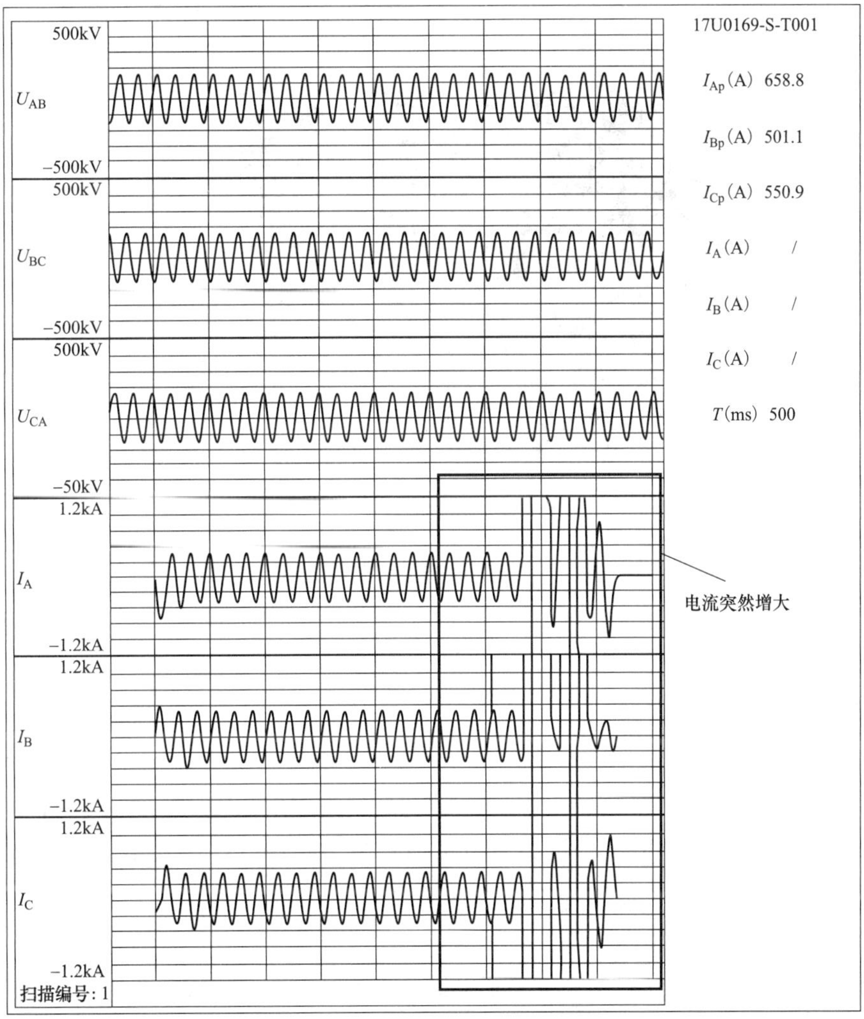

图 1-51 电流波形突然增大

图 1-52　试品发生爆炸

（3）不合格原因分析。产品内部发生短路，产生大量气体，引起变压器爆炸。

［案例二］

（1）案例概况。型号为 S13-M.RL-200/10 立体卷铁心配电变压器，短路后吊心检查，垫块严重位移，如图 1-53 所示。

图 1-53　试验后垫块位移

（2）不合格现象描述。试品在进行 B 相 3 分接第一次试验后，电抗偏差超过标准的规定，要求值不大于 2%，实测值 62.67%。

（3）不合格原因分析。绕组端部压紧力不够。

［案例三］

（1）案例概况。型号为 SBH15-M-400/10 在进行短路承受能力试验时，电抗超标。

（2）不合格现象描述。A 相第一次试验时，测得电抗偏差 10.357%，超过标准规定 7.5% 的要求。全部试验结束后测量 3 分接最大电抗偏差为 10.419%，5 分接最大偏差为 10.699%。

（3）不合格原因分析。设计和工艺上的缺陷。

［案例四］

（1）案例概况。型号为 S13-M-400/10 硅钢配电变压器，短路试验后散热片漏油。

（2）不合格现象描述。短路试验后散热片漏油如图 1-54 所示。

图 1-54 短路试验后散热片漏油

（3）不合格原因分析。片散与油箱焊接处漏油，焊接处理不好，受力后漏油。

第二章 箱式变电站

第一节 概 述

箱式变电站通常按照高、低压开关和变压器的结构进行分类，分为欧式（预装式变电站）和美式（组合式变压器）两种典型类型。

1. 预装式变电站

预装式变电站是预装的并经过型式试验的成套设备。由高压开关设备和控制设备、变压器、低压开关设备和控制设备、电能计量设备、无功补偿设备、辅助设备和连接件等元件组成的成套配电设备。这些元件被预先组装在一个或几个箱壳内，用来从高压系统向低压系统或从低压系统向高压系统输送电能，用来取代土建变电站。一般预装式变电站的电压等级为 40.5kV 及以下。

预装式变电站适用于城市公用配电网，广泛应用于工业园区、居民小区、商业中心、公共场所、机场、码头及流动性强的建筑施工工地等。

（1）预装式变电站产品的一般特点如下。

1）功能齐全、可靠。预装式变电站的高压具有全面的防误操作连锁功能，能切断短路及负荷电流，进线全范围的电流保护。高压可以实现终端和环网及带计量要求等，低压可实现配电、动力、照明、计量、无功补偿等。

2）投资小、占地少、安装简便。预装式变电站的投资比土建变电站要少，占地面积约为土建变电站的 1/3 或更少，安装简便，交换周期短，现场只需拧紧安装螺栓、连接进出线和接地线就可以正常使用。相对单独见配电房，投资小、施工快、实用可靠。

（2）预装式变电站的分类。

1）欧式和美式。

2）按高压进线型式划分：终端型和环网型。

3）按内部安装的变压器的类型划分：干式变压器型和油浸式变压器型。

4）按内部布置结构划分：目字型、品字型和分体式。

2. 组合式变压器

组合式变压器（简称美式箱变）是将变压器器身、开关设备、熔断器、分接开关及相应辅助设备进行组合的变压器，同时，还具有齐全的运行监视仪表（压力计、压力释放阀、油位计、油温表等），是一种具有自保护功能的变压器。

组合式变压器是一种具有自保护功能的紧凑型变配电装置，安装在室内外混凝土基座上，主要用来取代传统的土建变电站。

（1）相比于以前的配电装置，具有如下优点。

1）将熔断器、负荷开关、分接开关等高压元器件同变压器一起放置在油箱内，体积小价格低廉；

2）功能比较齐全，高压配置两级熔丝进行过电流保护，还可以在高压套管插座套肘型避雷器进行过电压保护；

3）为全密封、全绝缘结构，安全可靠。

（2）组合式变压器的分类。

1）按高压进线方式划分：终端型和环网型。

2）按内装变压器铁心的材质划分：硅钢铁心和非晶合金铁心。

3）按负荷开关与变压器在油箱内的安装方式划分：共箱式和分箱式。

预装式变电站设计序号见表 2-1，组合式变压器与预装式变电站的差异见表 2-2。

表 2-1　　预装式变电站设计序号

设计序号	产品系列名称	改进顺序号	规格说明
10	钢板系列	A	普通钢板
		B	不锈钢钢板
20	复合板系列	A	彩锌复合板
		B	不锈钢复合板
30	组合式系列	A	紧凑型
		B	敞开型
40	半埋型系列	A	—
50	非金属系列	A	一般非金属外壳
		B	无飞弧智能型

表 2-2　　组合式变压器与预装式变电站的差异

产品名称	组合式变压器	预装式变电站
模式	美国模式	欧洲模式
广泛使用的地区	美国、中国、中国台湾	欧洲、中国
适用范围	适用于城市公用配电、高层建筑、住宅小区、街心花园	适用于街道照明、工业园区、居民小区、商业中心及高层住宅、大中型风力发电场、高原地区等场所
基本元件	油浸式变压器、高压负荷开关、插入式熔断器和后备保护熔断器	干式变压器和油浸式变压器、高压开关柜、低压开关柜
外形尺寸	小	较大

续表

产品名称	组合式变压器	预装式变电站
价格	便宜	较贵
短路跳闸	三相五联动，可能缺相运行	三相联动，不会缺相运行
可靠性	一般	高
高压方案	终端、环网	终端、环网
低压方案	标准出线略少	出线路数不受限制

3. 本部分推荐使用的检测依据标准

以下标准未注明年号，均以最新版为准。

GB/T 1094.1《电力变压器　第 1 部分：总则》。

GB/T 1094.2《电力变压器　第 2 部分：液浸式变压器的温升》。

GB/T 1094.3《电力变压器　第 3 部分：绝缘水平、绝缘试验和外绝缘空气间隙》。

GB/T 1094.4《电力变压器　第 4 部分：电力变压器和电抗器的雷电冲击和操作冲击试验导则》。

GB/T 1094.5《电力变压器　第 5 部分：承受短路的能力》。

GB/T 1094.10《电力变压器　第 10 部分：声级测定》。

GB/T 1094.11《电力变压器　第 11 部分：干式变压器》。

GB/T 1094.101《电力变压器　第 10.1 部分：声级测定　应用导则》。

GB/T 1985《高压交流隔离开关和接地开关》。

GB/T 3804《高压交流负荷开关》。

GB/T 3906《3.6kV～40.5kV 交流金属封闭开关设备和控制设备》。

GB/T 6451《油浸式电力变压器技术参数和要求》。

GB/T 6927.1《高电压试验技术　第 1 部分：一般定义及试验要求》。

GB/T 6927.2《高电压试验技术　第 2 部分：测量系统》。

GB/T 7251.1《低压成套开关设备和控制设备　第 1 部分：总则》。

GB/T 7595《运行中变压器油质量》。

GB/T 11022《高压开关设备和控制设备标准的共用技术要求》。

GB/T 16935.1《低压系统内设备的绝缘配合　第 1 部分：原理、要求和试验》。

GB/T 17467《高压/低压预装式变电站》。

GB/T 25446《油浸式非晶合金铁心配电变压器技术参数和要求》。

DL/T 537《高压/低压预装式变电站》。

DL/T 593《高压开关设备和控制设备标准的共用技术要求》。

JB/T 501《电力变压器试验导则》。

JB/T 10088《6kV～1000kV 级电力变压器声级》。

JB/T 10217《组合式变压器》。

目前，国网公司抽检的试验项目见表 2-3。

表 2-3　　国网公司抽检的试验项目

序号	抽检类别	试验项目
1	C 类	直流电阻不平衡率测量
2		空载损耗和空载电流测量
3		短路阻抗和负载损耗测量
4		外施耐压试验
5		绝缘液试验
6		接地连续性试验（欧式箱式变电站适用）
7		主回路绝缘试验及电阻测量（欧式箱式变电站适用）
8		电压比测量和联结组标号检定
9		直流绝缘电阻测量
10		感应耐压试验
11		低压开关柜介电强度试验
12		高压开关装置的机械操作和工频耐压试验
13	B 类	温升试验
14		声级测定
15		雷电冲击试验（全波和截波）
16	A 类	短路承受能力试验（美式箱式变电站适用）
17		内部电弧试验（欧式箱式变电站适用）

注　由于国网物资抽检箱变试验项目中直流电阻不平衡率测量、空载损耗和空载电流测量、短路阻抗和负载损耗测量、外施耐压试验、绝缘液试验、电压比测量和联结组标号检定、直流绝缘电阻测量、感应耐压试验、温升试验（美式）、声级测定（美式）、雷电冲击试验（全波和截波）、短路承受能力试验（美式）等试验项目内容和配电变压器几乎相同，所以本章节不再重复介绍，以上提到的试验请参考配电变压器相关章节内容，本部分重点介绍试用于欧式箱变且配变部分没有提及的试验内容，试验结果判定满足相关国家标准和国网最新采购技术规范要求。

第二节　主回路绝缘试验及电阻测量

一、试验概述

1. 试验目的

该试验一般为出厂试验，包括对高压设备、变压器以及低压连接的要求。验证预装式变电站内高压开关设备和变压器间连接、变压器和低压开关设备间连接的工频电压绝缘、低压连接的雷电试验和爬电距离、辅助回路的绝缘试验符合标准要求。

2. 试验依据

GB/T 1094.1《电力变压器　第 1 部分：总则》11.1.2 条。

GB/T 1094.3《电力变压器　第 3 部分：绝缘水平、绝缘试验和外绝缘空气间隙》。

GB/T 1094.11《电力变压器　第 11 部分：干式变压器》12 条。

GB/T 11022《高压开关设备和控制设备标准的公用技术要求》6.2 条。

GB/T 17467《高压/低压预装式变电站》。

GB/T 3906《3.6kV～40.5kV 交流金属封闭开关设备和控制设备》7.2 条。

GB/T 7251.1《低压成套开关设备和控制设备　第 1 部分：总则》11.9 条。

DL/T 537《高压/低压预装式变电站》6.1 条。

3. 主要参数及定义

（1）绝缘水平：在规定的条件下，所设计的装置的绝缘应耐受的试验电压。

（2）1min 工频耐受电压：在规定的试验条件下，高压开关柜的绝缘耐受的工频正弦交流电压的有效值。

（3）交流电压峰值：正负半波峰值的平均值。

（4）试验电压值：峰值除以 $\sqrt{2}$ 。

（5）试验电压有效值：一个完整的周波中电压值平方的平均值的平方根。

试验电压一般应是频率为 45～55Hz 的交流电压，通常称为工频试验电压。

试验电压的波形为近似正弦波，且正半波与负半波幅值的差应小于2%。如果正弦波的峰值与有效值之比在 $\sqrt{2}$ ±5%以内，则认为高压试验结果不受波形畸变的影响。

试验电压的容差，若试验持续时间不超过 60s 时，在整个试验过程中试验电压的测量值应保持在规定电压值的±1%以内。当试验持续时间超过 60s 时，在整个试验过程中试验电压测量值可保持在规定电压值的±3%以内。

（6）破坏性放电：有时也称“电气击穿”。是在电气作用下与绝缘发生故障有关的现象。试验时绝缘完全被放电桥接，并使电极上的电压实际降到零。适用于固体、液体和气体介质，以及它们的复合介质中的破坏性放电。

（7）火花放电：气体或液体媒介中发生的破坏性放电。

（8）闪络：气体或液体媒介中介质表面发生的破坏性放电。

（9）击穿：固体介质中发生的破坏性放电。

固体介质中发生破坏性放电会导致绝缘强度的永久丧失；而在液体或气体介质中绝缘只是暂时丧失强度。

（10）非破坏性放电：发生在中间电极之间或导体之间的放电，此时试验电压并不跌落至零。除非有关技术委员会另有规定，否则，这种现象不能视作破坏性放电。有些非破坏性放电称为“局部放电”。

（11）外绝缘：空气绝缘及设备固体绝缘的外露表面，它承受电压作用并直接受大气和其他外部条件的影响。

（12）内绝缘：不受外部条件如污秽、湿度和虫害等影响的设备内部绝缘的固体、液体或气体部件。

（13）自恢复绝缘：施加试验电压引起破坏性放电后，能完全恢复其绝缘特性的绝缘。

（14）非自恢复绝缘：施加试验电压引起破坏性放电后，丧失或不能完全恢复其绝缘特性的绝缘。

对于高压连接的试验需根据预装式变电站的电压等级，按照 GB/T 11022 中表 1 的参数选取相应的电压值。工频试验持续时间 1min。

对于变压器的工频试验，应按照 GB/T 1094.1 的要求，工频试验持续时间 1min。

对于低压连接的试验，应进行雷电冲击电压试验，并按照 GB/T 16935.1 的表 5 选取电压。施加 1.2/50μs 冲击电压正、负各 3 次，最小间隔时间 1s。

爬电距离对于高压开关设备和控制设备，按 GB/T 11022 规定。低压开关设备和控制设备按 GB/T 7251.1 规定。

开关设备和控制设备的辅助和控制回路应可承受短时工频电压耐受试验。应按照 GB/T 7251.1 进行工频试验。试验电压应为 2kV，持续时间 1min。

（15）电阻：对于端子为 A 和 B 的电阻性二端元件或二端电路，端子间电压 U_{AB} 除以元件或电路中流过电流 i 的商。

（16）主回路电阻值：一般由制造厂根据额定电流和主回路的长度等规定。

二、试验前准备

1. 试验装备与环境要求

试验的主要仪器设备见表 2-4。

表 2-4　　主要仪器设备

仪表设备名称	参数及精度要求
工频污秽成套试验装置	—
工频耐电压试验仪	—
冲击电压试验仪	—
电子数显卡尺	分辨率 0.01mm，0～150mm
回路电阻测试仪	测量范围 0～20mΩ；0.5%±0.2μΩ
温度计	测量范围 0～50℃；温度：±0.8℃

环境要求根据 GB/T 11022 规定如下。

（1）周围空气温度不超过 40℃，且在 24h 内测得的平均值不超过 35℃；

（2）海拔不超过 1000m；

（3）湿度条件：在 24h 内测得的相对湿度的平均值不超过 95%；在 24h 内测得的水蒸气压力的平均值不超过 2.2kPa；月相对湿度平均值不超过 90%；月水蒸气压力平均值不超过 1.8kPa。

大气参数的测量如下。

（1）湿度：湿度最好用其扩展不确定度不大于 1g/m^3 的仪表直接测量绝对湿度。只要能够满足上述绝对湿度测量准确度的要求，也可通过测量相对湿度和环境温度测量绝对湿度。

（2）温度：通常测量环境温度，扩展不确定度不大于 1℃。

（3）绝对压力：测量周围绝对压力的扩展不确定度应不大于 0.2kPa。

对于既有内绝缘又有外绝缘的开关设备和控制设备，如果修正因数 K_t 的值在 0.95～1.05，应该使用修正因数。然而，为了避免内绝缘受到过高的电压，如果已确认外绝缘性能良好，则可以略去修正因数 K_t。

2. 试验前的检查

（1）检查预装式变电站高压连接、变压器、低压连接是否正确；

（2）检查被试元件或电缆的外观是否有破损，试品应该按制造厂规定的最小电气间隙和高度安装，试验前应对开关设备进行一次合分闸操作，保证其操作正常；

（3）设立警示标志。

三、试验过程

（1）高压连接线试验根据 GB/T 17467 标准第 7.1 条款规定，按 GB/T 11022 承受短时工频耐受电压试验。

（2）变压器的工频试验按照 GB/T 17467 标准第 7.1 条款规定，GB/T 1094.3 标准第 10 条款规定，试验应依次在变压器的每个独立绕组进行。

（3）低压连接的试验应进行雷电冲击电压试验，试验根据 GB/T 17467 标准第 6.2.2.2 条款规定。

（4）爬电距离的验证根据 GB/T 17467 标准第 6.2.2.3 条款规定。

（5）辅助回路的绝缘试验根据 GB/T 17467 标准第 6.2.3 条款规定应该承受短时工频电压耐受试验。

（6）回路电阻测量：A 相主回路，B 相主回路，C 相主回路。

1. 试验原理和接线

（1） 高压连接试验接线示意图如图 2-1 所示。

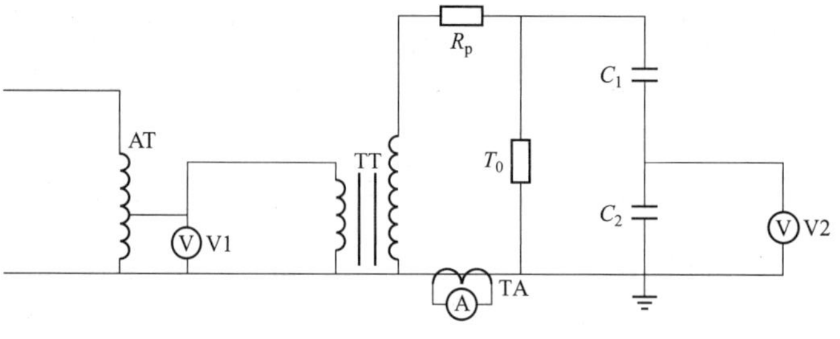

图 2-1　高压连接试验接线示意图

AT—调压器；TA—电流互感器；TT—工频试验变压器；R_p—保护电阻；T_0—试品；V1—电压表；A—电流表；C_1—分压器高压臂电容；C_2—分压器低压臂电容；V2—峰值电压表

（2）变压器的工频试验与配电变压器的相同，此处不再重复。

（3）低压连接试验接线示意图如图 2-2 所示。

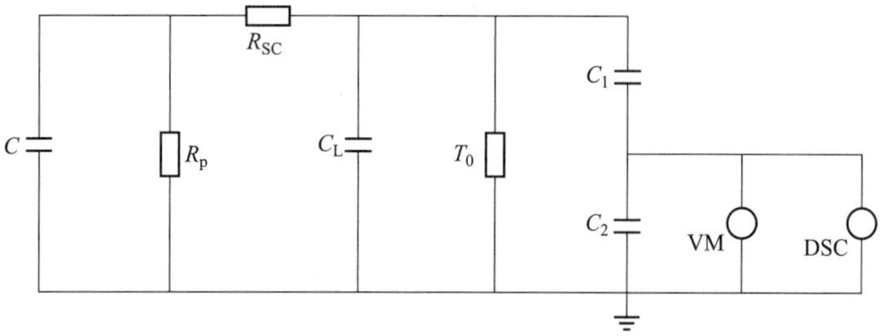

图 2-2 低压连接试验接线示意图

C—冲击发生器电容；R_p—发生器并联电阻（设置电阻）；R_{SC}—发生器串联电阻（设置电阻）；C_L—发生负荷电容；C_1—分压器高压臂电容；C_2—分压器低压臂电容；T_0—试品；VM—峰值电压表；DSC—示波器

（4）爬电距离的验证按照 GB/T 7251 附录 F 中不同类别分别测量。

（5）辅助回路试验接线示意图如图 2-3 所示。

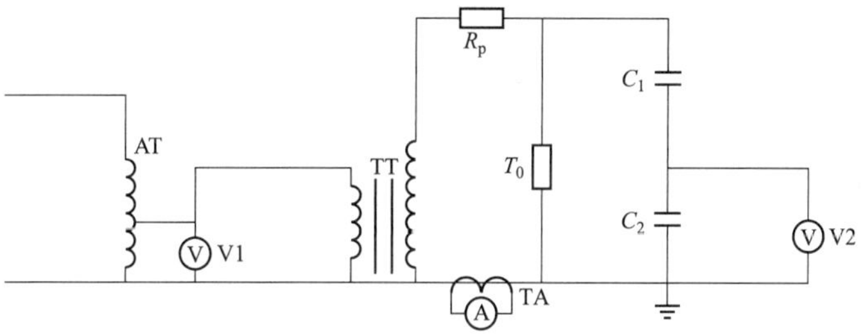

图 2-3 辅助回路试验接线示意图

AT—调压器；TA—电流互感器；TT—工频试验变压器；R_p—保护电阻；T_0—试品；V1—电压表；A—电流表；C_1—分压器高压臂电容；C_2—分压器低压臂电；V2—峰值电压表

（6）回路电阻测量试验接线示意图如图 2-4 所示。

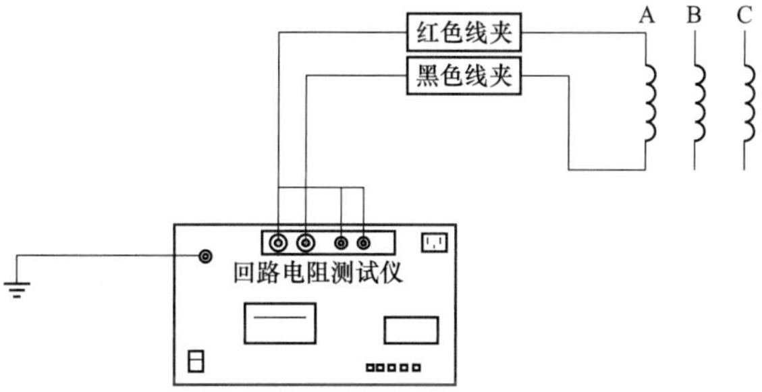

图 2-4 回路电阻测量试验接线示意图

2. 试验方法

（1）高压连接线试验。根据 GB/T 17467 第 7.1 条规定，按 GB/T 11022 承受短时工频耐受电压试验。对每一试验条件，应该把电压升到试验值维持1min。施加电压时，应将主回路每相的导体依次连接到试验电源的高压端子。主回路和辅助回路的所有其他导体应连接到框架的接地导体上，并和试验电源的接地端子相连。

（2）变压器的工频试验。按照GB/T 17467第7.1条规定，GB/T 1094.3第10条规定，试验应依次在变压器的每个独立绕组进行。全电压试验值应施加于被试绕组的所有连接在一起的端子与地之间，加压时间60s。试验时，其余绕组的所有端子、铁心、夹件、油箱等连在一起接地。外施交流耐受电压试验应采用不低于80%额定频率，波形尽可能接近正弦波的单相交流电压进行。应测量电压的峰值，试验电压值应是测量电压的峰值除以$\sqrt{2}$。试验应从不大于规定试验值的1/3的电压值开始，并与测量相配合尽快地增加到试验值。试验结束，应将电压迅速地降低到试验值的1/3以下，然后切断电源。

（3）低压连接的试验应进行雷电冲击电压试验，根据GB/T 17467规定，每一极应施加1.2/50μs冲击电压正、负各3次，最小间隔时间1s。施加电压时，应将主回路每相的导体依次连接到试验电源的高压端子。主回路和辅助回路的所有其他导体应连接到框架的接地导体上，并和试验电源的接地端子相连。

（4）爬电距离的验证。根据GB/T 17467规定，应测量相间、不同电压回路的导体间及带电的和外露的导电部件间的最短爬电距离。对不同的材料组合的污秽等级，测得的爬电距离应符合GB/T 16935.1中表4的要求。

（5）辅助回路的绝缘试验根据GB/T 17467规定，应该承受短时工频电压耐受试验，每个试验应按照下述进行：

1）连接在一起的辅助和控制回路和开关装置底架之间。

2）如果可行，正常使用中可以和其他部分绝缘的辅助和控制回路的每一个部分，与连接在一起并和底架相连的其他部分之间。应按照GB/T 17467进行工频试验，试验电压应为2kV，持续时间1min。

（6）采用直流电压降法：试品处于合闸状态，把回路电阻测量仪的接线夹与试品的两个端子良好连接，施加100A直流电流，测量每极端子间的电压降或电阻。分别对每极测量3次，取3次的平均值。

四、注意事项

（1）对于高压连接的试验，应注意只有串联在电源回路中的开关装置是闭合的，所有其他开关装置都是打开的。

（2）绝缘试验期间，电压限制装置应断开。电流互感器的二次端子应短路接地。电压互感器应断开。

（3）如果预装式变电站的外壳不是金属的，除非存在带电部件和该外壳的盖板、门和其他可触及的金属部件接触的危险，否则没有必要将其和接地回路连接。

（4）变压器的工频试验参照配电变压器的注意事项。

（5）注意记录测量时的温度，如果测量结果适当超出技术条件规定值，应对电阻进行温度修正，应修正到同一参考温度下。用于某些试验项目试验前后的比较时，建议电阻修正到同一温度下，再进行比较。修正公式为

$$R_2=R_1\times（235+T_2）/（235+T_1）\quad（2\text{-}1）$$

式中 R_1——在温度 T_1 下测得的电阻值；

R_2——修正到温度 T_2 时的电阻值。

五、试验后的检查

（1）试验后检查试品是否有破坏性放电，试品的绝缘是否遭到破坏。

（2）试验后是否能正常通电，影响试品的正常使用功能。

六、结果判定

如果试验期间没有出现破坏性放电，则认为通过了试验。常见不合格现象见表 2-5。

表 2-5　　常见不合格现象

序号	试验项目		不合格现象	结果判定依据	严重等级
1	主回路的绝缘试验	高压连接的试验	电压突然降低	GB/T 1094.3	严重
2		变压器工频试验	电压突然降低		严重
3		低压连接的试验	有破坏性放电		严重
4		爬电距离的验证	不满足要求		轻微
5		辅助回路绝缘试验	电压突然降低		严重

七、案例分析

［案例一］

（1）案例概况。型号 YB□-12/0.4-630 的高压/低压预装式变电站在进行主回路的绝缘试验（高压连接的试验）时，发现放电击穿。

（2）不合格现象描述。高压开关设备和变压器间的连接线 C 相雷电冲击全波施加电压达到 34.959kV 时出现放电现象，如图 2-5 所示。经检查连接线有击穿现象，判定该产品此试验不合格。

（3）不合格原因分析。

1）电缆连接线自身绝缘强度不够；

2）电缆属于非标产品；

3）电缆绝缘层有破损。

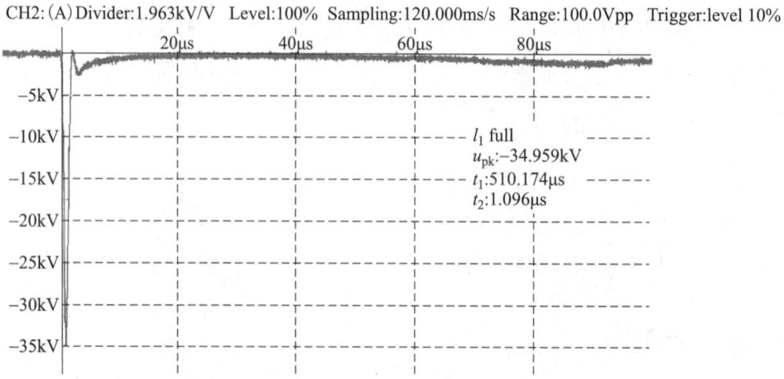

图 2-5　高压连接线 C 相雷电冲击试验波形击穿

［案例二］

（1）案例概况。变压器型号 S11-M-630/10 在进行变压器外施耐压试验时，出现电压突然下降。

（2）不合格现象描述。变压器高压侧升到 28kV 时电压突然出现下降，吊心检查器身有放电痕迹；判断变压器试验不合格。

（3）不合格原因分析。

1）变压器本身绝缘强度不够；

2）高压侧绝缘线的强度不够。

［案例三］

（1）案例概况。型号 YB□-12/0.4-630 的高压/低压预装式变电站在进行主回路的绝缘试验（低压连接的试验）时，发生击穿。

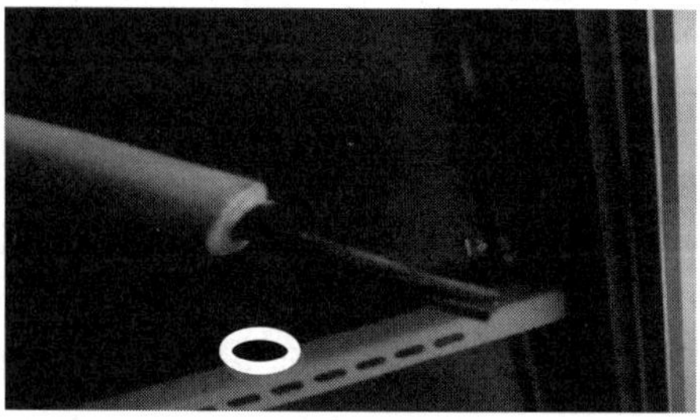

图 2-6　低压连接线 a 相出现击穿现象

（2）不合格现象描述。低压连接的试验 a 相对 bc 相及接地导体之间的电压峰值只能加压到 4kV（要求值为 7.4kV）无法继续升压。经检查加压部位有击穿现象，低压连接线 a 相出现击穿现象如图 2-6 所示。判定该产品此试验不合格。

（3）不合格原因分析。

1）电缆连接线自身绝缘强度不够。

2）电缆绝缘层有破损。

第三节　接地连续性试验

一、概述

1. 试验目的

在预装式变电站的周围提供充分的接地措施，以防止危险的接触电压和跨步电压。

2. 试验依据

GB/T 17467《高压/低压预装式变电站》8.103 条。

该试验一般为出厂试验。

3. 主要参数及定义

预装式变电站内任一可能接地的点到变电站的主接地点应在 30A（DC）电流条件下试验，电压降不应超过 3V（即电阻值不应超过 0.1Ω）。

二、试验前准备

1. 试验装备与环境要求

试验的主要仪器设备为直流电阻测试仪，参数的精度要求为 0.2%。

试验时的周围空气温度应为 10～40℃。

2. 试验前的检查

应检查连接到接地回路的元件。

（1）预装式变电站的外壳，如果是金属的，应该外壳接地；

（2）高压开关设备和控制设备的外壳，如果是金属的，从其他端子处联结到接地点；

（3）高压电缆的金属屏蔽线连接到接地导体上；

（4）变压器的箱体或干式变压器的金属框架连接到接地导体上；

（5）低压开关设备和控制设备的框架和/或外壳，如果是金属的，应外壳接地；

（6）自控和遥控装置也应连接到接地导体上。

三、试验过程

（1）测量部位应在高压室门与主接地点间，低压室门与主接地点间，变压器室门与主接地点间。

（2）试验方法。在选定的接地点与主接地连接之间进行测量，测量使用直流电阻测试仪，测量过程记录测试部位、施加电流和实际测量电阻值。

四、注意事项

如果预装式变电站的外壳不是金属的，除非存在带电部件和该外壳的盖板、门和其他可触及的金属部件接触的危险，否则没有必要将其和接地回路连接。

五、试验后的检查

试验后仍能保持框架、面板、门或其他结构与接地系统的电气连续性。

六、结果判定

如果测得的电阻值不超过制造厂的规定值，试验合格，常见不合格现象见表 2-6。

表 2-6　　常见不合格现象

试验项目	不合格现象	结果判定依据	严重等级
接地连续性试验	电阻＞0.1Ω	GB/T 17467	轻微

七、案例分析

（1）案例概况。型号 YB□-12/0.4-1000 的高压/低压预装式变电站接地连续性试验时测得高压室门与主接地点之间超过标准值；

（2）不合格现象描述。标准规定小于 0.1Ω，测得高压室门与主接地点之间的电阻为 0.38Ω，超过标准规定值，判定该产品此试验不合格。

（3）不合格原因分析。接地材料不合格、接触面过小。

第四节　高压开关装置的机械试验

一、概述

1. 试验目的

本试验主要是针对预装式变电站内装高压开关柜的负荷开关和接地开关的机械操作试验。验证高压开关柜中的负荷开关和接地开关的性能是否符合国家标准和招标文件及采购技术规程协议的要求，以及该产品在设计及工艺制造上可能存在影响运行的各种缺陷。通过对试验结果的分析，从中发现问题，由此可以找出改进设计、提高工艺性的途径，以保证该产品在实际使用中能正常地和安全可靠地运行。

2. 试验依据

GB/T 1985《高压交流隔离开关和接地开关》第 6.102.4 条；

GB/T 3804《高压交流负荷开关》第 7.102 条；

GB/T 3906《3.6kV～40.5kV 交流金属封闭开关设备和控制设备》第 7.102 条。

该试验一般为例行试验或出厂试验。

3. 主要参数及定义

依据国家标准、招标文件和采购技术规范协议进行验证，使产品能够进行手动 50 次正常的合—分操作。

（1）触头开距：处于分闸位置的开关装置的一极的触头间或任何与其相连的导电部件间的总间距。一般情况下就是断路器断口的净间距。

开距是跟产品电压等级直接相关的参数，例如 10kV 真空灭弧室常见开距参数为 9～12mm，35kV 真空灭弧室常见开距参数为 18mm 左右。

在设计公差范围内，开距并非越大越好，开距越大，开断难度越大，对产品损伤越大，产品寿命将缩短。

（2）超程：又称接触行程，指从刚合点到合闸稳定位置之间的位移。

超程越大，那么分闸时起始速度越小，对机构操作功率要求越高，可能会导致开断困难，并且增加磨损程度；超程较小，触头压力降低，可能会导致触头烧蚀增多。

（3）合闸时间：指处于分闸位置的断路器，从合闸回路带电时刻到所有极触头都接触时刻的时间间隔。

合闸时间过长或过短，都会影响产品的合闸速度。合闸速度过小，预击穿时间增加，关合电流较大，触头烧损严重，甚至熔焊，造成无法分闸。合闸速度过大，操动断路器合闸做功增加，对产品本身冲击较大，影响产品机械寿命，而且整体震动增加，辅助回路元件可靠性降低，例如继电保护受震动误动作等。

（4）分闸时间（非自脱扣断路器）：指从分闸脱扣器带电时刻到所有极弧触头分离时刻的时间间隔。

分闸时间过长或过短，都会影响产品的分闸速度。分闸速度过小，燃弧时间增加，触头烧损严重，甚至造成断路器爆炸。分闸速度过大，也影响产品机械寿命和可靠性。

（5）合闸不同期：从首极合闸开始到所有极触头都合为止的时间之差。

可由断口信号跳变先后时间间隔测得。

合闸不同期过大，会导致产品各极烧损程度不一致，进而影响产品的使用寿命。

（6）分闸不同期：从首极开始分到所有极触头都分为止的时间之差。

可由断口信号跳变先后时间间隔测得。

分闸不同期过大，会影响开断性能，后开极烧损不断加重，影响产品寿命甚至造成电网故障。

（7）合闸速度：根据产品设计不同定义不同，常见的有刚合速度、平均合闸速度、自定义区间速度。

全程平均速度可由开距除以动作时间获得。速度值的获取与行程—时间特性曲线直接相关，任意区间或者点的速度均可以通过曲线斜率计算获得。由于触头动作的复杂性，开关动作起始或结束时刻较难精确获得，设计时一般用行程的中间区间（例如开距的30%～90%，或刚分—刚分后6mm）来反映开关动作的速度特征，可根据“时间—行程特性曲线”计算获得。

（8）分闸速度：根据产品设计不同定义不同，常见的有刚分速度，平均分闸速度，自定义区间速度。

二、试验前准备

1. 试验装备与环境要求

主要仪器仪表见表2-7。

表2-7　主要仪器仪表

仪器设备名称	参数及精度要求
人工	—
机械手操作	—

根据 GB/T 11022 规定：

（1）周围空气温度不超过 40℃，且在 24h 内测得的平均值不超过 35℃。

（2）海拔不超过 1000m。

（3）湿度条件：在 24h 内测得的相对湿度的平均值不超过 95%；在 24h 内测得的水蒸气压力的平均值不超过 2.2kPa；月相对湿度平均值不超过 90%；月水蒸气压力平均值不超过 1.8kPa。

2. 试验前的检查

（1）应检查开关的机械特性。并测量回路电阻（应尽可能靠近主触头），并记录。

（2）检查产品的外观试验及被检测对象是否完整。

三、试验过程

（1）负荷开关机械操作试验：手动进行 50 次合—分操作，试验结果应正常。

（2）接地开关机械操作试验：手动进行 50 次合—分操作，试验结果应正常。

四、注意事项

（1）试品应安装在其固定的支架上，以规定的方式进行操作。

（2）除非另有规定，试验可以在周围任何的空气温度下进行。

（3）对于人力操作的开关，为了试验方便，手柄可以用外部动力装置替代，其操作力应与人力手柄操作时的等效。

五、试验后的检查

（1）应检查开关的机械特性。并测量回路电阻（应尽可能靠近主触头），并记录，同时应和试验前结果进行比较。

（2）试验后应对样品外观及被试部位进行检查是否完整。

六、结果判定

满足开关正常合-分操作 50 次，以验证其操作性能良好。常见不合格现象见表 2-8。

表 2-8　常见不合格现象

序号	试验项目	不合格现象	结果判定依据	严重程度
1	高压开关装置的机械操作	机构卡死、不动作	采购技术规范	严重
2		机构损坏		严重

七、案例分析

（1）案例概况。型号为 FLN36-12/630-20 的负荷开关和 JN15-12 的接地开关，机构卡死、不动作和机构损坏，初步判断是机构材质和整体设计工艺。

（2）不合格现象描述。负荷开关和接地开关操作到20次时，出现机构卡死、不动作和机构损坏，而并没有达到标准及招标要求，严重影响正常使用。

（3）不合格原因分析如下。

1）制造材质韧性不够；

2）装配工艺；

3）本身产品设计；

4）试验操作不当。

第五节 高压开关装置的工频耐压试验

一、概述

1. 试验目的

本试验主要是针对预装式变电站内装的高压开关柜的负荷开关和接地开关的工频耐压试验。

用来验证带负荷开关和接地开关的主回路耐压试验，以及负荷开关和接地开关处于不同状态下的耐压考核，它主要是检验设备上的元件的绝缘性能。它和设备额定电压有关，并和保护水平相配合。设备的保护水平要和设备在运行中的过电压相匹配。电气设备就是用这种绝缘配合关系保证安全运行的。检测是对放电间隙尺寸的检测，或者说是对外绝缘的绝缘距离检测。

2. 试验依据

GB/T 1985《高压交流隔离开关和接地开关》第7.2条。

GB/T 3804《高压交流负荷开关》第6.2条。

GB/T 3906《3.6kV～40.5kV交流金属封闭开关设备和控制设备》第7.2条。

GB/T 11022《高压开关设备和控制设备标准的共用技术要求》第6.2条。

GB/T 17467《高压/低压预装式变电站》第7.2条。

DL/T 537《高压/低压预装式变电站》第6.1条。

该试验一般为例行试验或出厂试验。

3. 主要参数及定义

（1）绝缘水平：在规定的条件下，所设计的装置的绝缘应耐受的试验电压。

（2）1min工频耐受电压：在规定的试验条件下，高压开关设备的绝缘耐受的工频正弦交流电压的有效值。

根据GB/T 11022中规定选取试验参数标准值见表2-9。

表 2-9　　试验参数标准值

额定电压 U_r（kV）（有效值）	额定短时工频耐受电压 U_d（kV）（有效值）	
	通用值	隔离断口
12	42	48

试验应在干试下进行，对每种试验条件，应将试验电压升至试验值后保持 1min。

（3）交流电压峰值：正负半波峰值的平均值。

（4）试验电压值：峰值除以 $\sqrt{2}$ 。

（5）试验电压有效值：一个完整的周波中电压值平方的平均值的平方根。

试验电压一般应是频率为 45～55Hz 的交流电压，通常称为工频试验电压。

试验电压的波形为近似正弦波，且正半波与负半波幅值的差应小于 2%。如果正弦波的峰值与有效值之比在 $\sqrt{2}$ ±5%以内，则认为高压试验结果不受波形畸变的影响。

试验电压的容差，若试验持续时间不超过 60s 时，在整个试验过程中试验电压的测量值应保持在规定电压值的±1%以内。当试验持续时间超过 60s 时，在整个试验过程中试验电压测量值可保持在规定电压值的±3%以内。

（6）破坏性放电：在电场作用下伴随绝缘破坏而产生的一种现象，此时放电完全跨接了被试绝缘，使电极之间的电压降到零或接近于零。

注：该术语适用于在固体、液体和气体介质以及其组合中的放电。

破坏性放电发生在气体或液体介质中时，叫作“火花放电”；破坏性放电发生在气体或液体介质中的固体介质表面时，叫作“闪络”；破坏性放电贯穿于固体介质时，叫作“击穿”。

（7）火花放电：气体或液体媒介中发生的破坏性放电。

（8）闪络：气体或液体媒介中沿介质表面发生的破坏性放电。

（9）击穿：固体介质中发生的破坏性放电。这种放电导致绝缘强度（非自恢复绝缘）的永久丧失，而在液体或气体介质中绝缘只是暂时丧失强度（自恢复绝缘）。

（10）非破坏性放电：发生在中间电极之间或导体之间的放电，此时试验电压并不跌落至零。除非有关技术委员会另有规定，否则，这种现象不能视作破坏性放电。

（11）外绝缘：空气绝缘及设备固定绝缘的外露表面，它承受电压作用并直接受大气和其他外部条件的影响。

（12）内绝缘：不受外部条件如污秽、湿度和虫害等影响的设备内部绝缘的固体、液体或气体部件。

（13）自恢复绝缘：施加试验电压引起破坏性放电后，能完全恢复其绝缘特性的绝缘。

（14）非自恢复绝缘：施加试验电压引起破坏性放电后，丧失或不能完全恢复其绝缘特性的绝缘。

注：在高压设备中，自恢复绝缘和非自恢复绝缘总是组合在一起的，有些部件在电压

的连续或反复作用下绝缘可能出现劣化。

二、试验前准备

1. 试验装备与环境要求

主要仪器设备见表 2-10。

表 2-10 主要仪器设备

仪器设备名称	参数及精度要求
工频污秽成套试验装置 YDT-1200/300	高压侧额定电流大于 0.5A；电压：±3%；时间：±3%

根据 GB/T 11022 中规定：

（1）周围空气温度不超过 40℃，且在 24h 内测得的平均值不超过 35℃。

（2）海拔不超过 1000m。

（3）湿度条件：在 24h 内测得的相对湿度的平均值不超过 95%；在 24h 内测得的水蒸气压力的平均值不超过 2.2kPa；月相对湿度平均值不超过 90%；月水蒸气压力平均值不超过 1.8kPa。

大气参数的测量如下：

（1）湿度：湿度最好用其扩展不确定度不大于 $1g/m^3$ 的仪表直接测量绝对湿度。只要能够满足上述绝对湿度测量准确度的要求，也可通过测量相对湿度和环境温度测量绝对湿度。

（2）温度：通常测量环境温度扩展不确定度应不大于 1℃。

（3）绝对压力：测量周围绝对压力的扩展不确定度应不大于 0.2kPa。

试验的环境参数无特定要求，试验过程中记录大气参数，包括温度、湿度、大气压力，按照要求进行修正。

2. 试验前的检查

（1）应对被试样品外观和内部连接进行检查；

（2）应对负荷开关和接地开关所处的状态进行检查，还有试品的接地是否可靠；

（3）应对试验场地布置进行检查，设置警示标志。

三、试验过程

1. 试验原理和接线

工频电压试验原理接线图如图 2-7 所示。高压开关柜的合分位置联结图如图 2-8 所示。

2. 试验方法

（1）试验前做好试验的安全措施，应设有安全警示灯、指示牌，所有设备和试品周围应设有安全围栏，并留有足够的安全距离。

（2）对于充有绝缘气体的试品，应检查气体压力，应在技术文件规定的范围内，如果气体压力低于规定要求，不能进行试验，应及时通知送检单位处理。

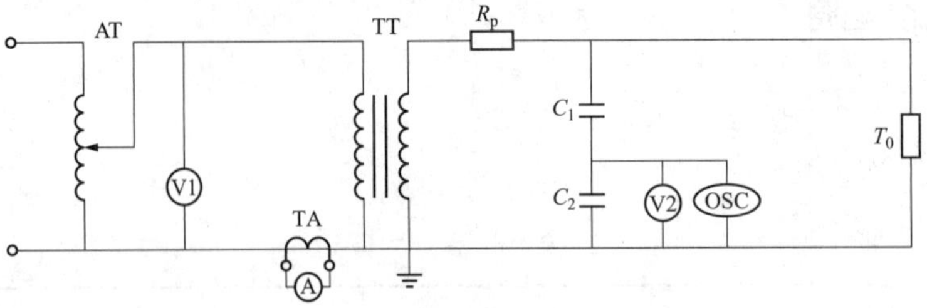

图 2-7 工频电压试验原理接线图

AT—调压器；TA—电流互感器；T_0—试品；C_1—高压臂电容；V2—峰值电压表（Voltmeter）；R_p—保护电阻；TT—工频试验变压器；A—电流表；C_2—低压臂电容；OSC—数字示波器（Oscilloscope）

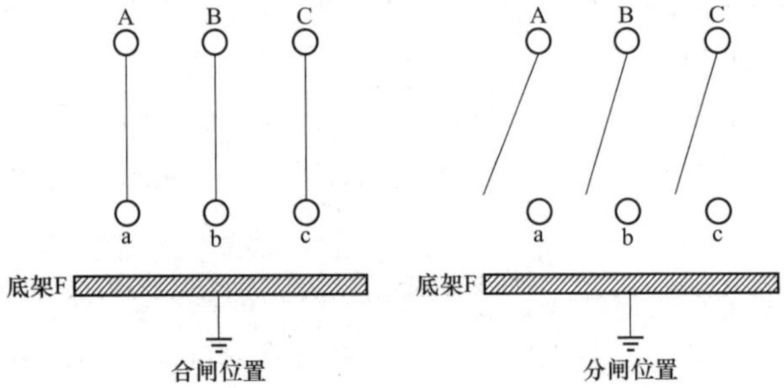

图 2-8 高压开关柜的合分位置联结图

（3）如果试品内带有避雷器和电压互感器，应与主回路断开，电流互感器二次线圈应短接并接地。

（4）整个测量回路中的所有接地都应引至同一参考接地点。

（5）试验前记录周围大气环境的湿度、温度及绝对压力值，计算大气修正因数，确定试验电压 U。

（6）接线及倒换接线。

（7）额定工频 1min 耐受电压（相对地）：42kV（断口为 48kV）。

（8）试验电压的施加和试验条件。原则上应包括下列试验：

1）相对地和相间。主回路的每相导体应依次与试验电源的高压接线端连接。主回路的其他导体和辅助回路应与接地导体或框架相连，并与试验电源的接地端子相连接。

应在所有的开关装置（接地开关除外）处于合闸位置，且所有的可移开部件处于工作位置的条件下进行绝缘试验。并应注意到下述可能的情况，即在开关装置处于分闸位置或可移开部件处于隔离位置、移开位置、试验位置或接地位置时，可能引起更为不利的电场条件时，试验应在该条件下重复进行。当可移开部件处于隔离位置、试验位置或移开位置时，其本身不进行这些耐压试验。

对这些试验，例如电流互感器、电缆终端和过流脱扣/指示器这些装置应按正常工作情况装设。如果不能确定最不利的情况，则需在其他布置方式下重复试验。

为了检验是否符合 GB/T 3906 的要求，对操作和维护时可能触及的绝缘材料的观察窗、绝缘隔板和活门的可触及表面，在其绝缘强度最不利的位置覆盖一块接地的圆形或方形金属箔，其面积尽可能大些，但不超过 $100cm^2$。当不能确定何处为最不利位置时，试验应在几个不同的位置重复进行。为便于试验，根据制造厂和用户的协议，可同时用几个金属箔，或用更大的金属箔覆盖于绝缘材料的更大部分。

2）隔离断口之间。主回路的各隔离断口应施以 GB/T 3906 所规定的试验电压，按 GB/T 11022 规定的试验程序进行试验。隔离断口如下：

a）打开的隔离开关。

b）由可抽出或可移开的开关装置连接的主回路的两个部分之间的断口。

c）如果在隔离位置或试验位置，有一个接地的金属活门插在被分开的触头之间形成一个分隔，则在接地的金属活门与带电部分之间的距离仅应耐受对地的试验电压。

d）若在固定部分与可抽出部件之间形成隔离断口且两者间没有分隔时，试验电压应按下述要求施加在断口之间。

e）处于隔离或试验位置的可抽出部件应该使得固定触头和可移动触头之间距离最短。

f）可抽出部件的开关装置应处于合闸位置。

g）如果开关装置不可能处于合闸位置（例如联锁），应按下述进行两项试验。

h）可抽出部件的位置应确保固定触头和可动触头之间的距离最短，且可抽出部件的开关装置需分闸。

i）可抽出部件处于其他确定的位置，而可抽出部件的开关装置合闸。

互感器、电力变压器或熔断器可以用能够再现高压连接电场分布情况的模拟品代替。过电压保护元件可以断开或移开。正常连接于相间的互感器、线圈或类似装置应该从试验电压作用的一极上隔离。

进行工频电压试验时，试验变压器的一端应与金属封闭开关设备和控制设备的外壳相连并接地。但当按隔离断口之间进行试验时，电源的中点或另一中间抽头接地并与外壳相连，以使得在任一带电部分和外壳之间的电压不超过对地和相间规定的试验电压值。

（9）施加电压。试验时，对试品施加电压，应当从足够低的数值开始，以防止操作瞬变过程引起的过电压的影响；然后应缓慢地升高电压，以便能在仪表上准确读数。但也不能升得太慢，以免造成在接近试验电压 U 时耐压时间过长。若试验电压值从达到 $75\%U$ 时以 $2\%U/s$ 的速率上升，一般可满足上述要求。试验电压应保持规定时间，然后迅速降压，但不能突然切断，以免可能出现瞬变过程而导致故障或造成不正确的试验结果。

（10）每一试验条件的使用结束后，确认电源断开后，用接地棒放电。倒换接线，进行下一试验条件的试验。需要注意的是：倒换接线前应断开电源，挂接地棒，确保安全，倒换接线完成后摘除接地棒。

（11）全部试验结束后，确认电源断开后，用接地棒放电，并将接地棒挂接在工频设备上。

（12）如果试验过程中发生击穿或闪络，应确认已断开电源，挂接地棒，检查样品击穿位置，外部闪络还是内部击穿，如果是外部闪络，用无水酒精清洁绝缘件表面，重新进行试验。如果确认是内部击穿，判定为试验不合格。

（13）在对隔离断口的试验中，如果发生对地闪络，这可能是对地绝缘水平低于隔离断口的绝缘水平导致的，不能判定对地绝缘不合格，可以把试品与地绝缘起来，再施加试验电压。

高压开关装置的工频耐压试验测试部位见表 2-11。

表 2-11　高压开关装置的工频耐压试验测试部位

试验条件	考核部位	开关装置	施压部位	接地部位
1	相间、相对地	合闸	Aa	BCbcF
2			Bb	ACacF
3			Cc	ABabF
4	相间、相对地	分闸	A	BCabcF
5			B	ACabcF
6			C	ABabcF
7			a	ABCbcF
8			b	ABCacF
9			c	ABCabF
10	隔离断口	分闸	ABC	abc
11			abc	ABC
12			a	A
13			b	B
14			c	C
15			A	a
16			B	b
17			C	c

高压开关装置的工频耐压试验接线实物图如图 2-9 所示。

四、注意事项

（1）试验时做好试验的安全措施，要有信号灯、指示牌、围栏等。试验时要指定专人观察产品、设备，试验应采用不小于 80%额定频率的任一合适的频率，且波形尽可能接近于正弦波的单相交流电压进行。

（2）试验应从不大于规定试验值的 1/3 的电压开始，并与测量相配合尽快地增加到试验值。试验结束时，应将电压迅速地降低到试验值地 1/3 以下，然后切断电源。试验没有发生破坏性放电，则本试验通过。

（3）整个测量回路中所有的接地都应引至同一参考接地点。

图 2-9 高压开关装置的工频耐压试验接线实物图

五、试验后的检查

（1）应对试验数据和试验过程中出现的问题进行全部记录，应记录试验过程中试品状态，记录环境温度、湿度、大气压力、海拔、修正系数、试验电压、施压时间。

（2）试验前后应对试品本身进行拍照，以便于试验结束后对样品试验前后进行比较，试验时应对试品的试验布置进行拍照，便于以后存档和查阅。除对试验拍照外，还应对整个试验过程进行视频录像，提供真实、公正的试验过程。

（3）本试验结束后应对被试品进行外观检查，看试品本身有没有出现明显的放电痕迹或击穿现象，如果没有出现破坏性放电，则本试验合格；如果出现放电现象，应进行拍照留底，避免对试验结果产生误判或产生歧义。

六、结果判定

如果没有发生破坏性放电，则认为设备通过了试验。不合格等级分类见表 2-12。

表 2-12　　不合格等级分类

序号	试验项目	不合格现象	结果判定依据	严重程度
1	工频耐压试验	发生放电	采购技术规范	严重
2		试品被击穿		严重
3		电压无法升压 绝缘电阻为零		严重

七、案例分析

［案例一］

（1）案例概况。型号为 FLN36-12/630-20 的负荷开关，试验时发生放电现象，初步判断是机构材质和整体设计工艺。

（2）不合格现象描述。负荷开关操作加压到 40kV 或者持续时间到 20s 时，被试品出现发生放电、击穿，而并没有达到标准及招标要求，严重影响正常使用。

（3）不合格原因分析。该负荷开关存在问题：

1）制造材质有毛刺或接触面不清洁。

2）装配工艺。

3） 本身产品设计。

［案例二］

（1）案例概况。型号为 FLN36-12/630-20 的负荷开关和 JN15-12 的接地开关，工频电压试验相间及对地部位时出现放电现象。

（2）不合格现象描述。可移开部分处于工作位置，负荷开关处于合闸位置，接地开关处于分闸位置时，对其进行相间及对地工频电压耐受试验，在升压过程中发生电缆室内部闪络放电现象，试验后对电缆室内部检查发现边相带电体与外壳金属螺栓之间距离小于125mm，导致试验过程中发生闪络放电现象，判断试验不合格。

（3）不合格原因分析。产品设计时侧边板处螺栓选择不合理，安装后也未及时处理；一次回路中的三相带电体安装存在错位现象，导致相间距离不对称且一侧靠近侧板距离太近。

第六节　低压开关柜介电强度试验

一、概述

1. 试验目的

低压开关柜在电力系统运行中要受到各种电压的作用，如持续工频电压、暂时过电压、操作过电压和雷电过电压等。为保证低压成套设备在各种电压作用下安全运行，要用相应的试验对产品进行考核，来验证产品的绝缘性能。介电性能试验是型式试验和出厂试验都要进行。

介电性能试验就是为了考核低压成套设备的绝缘性能，成套设备的每条电路都应能承受：暂时过电压及瞬态过电压。

用施加工频耐受电压的方法验证成套设备承受暂时过电压的能力及固体绝缘的完整性；用施加冲击耐受电压的方法验证成套设备承受瞬态过电压的能力。

2. 试验依据

GB/T 7251.1《低压成套开关设备和控制设备　第 1 部分：总则》。

GB/T 7251.12《低压成套开关设备和控制设备　第 2 部分：成套电力开关和控制设备》第 10.9 条。

本试验一般为出厂试验。

3. 主要参数及定义

（1）暂时过电压：持续相对长时间（数秒钟）的工频过电压。

（2）瞬态过电压：持续时间为几毫秒甚至更短的并通常具有高阻尼振荡或非振荡的短时过电压。

（3）工频耐受电压：在规定的试验条件下，不引起击穿的工频正弦电压有效值。

（4）冲击耐受电压：在规定条件下，不造成绝缘击穿，具有一定形状和极性的冲击电压最高峰值。

（5）击穿放电：在电应力作用下，放电几乎完全穿透了试验的绝缘体，导致电极间的电压降为零或者接近于零的一种绝缘损坏的现象。

（6）破坏性放电：与电气作用下绝缘发生故障有关的现象。试验时绝缘完全被放电桥接，并使电极上的电压实际降到零。适用于固体、液体和气体介质以及它们的复合介质中的破坏性放电。有时也称“电气击穿”。

（7）火花放电：气体或液体媒介中发生的破坏性放电。

（8）闪络：气体或液体媒介中介质表面发生的破坏性放电。

（9）非破坏性放电：发生在中间电极之间或导体之间的放电，此时试验电压并不跌落至零。除非有关技术委员会另有规定，否则，这种现象不能视作破坏性放电。有些非破坏性放电称为“局部放电”。

在规定的试验条件下，不引起击穿的工频正弦电压有效值。介电参数值按表 2-13 选取，允许有±3%的偏差。额定绝缘电压见表 2-14。

表 2-13　　介电参数值

额定绝缘电压 U_i（线—线交流或直流）（V）	介电试验电压（交流有效值）（V）	介电试验电压[①]（直流有效值）（V）
$U_i \leqslant 60$	1000	1415
$60 < U_i \leqslant 300$	1500	2120
$300 < U_i \leqslant 690$	1890	2670
$690 < U_i \leqslant 800$	2000	2830
$800 < U_i \leqslant 1000$	2200	3110
$1000 < U_i \leqslant 1500$[②]	—	3820

① 仅指直流；

② 试验电压是依据 GB/T 16935.1 中 6.2.3.4.1 第 5 段。

表 2-14　　额定绝缘电压

额定绝缘电压 U_i（线—线）（V）	介电试验电压（交流有效值）（V）
$U_i \leqslant 12$	250
$12 < U_i \leqslant 60$	500
$60 < U_i$	见 GB/T 7251.1 中表 8

二、试验前准备

1. 试验装备与环境要求

主要仪器设备见表 2-15。

表 2-15　　主要仪器设备

仪表设备名称	参数及精度要求
工频耐电压试验仪	0～1000V：±1.5%，1000～6000V：±3%
高压耐压试验仪	输出电压准确度：±1.5%

根据 GB/T 7251.1 中规定：

（1）户内成套设备的周围空气温度不超过+40℃，且在 24h 内测得的平均值不超过+35℃，周围空气温度的下限为−5℃。

（2）户外成套设备的周围空气温度不超过+40℃，且在 24h 内测得的平均值不超过+35℃，周围空气温度的下限为−25℃。

（3）户内成套设备的湿度条件应满足最高温度为+40℃时，相对湿度不超过 50%。在较低温度时允许有较高的相对湿度。

（4）户外成套设备的湿度条件应满足最高温度为+25℃时，相对湿度短时可达 100%。

（5）海拔不超过 2000m。

2. 试验前的检查

（1）应对被试样品外观和内部连接进行检查；

（2）应对负荷和接地开关所处的状态进行检查，同时检查试品的接地是否可靠；

（3）应对试验场开关地布置进行检查，设置警示标志。

三、试验过程

1. 试验原理和接线

介电试验原理图如图 2-10 所示。

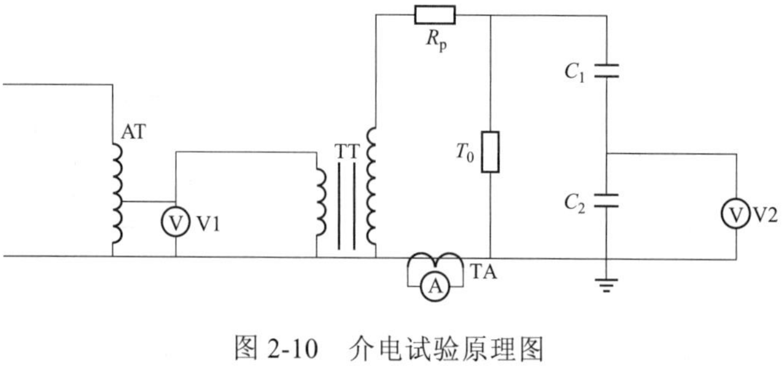

图 2-10　介电试验原理图

AT—调压器；TA—电流互感器；TT—工频试验变压器；R_p—保护电阻；T_0—试品；V1—电压表；A—电流表；C_1—高压臂电容；C_2—低压臂电容；V2—峰值电压表

2. 试验方法

试验时，成套设备的所有电气设备都应连接起来，除非根据有关规定应施加较低试验电压的元器件以及某些消耗电流的元器件（如线圈，测量仪器，浪涌保护器），对这些元器件施加试验电压后将会引起电流的流动，则应将它们断开。此类元器件应将它们的一个接线端上断开，除非它们被设计为不能耐受全试验电压时，才能将所有接线端子都断开。

工频耐受电压试验

（1）试验电压应施加于以下部位：

1）所有带电部件与裸露导电部件之间。

2）在主电路所有带电部件连接在一起（包括连接到主电路上的控制电路和辅助电路）与裸露导电部件之间。

3）在主电路不同电位的每个带电部件与连接在一起的不同电位其他带电部件和裸露导电部件之间。

4）不连接主电路的每条控制电路和辅助电路。

a）主电路；

b）其他电路；

c）外露导可电部分。

5）带电部分和用金属箔包裹的整个绝缘手柄之间。

（2）试验电压。试验电压波形应是近似正弦波，频率在 45～55Hz 之间。在输出电压已调整到合适的试验电压值后，当输出端子短路时，用于试验的高压变压器应设计为输出电流至少为 200mA。当输出电流小于 100mA 时，过流继电器不应动作。

试验电压值应是表 2-13 或表 2-14 中的规定值，允许有±3%的偏差。

（3）试验电压的施加。试验开始时施加的工频试验电压不应超过全电压值的 50%，然后将试验电压平稳增加至全试验电压值，并维持 5^{+2}_{0}s，试验电压应施加于相应部位。

四、注意事项

（1）试品及试验设备要正确接线，要保证引线对各接地部分的绝缘距离，以免在试验过程中出现不应有的放电。

（2）检查产品内元器件的连接，确认产品内消耗电流的元器件及不能承受规定电压的半导体元器件等端子应拆除或接旁路。

（3）确认主回路上开关位置，并用万用表检查分接开关的导通状态，保证其接触良好。

五、试验后的检查

试验后检查试品是否有破坏性放电，试验后是否能正常通电会影响试品的正常使用功能。

六、结果判定

如果没有发生破坏性放电，则认为设备通过了试验。常见不合格现象见表 2-16。

表 2-16　　常见不合格现象

试验项目	序号	不合格现象	结果判定依据	严重程度
工频耐压试验	1	电压突然降低	采购技术规范	严重
	2	发生击穿放电		严重
	3	电压施加不上去		严重

七、案例分析

［案例一］

（1）案例概况。型号 YB□-12/0.4-630 的高压/低压预装式变电站在进行低压开关柜介电强度试验时，试验电压突然下降，有击穿现象，则判断该产品此试验不合格。

（2）不合格现象描述。低压开关柜介电强度试验时，a-bc 之间施加电压时间 4s 后电压突然下降。经检查 a 相连接线有击穿现象并且有放电痕迹。

（3）不合格原因分析。该低压开关柜存在电缆绝缘破坏等问题。

［案例二］

（1）案例概况。型号YB□-12/0.4-630 的高压/低压预装式变电站在进行低压开关柜介电强度试验时，试验电压加不上，则判断该产品此试验不合格。

（2）不合格现象描述。低压开关柜介电强度试验时，试验电压加不上，经检查发现铜排有锈迹和腐蚀，通过测量绝缘电阻，发现绝缘电阻很低，只有 2.55MΩ，如图 2-11 所示，偏离正常经验值较大。

图 2-11　绝缘电阻测量值不合格

（3）不合格原因分析。该低压开关柜铜排有锈迹、腐蚀和氧化现象，电缆绝缘遭破坏。

第七节　检验预装式变电站中主要元件的温升试验

一、试验概述

1．试验目的

本试验是检测预装式变电站整体和连接在一起的主要元件和各连接点的温升试验。

试验的目的是校验预装式变电站外壳设计的正确性，且不缩短变电站内原件的预期寿命。直接的目的是验证预装式变电站的外壳级别是否满足设计或技术条件的要求，同时测量高压连接线、低压连接线和端子、低压开关设备和外壳的温度和温升。

2. 试验依据

GB/T 1094.2《电力变压器 第 2 部分：液浸式变压器温升》。

GB/T 1094.11《电力变压器 第 11 部分：干式变压器》第 11 条。

GB/T 7251.1《低压成套开关设备和控制设备 第 1 部分：总则》第 10.10 条。

GB/T 17467《高压/低压预装式变电站》第 7.5 条。

DL/T 537《高压/低压预装式变电站》第 6.2 条。

该试验为强制的型式试验。

3. 主要参数及定义

（1）外壳级别：在 GB/T 17467 第 2.1 条规定的正常使用条件下，变压器在外壳内的温升和同一台变压器在外壳外的温升之差。本标准的推荐值为：5、10、15、20、25、30K，额定外壳级别用来决定预装式变电站的负荷系数。

（2）周围空气温度：在规定条件下测定的预装式变电站外壳周围的空气温度。

（3）变压器的负荷系数：在恒定的额定电压下变压器能够给出的恒定电流标幺值。

（4）温升：部件温度与周围空气温度之差。

二、试验前准备

1. 试验装备与环境要求

预装式变电站温升试验（包括外壳内的温升和外壳外的温升）使用的主要仪器设备见表 2-17。

表 2-17　　主要仪器设备

推荐仪器、设备名称	推荐精度	容量要求
500mL 油杯 4 只	—	—
温度计或热电偶多只	≤0.2K	—
直流电阻测量仪	0.2 级	—
高压侧电源	—	满足产生变压器总损耗的要求
低压侧电源	—	满足产生低压侧电流的要求

GB/T 17467 第 6.5.1 条规定了预装式变电站温升试验的条件，在外壳内的温升试验时，外壳应完整，元件的布置和使用时的一样。门应关上，电缆接口处应按使用条件予以封闭。变压器的容量和损耗应与预装式变电站的额定最大容量值相对应。

（1）温升试验在室内进行，房间的大小、保温或空气情况应保持在室内的周围空气温度低于 40℃，且在试验期间，在 1h 内测得的温度变化不超过 1K。

（2）环境应无明显的空气流动，受试设备发出的热量产生的空气流动除外。如果空气速度小于 0.5m/s，则认为达到了这一条件。

（3）在外壳外的温升试验的条件见配电变压器的温升试验部分的要求。

2. 试验前的检查

预装式变电站的温升分为两部分，包括在预装式变电站外壳内部的温升和在外壳外部的温升。在外壳内部的温升试验前应检查如下事项。

（1）外壳的完好性，外壳无严重的变形、位移，接地点接地良好。

（2）液浸式变压器检查变压器本体的油位，检查测量顶层油温的温度计管座的油位。外观检查无变形和碰撞的痕迹，无渗漏油的现象。

（3）干式变压器外观检查无变形和碰撞的痕迹；铁心对地电阻和高压绕组、低压绕组电阻测量符合要求。

（4）在外壳外部的温升试验前的检查项目与上述（2）和（3）项的检查相同。

三、试验过程

1. 试验原理和接线

预装式变电站温升试验接线图如图 2-12 所示。

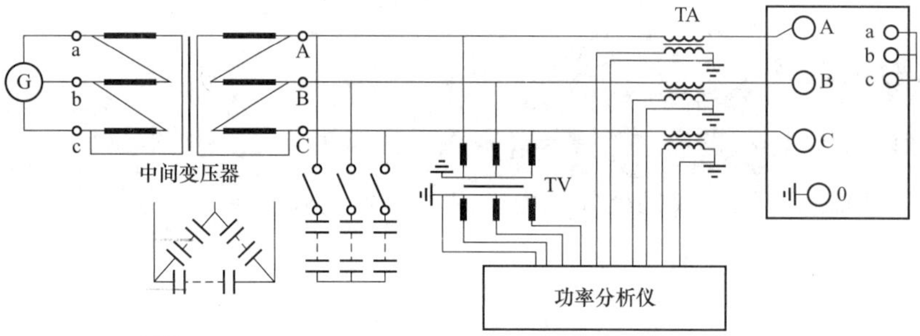

图 2-12　预装式变电站温升试验接线图

2. 试验方法

预装式变电站的温升分为两部分，根据 GB/T 17467 中第 6.5.3.2 条的要求，预装式变电站内安装干式变压器时测量高压绕组和低压绕组的温升，预装式变电站内安装液浸式变压器时只需测量液面温升；试验分别在预装式变电站的外壳内和外壳外进行。

在外壳内的温升试验需要同时测量：①高压连接线和连接端子的温度和温升；②低压连接线、连接端子和低压开关设备的温度和温升；③预装式变电站外壳的温度和温升。

（1）在外壳内的温升试验。

1）电源的连接。

a）高压侧。变压器和高压开关设备以及其分支（包括熔断器或者断路器）应予以连接，变压器的低压出线端子予以短路。电源与高压开关设备的进线端子连接。试验电流为产生变压器总损耗的电流并直至变压器的温升到达稳定。对于液浸式变压器是液面温升到达稳定，对于干式变压器是铁心和绕组温升到达稳定。

b）低压测。将低压连接线与变压器断开并短接。试验电流通过出线施加到低压开关设备，该电源电流在低压出线中的分配选择发热方面最不利的情况。施加电流的出线端选择电流从大到小的顺序进行，使总的试验电流达到低压侧的额定电流。在高压侧变压器温升达到稳定后测量连接线、连接端子和低压开关设备的温度。预装式变电站温升试验接线示意图如图 2-13 所示。

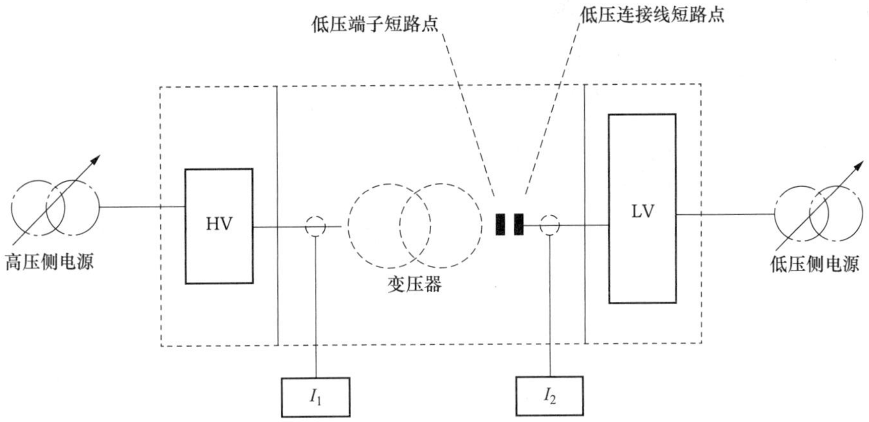

图 2-13 预装式变电站温升试验接线示意图

I_1—产生变压器总的额定损耗的电流；I_2—变压器的低压侧额定电流

2）预装式变电站中高低压开关装置温升测量点示意图如图 2-14 所示，图中编号 1～11 为温升测试点。

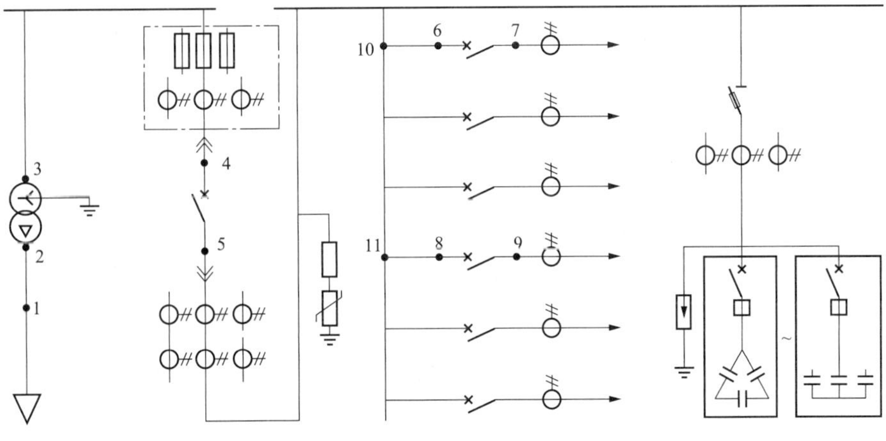

图 2-14 温升测量点示意图

1—高压连接线；2—高压连接端子；3—低压回路与变压器低压绕组连接处；4～9—低压端子；10、11—低压回路与低压主回路连接处

试验相关参数的测量。

a）对于液浸式变压器在试验开始前要测量空载损耗、负载损耗和直流电阻（目的是将环境温度下的负载损耗校正到参考温度下的负载损耗）；空载损耗、负载损耗和直流电阻的

测量见配电变压器的相关要求，由于预装式变电站的容量都小于2500kVA，所以温升试验在主分接进行，负载损耗测量和直流电阻测量也只在额定分接进行。

b）对于干式变压器在试验开始前要测量高压绕组和低压绕组的直流电阻，容量在2500kVA以下的干式变压器直流电阻测量在额定分接进行，测量结果用于绕组温升的计算。

c）分别测量高压绕组和低压绕组的冷态直流电阻。

d）绕组电阻的测量要满足GB/T 1094.1中第11.2条的要求。

3）周围空气温度的测量。根据GB/T 17467的要求，周围空气温度是预装式变电站周围空气温度的平均温度（对封闭式变电站，指的是外壳外部空气温度）。温度应在最后的四分之一试验周期内，至少用四只温度计、热电偶或其他的温度测量装置进行测量。这些测量装置放在载流导体的平均高度上，均匀分布在预装式变电站的四周，距预装式变电站约1m处。对于地下变电站，这些装置应布置在通风口的中间高度上。温度计或热电偶应防止空气流动和热的不适当的影响。

为了避免温度快速变化引起的指示误差，温度计或热电偶放置在装有500mL油的小瓶内。

在最后的四分之一试验周期内，周围空气温度的变化在1h内不应超过1K。

试验时，周围空气的温度应高于+10℃，但低于+40℃周围空气温度在这一范围内试验时，温升值不需要修正。

4）变压器温度的测量。

a）对于液浸式变压器，测量液面温度。根据GB/T 1094.2中7.3.2条的要求，液面温度测量时施加最大总损耗，最大总损耗等于空载损耗和额定分接的校正到参考温度的负载损耗之和。试验中，要监测顶层液体和冷却介质的温度，试验需持续进行，直到液体温升稳定为止。当顶层液体温升的变化率小于每小时1K，并至少维持3h时，认为液体温升达到了稳定，可以测量液面的温升。

b）对于干式变压器，测量高压绕组和低压绕组的温升。根据GB/T 1094.11中23条的要求进行，试验一般采用模拟负载法，根据标准的要求，试验程序可采用：①先进行绕组的短路试验，直到铁心和绕组温升达到稳定为止，然后进行空载试验，直到铁心和绕组温度达到稳定为止。②先进行空载试验，直到铁心和绕组温升到稳定为止，然后进行短路试验，直到铁心和绕组温升达到稳定为止。

试验过程中，应施加正弦波形的空载电压和额定电流，不允许进行电流的校正。

试验过程中，应将测量铁心温度和绕组温度的温度计或热电偶放置在：①上铁轭中心处放置1个测量点；②低压绕组的通道内放置3个测量点；③高压绕组的外表明放置3个测量点。

5）稳态条件的确定：当温升值趋于稳定，即以上测量点每小时温升变化值不超过1K时，则认为温升已经达到了稳定。

当空载试验或短路试验达到稳态的条件后立刻切断电源和打开短路接线（适用于短路试验阶段），测量两个绕组的电阻，测量时间为10min，利用外推法计算出停电瞬间绕组的

热态电阻。并根据此热态电阻计算出绕组的平均温升为

$$\Delta\theta = \frac{R_2}{R_1}(235+\theta_1) - 235 - \theta_a \tag{2-2}$$

式中 $\Delta\theta$——切断电源瞬间绕组的平均温升，K；

θ_1——测量冷电阻时的环境温度；

θ_a——切断电源瞬间环境温度；

R_2——停电瞬间绕组的热态电阻；

R_1——试验开始前测量的绕组电阻。

在绕组通过额定电流和铁心为额定励磁下，每个绕组的总温升 $\Delta\theta'_c$ 为

$$\Delta\theta'_c = \Delta\theta_c \left[1 + \left(\frac{\Delta\theta_e}{\Delta\theta_c}\right)^{1/K_1}\right]^{K_1} \tag{2-3}$$

式中 $\Delta\theta'_c$——绕组总温升；

$\Delta\theta_c$——短路试验下的绕组温升；

$\Delta\theta_e$——空载试验下的绕组温升；

K_1——对于自冷为 0.8，对于风冷为 0.9。

高压连接线及其端子温度的测量、低压连接线和低压开关设备温度的测量、预装式变电站外壳可触及部位温度的测量。

测量使用温度巡检仪进行，测量过程与液浸式变压器的顶层液面温升试验或干式变压器短路试验温升过程同时进行，在液浸式变压器液面温升稳定或干式变压器达到温升稳定的条件时进行测量。

高压连接线及其端子的温升和温度测量、低压连接线和低压开关设备的温升和温度的测量、预装式变电站外壳的温度和温升的测量使用热电偶测量。热电偶直接粘贴在测量位置。

此外，高压开关设备的温升试验不需要进行。

（2）变压器在预装式变电站壳外的温升试验为：

1）液浸式变压器顶层油温的测量见配电变压器温升部分；

2）干式变压器绕组温升测量见干式变压器温升部分。

四、注意事项

（1）测量连接线、连接端子、预装式变电站外壳温升的热电偶位置选择有代表性。

（2）供给低压回路电流的电源设备的热源远离预装式变电站本体，使其热量不影响环境温度的测量。

（3）试验过程中的状态与运行状态相同，如关好箱门、封闭电缆入口等。

五、试验后的检查

（1）在预装式变电站壳外的温升试验的检查见相应的配电变压器温升部分。

（2）在预装式变电站壳内温升试验结束后的检查。

（3）检查预装式变电站的高压连接线、低压连接线、低压开关设备是否完好，是否有局部过热烧蚀的痕迹。

（4）检查液浸式变压器是否有渗漏油的现象。

六、结果判定

预装式变电站温升试验合格的判定执行 GB/T 17467 要求：

（1）变压器的温升不应超过同一变压器在无外壳时的温升测量值与预装式变电站的外壳级别对应的差值之和。

（2）高压连接线及其端子的温升和温度不超过 GB/T 11022 的要求具体见表 2-18。

（3）低压连接线和低压开关设备的温升和温度不超过 GB/T 7251.1 的要求。

（4）预装式变电站外壳的温度和温升不超过 GB/T 11022 中关于正常运行期间可被触及的部件的要求。外壳、连接线和连接端子的温度和温升见表 2-18。

表 2-18　　外壳、连接线和连接端子的温度和温升

测 试 部 位	允许的温度或温升限值
高压连接线及其端子最大温度（℃）	115
高压连接线及其端子温升限值（K）	75
低压连接线及其端子最大温度（℃）	110
低压连接线及其端子温升限值（K）	70
变电站外壳的可触及部分最大温度（℃）	70
变电站外壳的可触及部分温升限值（K）	30
外壳（低压配电柜）最大温度（℃）	70
外壳（低压配电柜）温升限值（K）	30

同时液浸式变压器在壳外的温升试验也有满足 GB/T 1094.2 的要求，即在壳外油面温升≤60K。

对于干式变压器在壳外的温升满足 GB/T 1094.11 表 2 的要求，干式变压器绕组温升限值见表 2-19。常见不合格现象见表 2-20。

表 2-19　　干式变压器绕组温升限值

绝缘系统温度（℃）	额定电流下的绕组平均温升（K）
105（A）	60
120（E）	75
130（B）	80
155（F）	100
180（H）	125

表 2-20　　常见不合格现象

序号	试验项目	不合格现象	严重程度分级	结果判定依据
1	温升试验	变压器本身温升试验不合格	严重	GB/T 1094.2、GB/T 1094.11 中第 11 条
2		外壳级别不符合	中度	GB/T 17467 中第 6.5.4 条
3		高压连接线温升或温度超差	轻微	GB/T 11022
4		低压连接线温升或温度超差	轻微	GB/T 7251.1
5		外壳温升或温度超差	轻微	GB/T 11022 中表 3

七、案例分析

（1）案例概况。

1）产品名称：铁路电力运动预装式变电站，型号：YBT-12/0.4（XG）/T-2×100，温升试验外壳级别不符合技术协议的要求（技术协议 $K\leqslant10$）。

2）产品描述：铁路系统使用的预装式变电站，内部安装有两台额定容量为 100kVA 的干式变压器，额定电压 10/0.4。

（2）不合格现象描述。在预装式变电站内、外温升试验分别见表 2-21 和表 2-22。

表 2-21　　在预装式变电站内温升试验

变压器 1		变压器 2	
HV 绕组（K）	LV 绕组（K）	HV 绕组（K）	LV 绕组（K）
72.3	73.2	70.3	68.2

表 2-22　　在预装式变电站外温升试验

变压器 1		变压器 2	
HV 绕组（K）	LV 绕组（K）	HV 绕组（K）	LV 绕组（K）
62.1	59.7	60.3	57.7

外壳级别系数 K 的计算如下：

变压器 1 的 HV 绕组：$K=72.3-62.1=10.2>10$；

变压器 1 的 LV 绕组：$K=73.2-59.7=13.5>10$；

变压器 2 的 HV 绕组：$K=70.3-60.3=10.0\leqslant10$；

变压器 2 的 LV 绕组：$K=68.2-57.7=10.7>10$；

其中变压器 1 的 HV 和 LV 绕组的系数 $K>10$，变压器 2 的 LV 绕组系数 $K>10$，判定预装式变电站温升试验不合格。

（3）不合格原因分析。

1）预装式变电站外壳不符合要求；

2）变压器容量过大；

3）安装元件不符合要求；

4）超负荷使用。

第八节　内部电弧试验

一、试验概述

1. 试验目的

本试验的目的是在内部电弧事件中对于正常运行的预装式变电站进行操作的人员，且其高压开关设备和控制设备处于相关标准中规定的正常运行状态（IAC-A），以及燃弧故障试验是为了验证危险电气效应中对人员的防护的试验。在电气设备处于正常工作位置且内部出现电弧事件时，为正常运行设备附近的人员提供了经过试验的保护水平。

2. 试验依据

GB/T 3906《3.6kV～40.5kV 交流金属封闭开关设备和控制设备》第 6.106 条。

GB/T 17467《高压/低压预装式变电站》。

DL/T 404《3.6kV～40.5kV 交流金属封闭开关设备和控制设备》第 6.106 条。

DL/T 537《高压/低压预装式变电站》中附录 A。

DL/T 593《高压开关设备和控制设备标准的共用技术要求》中附录 A。

本试验一般为型式试验。

3. 主要参数及定义

（1）内部电弧级的预装式变电站。通过适当的试验验证的、在内部故障电弧事件下满足对人员的规定判据的预装式变电站。

（2）IAC-A 内部电弧级。在预装式变电站的高压侧正常操作期间，对于操作人员提供防护的预装式变电站。

（3）IAC-B 内部电弧级。在预装式变电站的所有侧对于附近的一般公众提供防护的预装式变电站。

IAC-AB 内部电弧级。

对于授权人员和一般公众，均能够提供防护的预装式变电站。

（4）内部电弧等级的选择。选择预装式变电站时，应根据对操作人员的和一般公众可接受的保护水平的目标适当地确定内部电弧的概率。

1）IAC-A 是用来验证在操作预装式变电站的设备时对操作人员的保护且仅限于授权人员。它适用于从内部操作的变电站（进入型）或从外部操作高压设备的变电站（非进入型）。

2）IAC-B 是用来验证对预装式变电站周围的一般公众的保护且未经授权触及变电站的所有侧面。试验期间，变电站的所有门均关闭。

3）IAC-AB 是用来验证在操作预装式变电站的设备时对运行人员和变电站周围的一般公众的保护。在这种情况下，变电站按照 IAC-A 和 IAC-B 进行试验。

对于这三个级别，重要的是清楚内部电弧试验与预装式变电站在变压器、高压和低压开关设备的位置和型式方面的特定结构有关，试验结果取决于变电站中特定开关设备的型式。

（5）内部电弧等级主要参数。

1）电压。试验应优先在金属封闭开关设备和控制设备的额定电压下进行，如果受试验条件约束，则试验可在降低的电压条件下实施，但试验电压不应低于金属封闭开关设备和控制设备额定电压的 60%，且如果选择的电压低于额定电压，应满足与下述条件：

a）通过数字记录装置测量得到的平均电流有效值符合要求。

b）已经引燃电弧的所有相都不会提前熄灭。只要无电流的间隔累积的持续时间不超过试验持续时间的 2%，且单个无流的持续时间不长至下一个预期电流零点，电流的交流分量的积分至少等于相关标准中的规定值，暂时的单相熄灭是允许的。

2）电流。

a）交流分量。试验电流应整定到公差为 0～5%的额定电弧故障电流（I_A 或 I_{Ae}）。如果外施电压等于额定电压，该偏差值仅适用于预期电流。

该电流应维持恒定。如试验站的能力做不到这样，则应延长试验，直到电流交流分量积分值（It）等于规定值，其允许偏差为 0～10%。在这种情况下，至少在开始三个半波内电流应等于规定值，而在试验结束时的电流应不小于规定值的 50 %。

b）峰值电流。合闸瞬间的选择应使得峰值电流流过一个边相，且大半波电流应出现在另一边相上。预期电流的峰值应等于 2.5 倍（对于频率为 50Hz 及以下）或 2.6 倍（对于 60Hz）规定的交流分量的有效值，偏差为 0～5%。如果外施电压低于额定电压，预期电流的峰值是不适用的，但实际试验电流峰值应不小于额定峰值电流。对其他较高的馈电网直流时间常数，对于 50Hz 和 60Hz 应用，额定值统一采用交流分量有效值的 2.7 倍。在引燃两相电弧的情况下，选择的合闸瞬间应使得产生最大可能的直流分量。

3）频率。当额定频率为 50Hz 时，试验开始时的频率应为 48～52Hz。当在其他额定频率时，偏离额定值不应超过±10%。

二、试验前准备

1. 试验装备与环境要求

主要仪器设备见表 2-23。

表 2-23　　主 要 仪 器 设 备

仪器名称和型号	精　　度
数据采集仪 1-GEN16t-2	电压：±1.5%；电流：±1.5%；通电时间：±1.5%
交直流两用阻容分压器 FY100	≤±1%
交直流两用阻容分压器 FY100	≤±1%
交直流两用阻容分压器 FY100	≤±1%

试验对环境条件没有特别要求，应该在正常使用条件下，记录环境温湿度和大气压力。

2. 试验前的检查

（1）试品准备。

1）送交试验站检验的样品应处在新和清洁的状态，试验可以在 1 台或多台样机上进行，但最多不超过 4 台。

2）试验应在先前未燃烧过电弧的预装式变电站或其代表部分上进行。

3）预装式变电站应完全装配好，尽可能接近正常使用时的形态，不允许现场额外增加实际供货时不存在排气设施。

4）某些内部元件允许采用与其具有相同体积和相同外层材料的模拟品替代。

（2）试验资料准备

1）按 DL/T 593 的要求，生产厂在委托时需提供产品的设计图纸等资料，图纸中应标明主要的尺寸、与机械强度相关的细节、压力释放装置的布置，以及把高压开关设备和控制设备固定到箱式变电站中的方法，提供的图纸应能充分代表试品的部件和零件。

2）实验室根据委托方提供的相关图纸，对试品结构进行全面确认和拍照，并将确认信息记录、存档，以保证所有试品确认信息可以溯源。

三、试验过程

1. 试验原理和接线

内部电弧试验接线图如图 2-15 所示。

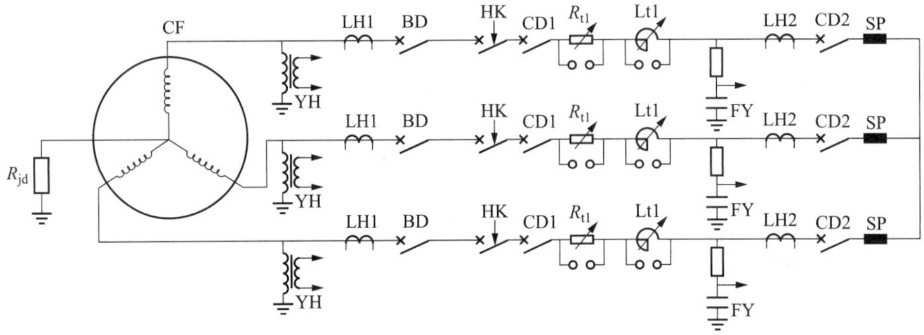

图 2-15 内部电弧试验接线图

CF—短路发电机；BD—保护断路器；HK—合闸开关；CD1、CD2—操作断路器；

R_{t1}—功率因数调节电阻；Lt1—调节电抗器；FY—分压器；SP—试品；

LH1、LH2—保护电流互感器；R_{jd}—接地电阻；YH—电压互感器

2. 试验方法

（1）试验程序和试验次数的确定：IAC-A、IAC-B、IAC-AB 级预装式变电站应同时满足 A 类及 B 类可触及性。

1）A 类可触及性（试验时及试验后，除了预装式变电站高压侧操作时需要打开的门

之外，其他门必须正确关闭）。试验分别对高压开关设备和高压连接线进行。

a）对于高压开关设备，若已按照开关设备标准进行过 IAC 试验，考虑到箱变标准化要求压力释放通道均朝向电缆沟，仅需对开关隔室进行一次试验。否则，需对全部隔室进行试验。

b）对于高压连接线，当变压器前端采用熔断器保护或采用了接地屏蔽的高压电缆时，不需要进行试验。否则，应进行高压连接线试验，其中，对于固体绝缘的高压连接线，应进行相邻两相试验，试验电流为额定短路电流的 87%。但电源回路应是三相的以使故障能够发展为三相故障。

2）B 类可触及性（试验时所有门正确关闭）。试验分别对高压开关设备和高压连接线进行。试验部位和次数的选择同 A 类可触及性。

（2）房间模拟。试验应该采用具有预装式变电站外壳的试品进行，不需要进行预装式变电站周围的房间模拟。由于试品通过电缆进线，电缆沟泄压，应准备模拟电缆沟（需结合使用现场实际布置情况）及模拟地面，以便方便放置指示器。试验应在能够模拟这些泄压通道的条件下进行。

（3）指示器。依据 DL/T 537 中的规定，指示器是切边不朝向试验样品的黑色棉布。（对于 A 类可触及性：棉纤维制品，单位面积质量约 $150g/m^2$；对于 B 类可触及性：棉麻细布，单位面积质量约 $40g/m^2$），指示器的尺寸应为 150mm×150mm（+15mm，0mm），指示器占到方格盘面积的 40%～50%。

指示器应布置在高度 2m 及以下的检查板上、垂直于预装式变电站的所有可触及侧、朝向气体可能喷出的所有各点（例如，接缝、观察窗、门），指示器到试品的距离取决于可触及类型。只要预装式变电站的布置和试验的布置不会限制安装架的延伸，对于 A 类可触及性，安装架的两端均应长出试品 300mm；对于 B 类可触及性，安装架的两端均应长出试品 100mm。在所有情况下，垂直安装的指示器到试品的距离是从外壳的表面量起，不考虑凸出的元件（例如，手柄、电器的框架等等）。如果试品的表面不规则，指示器的位置应尽可能实际地模拟操作人员或一般公众在设备前可能站立的。

a）A 类可触及性。对从预装式变电站内部操作的高压开关设备，指示器的布置应按照 DL/T 404 的附录 A 的 A 类可触及性的要求，对变电站从前面打开的操作人员的保护如图 2-16 所示。

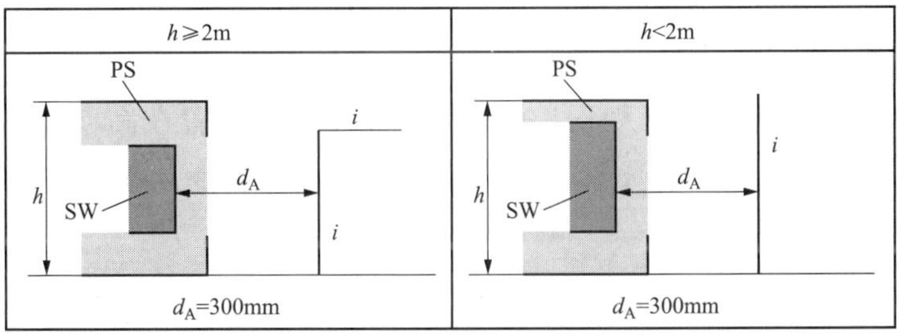

图 2-16　对变电站从前面打开的操作人员的保护（IAC-A）

d_A—指示器到开关设备和控制设备的水平距离；SW—高压开关设备和控制设备；PS—预装式变电站

为验证对在变电站（从内部操作）内部的操作人员的保护。

如果预装式变电站的设计包含接受废气的地下部分，地板的设计与结构使得地板可以更换，或废气可以从地板的空隙或接缝处逸出，那么应该在距地板 100mm 处布置另外的带指示器的水平架，在其他情况下该水平架不必要。

对从预装式变电站外部操作的高压开关设备，指示器应布置在操作侧（门打开）的前面，距离开关设备 300mm。如果高压开关设备前面有超过 300mm 位于变电站内部，指示器应位于门关闭的位置。还应在距地面 2m 处布置水平指示器，并覆盖距离高压开关设备 300～800mm 的区域。

如果从外部操作的预装式变电站的设计包含回收预装式变电站周围废气的地下容器，应该在距地板 100mm 处设置另外的带指示器的水平架。

对高压连接线，指示器应位于所有可触及侧，距离正常操作条件下操作人员可能触及的最近位置 300mm。

b）B 类可触及性。垂直指示器到试品的距离 100mm，对当变电站门关闭时周围公众的保护如图 2-17 所示。

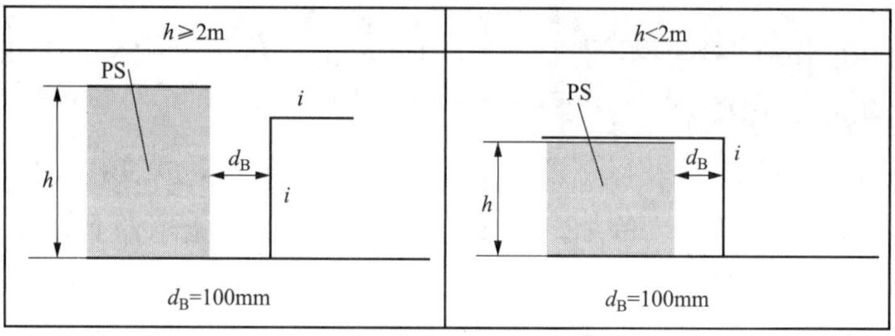

图 2-17 对当变电站门关闭时周围公众的保护（IAC-B）

i—指示器的位置；h—预装式变电站的高度；d_B—指示器到变电站的水平距离

预装式变电站的实际高度小于 1.9m，垂直指示器应布置在从地面直到高于试品 100mm、预装式变电站的所有可触及侧，水平指示器应布置在距试品顶部 100mm 的试品上方。

如果通风口和压力释放装置作为顶部设计的一部分，位于方格盘上的指示器应朝向开口处，并距离开口处 100mm。如果预装式变电站的顶部不是水平的，那么指示器应沿着其斜度布置，距离顶部 100mm。

预装式变电站的高度等于或大于 1.9m，垂直指示器应布置在高度为 2m 及以下预装式变电站的所有可触及侧，水平指示器应布置在地面上方 2m 处，并覆盖距离预装式变电站 100～800mm 的区域。

如果从外部操作的预装式变电站的设计包含接受废气的地下部分，地板的设计与结构使得地板可以更换，或废气可以从地板的空隙或接缝处逸出，那么应该在距地板 100mm 处布置另外的带指示器的水平架，在其他情况下，该水平架不必要。

四、注意事项

（1）试验布置准备完毕后，实验室安全门关闭，内部人员全部撤离现场，外围拉起安全防护栏。

（2）将电缆接线进行捆扎，防止电动力对产品产生不利影响。

（3）如果有条件试验过程采用高速摄像机进行记录，为试验判据提供有力的证据。

（4）数据采集系统的设置，包括电压、电流传感器量程的选择、采样时间、采样频率、触发条件，保证试验过程中可靠的记录试验数据。

五、试验后的检查

（1）试验后的核查（试验后应开展有针对性的检查，记录试验后样品全面的真实状态以及具体不合格部位的照片，避免对试验结果产生误判或产生歧义），检查试品的外观状态是否有损伤。

（2）检查数据和波形图是否有误，核查技术要求值和实测数据。

（3）对试验后的产品状态进行检查并进行照片记录（包括试验布置照、试后产品的整体照片、局部照片、指示器照片、产品的外观）。

六、结果判定

（1）IAC-A 级预装式变电站。高压开关设备每次内部电弧试验后满足 GB/T 3906 的 5 个判据；如果变电站的设计包括地板下有一个用于收集排出的气体空间，应从站在其上面的操作人员的安全性的观点出发来评估地板的性能。

适用时，高压连接线试验后应满足下面的判据：

判据 1：高压连接线的隔板、障板或外壳（如果有）没有移动或超过指示器的位置的进一步变形。

判据 2：没有单个质量大于 60g 的小件飞出。60g 的数值来源于 GB/T 3906，如果 GB/T 3906 在此方面作了修改，本标准应采用新的数值。

判据 3：连接线包覆物的可触及侧不能因燃弧而出现孔洞，如果该侧是完全封闭的。

判据 4：指示器不能因火焰或热气体的效应而引燃。

有可能在试验期间指示器开始燃烧，如果有证据说明是由灼热粒子而不是由热气体导致的燃烧，那么，认为已经满足合格判据。实验室可以采用高速照相机记录的照片、视频或使用其他合适的方法记录证据。

应排除因油漆或黏合剂燃烧而点燃指示器的情况。

判据 5：如果高压连接线通过接地的外壳保护，该外壳和其他接地点应仍保持接地。

（2）IAC-B 级预装式变电站。对高压开关设备和（适用时）的试验，高压连接线如果满足下述判据，变电站可划分为 IAC-B 级变电站：

判据 1：正确锁定的变电站的盖板、门没有打开。只要任何一侧没有部件飞至指示器的位置，变形是可接受的。试验后，变电站不必符合它的 IP 代码。

判据 2：在规定的试验时间内，没有出现外壳的碎片。小的部件、单个质量不大于 60g（60g 的数值来源于 GB/T 3906，如果 GB/T 3906 在此方面作了修改，本标准应采用新的数值）的材料飞出是可接受的。

判据 3：电弧的燃烧没有在顶盖和高度直到 2m 的可触及侧面造成孔洞。

判据 4：指示器不能因热气体的效应而引燃。

有可能在试验期间指示器开始燃烧，如果证据是它们由灼热粒子而不是由热气体点燃，那么，认为已经满足合格判据。实验室可以通过高速照相机记录的照片、视频或使用其他合适的方法记录证据。

应排除因涂料或黏合剂燃烧而点燃指示器的情况。

判据 5：外壳保持连接到接地点，这可以通过目测检查。如有怀疑，应检查接地连接的连续性。

（3）IAC-AB 级预装式变电站。满足 IAC-A 和 IAC-B 要求的变电站可划分为 IAC-AB 级。

（4）试验报告中应给出下述资料：

1）变电站的额定值和描述，标明主要尺寸的图样，机械强度方面的细节，压力释放板的布置以及金属封闭开关设备和控制设备与地面和/或墙壁的固定方法。

2）试验连接线的布置。

3）内部故障的引燃方法和引燃点。

4）试验布置图（试品和指示器安装框架）。

5）施加的电压和频率。

6）对于预期电流和试验电流：①最初三个半波内的交流分量的有效值；②最大的峰值；③在实际的试验持续时间内交流分量的平均值；④试验的持续时间。

7）表示电压和电流的示波图。

8）试验结果的判定，包括按试验合格判据的观察记录。

9）试验前、后的试验样品的照片。

10）其他相关的说明。

11）管道（如果用来排气）的布置。

（5）内部电弧试验常见不合格现象及分类见表 2-24。

表 2-24　　常见不合格现象

序号	不合格项目	不合格现象	严重程度分级	结果判定依据
1	水平指示器点燃	水平指示器点燃少数几片（天花板反射原因）	一般	GB/T 3906
2	柜体形成孔洞	柜体侧板形成了很小的孔洞指示器未点燃	一般	
3	面板上有东西飞出	柜体面板上故障指示器和带电指示器被热气体冲出固定位置并未造成指示器点燃	一般	

续表

序号	不合格项目	不合格现象	严重程度分级	结果判定依据
4	柜体打开	电缆室门板打开一条缝并未造成指示器点燃	一般	GB/T 3906
5	指示器点燃	指示器在热气体作用下大面积点燃	严重	
6	柜体形成孔洞 指示器点燃	在可触及位置形成了较大的孔洞，指示器点燃	严重	
7	柜门打开	门板冲开（结构强度不够，固定拉铆拉出）	严重	

七、案例分析

［案例一］

（1）案例概况。型号为 YBW-12/0.4-630 高压/低压预装式变电站 IAC-A 试验。

（2）不合格现象描述。试验后垂直指示器点燃；电弧的燃烧导致门面板和可触及侧面板造成孔洞。门板烧坏如图 2-18 所示。

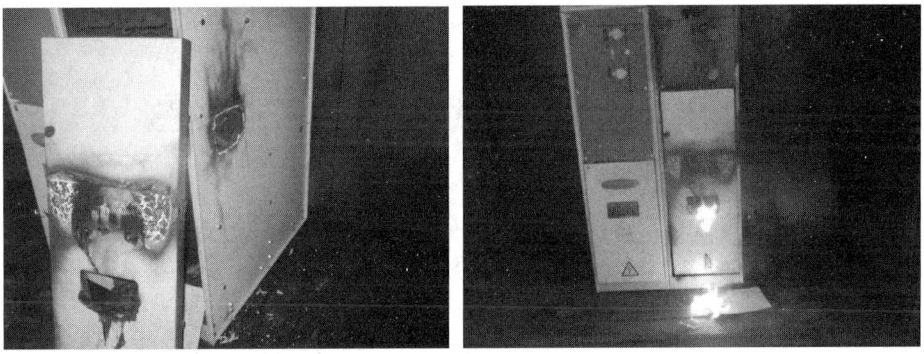

（a）（b）

图 2-18 门板烧坏

（a）可触及侧面出现孔洞；（b）门面板出现孔洞

（3）不合格原因分析。

1）该预装式变电站的高压开关设备正门强度不够。

2）手柄的设计不合理，不能采用塑料结构，侧板的板材强度不够，因为电弧发生以后很容易在侧板产生弧根导致侧板形成空洞，可以考虑进行侧板的加强。比如：双层板或者在电弧引燃部位加装绝缘板。

［案例二］

（1）案例概况。型号为 YBW-12/0.4-630 高压/低压预装式变电站 IAC-A 试验。

（2）不合格现象描述。试验电压 12kV，试验电流 31.5kA，电流持续时间 0.5s，试验后发生开关柜前门板顶开或观察窗冲开，部分垂直指示器点燃，不满足内部电弧判据 1、判据 4 要求，判定试验不合格。门板和指示器受损照片如图 2-19 所示。

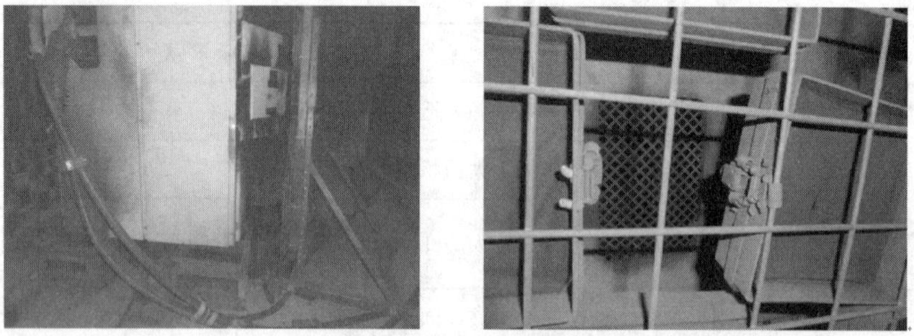

（a）　　　　（b）

图 2-19　门板和指示器受损照片

（a）前门板顶开；（b）指示器冲开

（3）不合格原因分析。开关室的前门板顶开或观察窗冲开。开关柜中的三个隔室中，开关室内部空间是最小的，并且大多数制造厂在设计时都会留有观察窗。在内部电弧条件下，大量的热气体在通过泄压通道释放前，会对开关室的任何方向产生气压冲击，由于空间的狭小，所以要求开关柜的前门及观察窗强度得到保证。

第九节　验证预装式变电站声级的试验

一、概述

1. 试验目的

本试验目的是计算一台给定的单独变压器的声级与装在预装式变电站内的同一台变压器的声级的差别。通过这两个数值的比较来评估预装式变电站外壳的声特性。希望外壳不会增高变压器的声级。试验数值仅对在额定电压和频率下的被试总装有效。如果所用的变电站装有不同的元件、部件和/或连接到具有不同电源电压或频率的电网上，外壳的特性可能不同。

2. 试验依据

GB/T 1094.10《电力变压器　第 10 部分：声级测定》。

GB/T 1094.11《电力变压器　第 11 部分：干式变压器》第 24 条。

GB/T 17467《高压/低压预装式变电站》附录 B。

DL/T 537《高压/低压预装式变电站》附录 B。

该试验为选用的型式试验。

3. 主要参数及定义

预装式变电站的变压器声级试验主要考核的是产品的声压级和声功率级。

（1）声压级 L_p：声压平方与基准声压（$P_0=20\times10^{-6}$Pa）平方之比的以 10 为底的对数乘以 10。单位为分贝（dB）。

$$L_p = 10\lg \frac{p^2}{p_0^2} \tag{2-4}$$

式中 L_p——声压级，dB；

p——实际声压，Pa；

p_0——基准声压，Pa。

（2）基准声压：是普通人灵敏听觉起点的声压。

（3）声功率级 L_w：给出的声功率与基准声功率（$W_0=1\times10^{-12}$W）之比的以 10 为底的对数乘以 10。单位为分贝（dB）。

$$L_w = 10\lg \frac{W}{W_0} \tag{2-5}$$

式中 L_w——声功率级，dB；

W——实际声功率，W；

W_0——基准声功率，W。

（4）基准发射面：围绕试品的假想表面，认为声音是从该表面发出的。

（5）规定轮廓线：与基准发射面相距某一规定水平距离（即测量距离）的水平线，各测量点位于此线上。

（6）测量距离 X：基准发射面与测量表面之间的水平距离。

（7）测量表面：包络声源的假想表面，各测量点位于此表面上。

（8）背景噪声：试品不运行时应为 A 计权声压级。

注：A 计权为在低频段有较大衰减，接近于人耳对小声音的响应。

B 计权为介于 A、C 计权中间，在低频段有一些衰减。

C 计权为在声频范围都在衰减，接近于人耳对大声音的响应。

二、试验前准备

（1）试品应装配完整，包括所有的设备和配件。

（2）试品应完好接地。

（3）检查产品的外观是否完整。

（4）产品的安装状态和运行状态要保持一致，所有的门应关好。

1. 试验装备与环境要求

声级测量所用的主要仪器设备见表 2-25。

表 2-25 声级测量所用的主要仪器设备

仪器设备名称	推荐参数及精度要求
变压器测控系统	0.1 级
精密声级计	1 级
钢卷尺	—

进行声压测量时，应在测量即将开始前和测量刚结束后对测量设备进行校准，如果试验前后的校准变化超过 0.3dB，则本次测量结果无效，并应重新进行测量。

环境要求：考虑到目前声级测定试验各试验室均采用声压法且在室内测量，本文中只阐述声压法中的户内测量的环境要求，不阐述声强法的环境要求。

（1）测量试验室概述。试验环境应是一个在一反射面之上的近似的自由场。理想的试验环境应是使测量表明位于一个基本不受临近物体或该环境边界反射干扰的声场内。因此，反射物体（支撑面除外）应尽可能远离试品。

（2）户内测量的条件。

1）反射面。反射面通常是指室内的地面，此地面应比测量表明在其上的投影大。应采取措施以确保试品的支撑表明不会因振动而使测量结果受到影响，可以采取在支撑表明加垫橡胶垫等措施较少振动的影响。

2）环境修正值 K 的计算。环境修正值 K 考虑了不希望出现的试验室边界或邻近试品的反射物体所产生的声反射的影响。K 主要取决于试验室吸声面积对测量表面积 S 的比值。K 的计算值与试品在试验室的位置无明显的关系

$$K = 10\lg\left[1 + \frac{4}{(A/S)}\right] \tag{2-6}$$

$$S = 1.25HL_{\mathrm{m}} \tag{2-7}$$

$$A = \alpha S_{\mathrm{v}} \tag{2-8}$$

式中 S——对于预装式变电站的声级测量选择距基准发射面 0.3m 处的测量表面积。

H——高度，对于预装式变电站的声级测量是指外壳的高度，m；

L_{m}——规定轮廓线的周长，m；

1.25——考虑试品上部发射声能的经验系数；

A——吸声面积，m^2。

α——平均吸声系数近似值见表 2-26；

S_{v}——试验室（墙壁、天棚和地面）的总面积，m^2。

吸声面积 A 可通过测量试验室的混响时间来求得。测量时，可用宽频带声或脉冲声来激发，用具有 A 计权的接收系统来接收。以平方米（m^2）表示的 A 值为

$$A = 0.16\frac{V}{T} \tag{2-9}$$

式中 V——试验室体积，m^3；

T——试验室的混响时间，s。

若 $A/S \geqslant 1$，则试验室符合要求。此时将给出环境修正值 $K \leqslant 7$dB。

若试验室很大或作业空间未被完全封闭，则 K 值接近于 0dB。

表 2-26　平均吸声系数近似值

房间状况	平均吸声系数 α
具有由混凝土、砖、灰泥或瓷砖构成的平滑硬强且近似于全空的房间	0.05
具有平滑墙壁的局部空着的房间	0.1
有家具的房间、矩形机器房、矩形工业厂房	0.15
形状不规则的有家具的房间、形状不规则的机器房或工业厂房	0.2
具有软式家具的房间、天棚或墙壁上铺设少量吸声材料（如部分吸声的天棚）的机器房或工业厂房	0.25
天棚或墙壁铺设吸声材料的房间	0.35
天棚或墙壁铺设大量吸声材料的房间	0.5

2. 试验前的检查

（1）检查预装式变电站外观的完整性；

（2）检查仪器仪表的有效性；

（3）检查屏蔽室周围的环境；

（4）尽量减少外来的干扰。

三、试验过程

预装式变电站应根据 GB/T 17467 及 DL/T 537 进行试验；变压器应根据 GB/T 1094.10 及 GB/T 1094.11 进行试验。

1. 试验原理和接线

预装式变电站声级测定的试验原理与电力变压器空载试验的接线是相同的，声级试验接线原理图如图 2-20 所示。

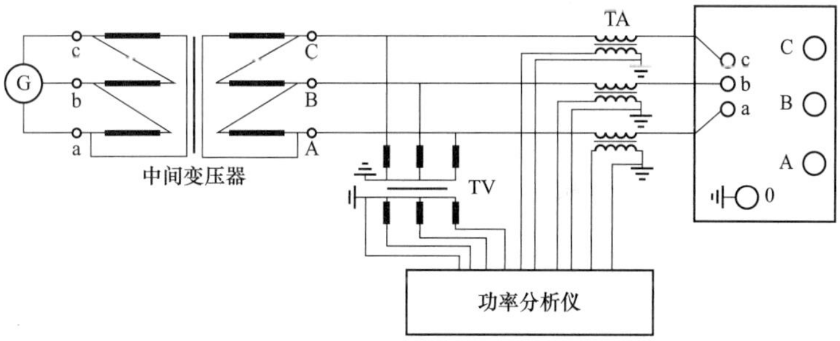

图 2-20　声级试验接线原理图

2. 试验方法

因为预装式变电站的声级测量和变压器的声级测量方法相同，下述参数测定及测量方法可以等同使用。现以变压器使用 A 加权声级的计算方法为例，试验方法如下。

（1）预装式变电站的摆放和测量轮廓线位置的确定。预装式变电站在试验开始前应正确摆放在试验室合适的位置，方便噪声测量的正确进行且试品距离试验室四周的距离要基本均等。试验室的体积要满足 $A/S \geqslant 1$ 的要求，由于运输的原因，在大部分试验室试品是通过运输托架运输到试验室的，也可以直接就位在试验室的地面。对于试品摆放在运输托架上的情况要特别注意托架振动对噪声测量的影响，可通过在托架上加垫橡胶垫的方法减少振动的影响。

对于预装式变电站，规定轮廓线的选择按距基准发射面 0.3m 处选取。

（2）试验电源的连接。按照变压器空载试验的方式连接预装式变电站的电源，一般从低压侧施加空载试验电压，试验电源要满足空载试验的要求，电源电压应为正弦波，总谐波含量不超过 5%，偶次谐波含量不超过 1%。三相电源电压应对称。

（3）背景噪声的测量。测量应在背景噪声近似恒定时进行，试验前后要进行噪声测量仪器的校准，要求试验前后的校准变化小于 0.3dB。传声器的位置应位于规定的轮廓线上，彼此间距大致相等且间隔不得大于 1m，至少应设有 6 个传声器的位置。测量位置应安放在离地面 1.5m 处。传声器应垂直正对发射表明。

测量背景噪声时，传声器所处的高度应与测量试品噪声时所处的高度相同，背景噪声的测量点应在规定的轮廓线的测量点上。在产品噪声试验前后都有进行背景噪声的测量。

（4）试验电压的施加。按照空载试验的要求对预装式变电站施加空载试验的电压，噪声测量期间要保持电压稳定，一旦试品达到稳定运行状态就尽可能缩短测量时间，以避免因变压器温度变化而导致声级变化，测量完毕立即切除试验电源，并立即重复进行背景噪声的测量。

（5）产品噪声的测量。在规定的轮廓线线上进行噪声测量，传声器应垂直正对发射表面，测量点间隔距离小于 1m，记录每一个测试点的 A 计权声压级。

（6）声级测量结果计算。

1）声级测量平均值的计算。未修正的变压器和背景合成声级的平均值 $\overline{L_{\text{PA0}}}$ 为

$$\overline{L_{\text{PA0}}} = 10\lg\left(\frac{1}{N}\sum_{i=1}^{N}10^{0.1\overline{L_{\text{PAi}}}}\right) \tag{2-10}$$

式中 $\overline{L_{\text{PA0}}}$ ——未修正的变压器和背景合成声级平均值，dB（A）；

$\overline{L'_{\text{PAi}}}$ ——第 i 个测量点上测得的合成声压级，dB（A）；

N ——总测量点数。

2）背景声级平均值 $\overline{L'_{\text{bga}}}$ 为

$$\overline{L'_{\text{bga}}} = 10\lg\frac{1}{N'}\left(\sum_{i=0}^{N'}10^{0.1\overline{L'_{\text{PAi}}}}\right) \tag{2-11}$$

式中 $\overline{L'_{\text{bga}}}$ ——背景声级平均值，dB（A）；

N'——背景声级测量点总数；

$\overline{L'_{\text{PAi}}}$ ——第 i 个测点上的背景声级，dB（A）。

3）修正的A计权合成声级平均值$\overline{L_{PA}}$为

$$\overline{L_{PA}}=10\lg(10^{0.1\overline{L_{PA0}}}-10^{0.1\overline{L'_{PA}}})-K \quad (2\text{-}12)$$

式中 $\overline{L'_{PA}}$——两次背景声级中的较小者，dB（A）；

K——环境修正值。

4）声功率级的计算。A计权声功率级L_{WA}为

$$L_{WA}=\overline{L_{PA}}+10\lg\frac{S}{S_0} \quad (2\text{-}13)$$

式中 L_{WA}——声功率级，dB（A）；

$\overline{L_{PA}}$——修正后的声级，dB（A）；

S_0——基准表面面积，S_0=1m^2。

（7）试验接受准则见表2-27。

表2-27 试验接受准则

$\overline{L_{PA0}}$与较高$\overline{L'_{bga}}$之差	试验前与试验后背景噪声之差	结论
≥8	—	接受
<8	<3	接受
<8	<3	重新试验见注
<3	—	重新试验见注

注 如果$\overline{L_{PA0}}$小于保证值，则认为试品符合声级保证值的要求。这个情况在试验报告中注明。

四、注意事项

（1）在单独的变压器上和在带外壳的变压器上的试验，应在相同的环境条件下进行，以便能够采用单一的环境修正值。

（2）在各测量点测量A计权声压级，传声器正对基本发射面。人体尽量向后，避免人体对噪声反射的影响。

五、试验后的检查

（1）记录环境温度、湿度、大气压力。

（2）对试品的外观检查，并且检查试验前后数据的背景数据。

（3）对试品在外内和外壳外部的数据进行比较，不应出现较明显差异。

六、结果判定

依GB/T 17467《高压/低压预装式变电站》附录B：计算一台给定的单独变压器的声压级与装在预装式变电站内的同一台变压器的声压级的差别，单独变压器的声压级的测量见

配电变压器部分。通过这两个声压级数值的比较来评估预装式变电站外壳的声特性。不希望外壳会增高变压器的声级。型式试验报告对箱变声级没有明确规定，国网采购技术规范要求声级满足 DL/T 537，声压级≤55dB。

七、案例分析

（1）案例概况。型号为 YB□-12/0.4-630 的高压/低压预装式变电站，预装式变电站：声压级 L_{PA}≤55 dB（A），而实际测量 57dB（A）；变压器：声压级 L_{PA}≤55 dB（A），而实际测量 59dB（A）。

（2）不合格现象描述。变压器本身做声级测量时就不符合 JB/T 10088 和招标文件的规定，装在高压/低压预装式变电站内部时，也超过招标文件的规定。严重影响正常使用。

（3）不合格原因分析。

1）高压/低压预装式变电站自身存在问题。

2）变压器本身元件声级不符合要求。

3）变压器容量不正确。

4）变压器加壳后，产生共振。

5）高压/低压预装式变电站设计及工艺缺陷。

第三章　消　弧　线　圈

第一节　概　　述

消弧线圈是一种带铁心的电感线圈，主要应用于6～66kV的配电网中性点接地系统中，是在配电网发生单相接地故障时，提供电感电流，补偿系统线路中的接地电容电流，使得接地电流变小，故障相接地电弧两端的恢复电压速度降低，达到熄灭电弧的目的，还可以有效的抑制过电压，最大限度地减小了故障点热破坏作用及接地网的电压。

消弧线圈根据绝缘和冷却介质不同可分为：干式消弧线圈和油浸式消弧线圈。干式消弧线圈是把铁心和绕组用环氧树脂浇注包封起来；油浸式消弧线圈是把铁心及绕组置身于油箱中。

消弧线圈根据调节方式可划分为：调匝式、调容式、高短路阻抗变压器式、调气隙式和直流偏磁式，不同调节方式消弧线圈的工作原理见表3-1。

表3-1　　不同调节方式消弧线圈的工作原理

调　节　方　式	工　作　原　理
调匝式	消弧线圈有多档位分接头，通过改变分接头位置，改变电感量
调容式	消弧线圈二次侧并联若干组晶闸管或真空开关通断的电容器，调节二次侧的容抗值，改变一次侧电感电流
高短路阻抗变压器式	消弧线圈二次侧接入2个反向并接的晶闸管短路，晶闸管的导通角由控制器控制，调节晶闸管导通角，使得晶闸管的等效阻抗在0到无穷大之间变化，改变一次侧电感电流
调气隙式	消弧线圈的铁心带有气隙，调节气隙长度改变阻抗，使得电感量变化
直流偏磁式	消弧线圈的铁心中通有直流磁通，通过改变直流电流大小，改变励磁阻抗，使得电感量发生变化

按照补偿运行方式可以分为欠补偿、过补偿、全补偿。电网一般以过补偿方式最多。具体补偿运行方式工作原理见表3-2。

国网公司对消弧线圈质量管控主要采取样品到货抽检的方式，按照GB/T 1094.6《电

力变压器　第 6 部分：电抗器》和 2019 年国网采购技术规范进行检测。每年国网物资部对物资质量监督和供应商管理文件及国家电网物资采购技术规范协议进行更新，通常抽检试验项目涵盖在型式试验范围内。

表 3-2　　补偿运行方式工作原理

补偿运行方式	工　作　原　理
欠补偿	系统电容电流 I_c 大于消弧线圈电感电流 I_L 运行
过补偿	系统电容电流 I_c 小于消弧线圈电感电流 I_L 运行
全补偿	系统电容电流 I_c 等于消弧线圈电感电流 I_L 运行，会形成串联谐振，需要串入阻尼电阻

消弧线圈检测依据标准如下。标准未注明年代号，均以最新版为准。

GB/T 1094.1《电力变压器　第 1 部分：总则》。

GB/T 1094.2《电力变压器　第 2 部分：液浸式变压器的温升》。

GB/T 1094.3《电力变压器　第 3 部分：绝缘水平、绝缘试验和外绝缘空气间隙》。

GB/T 1094.4《电力变压器　第 4 部分：电力变压器和电抗器的雷电冲击和操作冲击的试验导则》。

GB/T 1094.6《电力变压器　第 6 部分：电抗器》。

GB/T 1094.11《电力变压器　第 11 部分：干式变压器》。

GB/T 2536《电工流体变压器和开关用的未使用的矿物绝缘油》。

GB/T 6451《油浸式电力变压器技术参数和要求》。

GB/T 7595《运行中变压器油质量》。

GB/T 16927.1《高电压试验技术　第 1 部分：一般定义和试验要求》。

JB/T 501《电力变压器试验导则》。

DL/T 1057《自动跟踪补偿消弧线圈成套装置技术条件》。

第二节　绕组电阻测量

一、试验概述

1. 试验目的

测试绕组电阻的主要目的包含以下几个方面。

（1）绕组导线连接处的焊接质量或机械连接是否良好。

（2）用来作为计算参考温度下的损耗的基本数据。

（3）用来提供参与温升计算的冷态电阻数据。

（4）检验引线与套管、引线与分接开关，以及引线之间的连接是否良好。

2. 试验依据

GB/T 1094.1《电力变压器　第 1 部分：总则》第 11.2 条。

GB/T 1094.6《电力变压器　第 6 部分：电抗器》第 11.8.2 条。

抽检试验依据国网采购技术规范要求。

该试验项目属于例行试验。

3. 主要参数及定义

（1）绕组电阻 R：线圈两端之间的直流电阻即在线圈两端之间施加直流电流后，测量出的直流电阻。

（2）绕组温度：对于干式消弧线圈，由置于绕组内部表面的传感器测量。

（3）油温：对于油浸式消弧线圈，用顶层油温度与底部油的平均温度，作为油的平均温度，此温度代表了绕组温度（绕组温度被认为与油平均温度相同）。

二、试验前准备

1. 试验装备与环境要求

绕组电阻测量试验设备及参数见表 3-3。

表 3-3　　绕组电阻测量试验设备及参数

仪 器 设 备 名 称	参数及精度要求
直流电阻测试仪	0.2%±0.2μΩ

试验应在 5～40℃环境温度（被试品温度）、湿度小于 85%以下进行。

干式消弧线圈测量前，环境温度变化小于 3℃的时间至少不低于 3h，绕组温度与环境温度之差不大于 2℃。

油浸式消弧线圈注入绝缘油，至少 3h 不励磁，顶层油与底部油的温度之差不超过 5K，方可测量油平均温度。

2. 试验前的检查

（1）检查油位是否正常，管式油位计显示蓝色表示油位正常，显示红色表示油位不正常，有油枕油位计按照温度液位指示注入油量。干式消弧线圈要注意分接头的接触面需要紧密结合。管式油位计如图 3-1 所示，油枕油位计如图 3-2 所示。

（2）线端裸露位置应光滑无异物，如有贴纸等需要清除再进行电阻测量。

（3）检查仪器设备的线缆及线夹是否良好。

（4）用热电偶监测油浸式消弧线圈顶层油和底部油的温度，取平均值当作绕组实时温度，对于干式消弧线圈需要将热电偶置于线圈和铁心之间的管道中并且接触到线圈绝缘树脂。

（5）检查试品接地是否牢靠。

（6）仪器设备是否正常，校准日期是否在有效范围内。

图 3-1 管式油位计

图 3-2 油枕油位计

三、试验过程

1. 试验原理和接线

试验接线原理图如图 3-3 所示，接线实物图如图 3-4 所示。

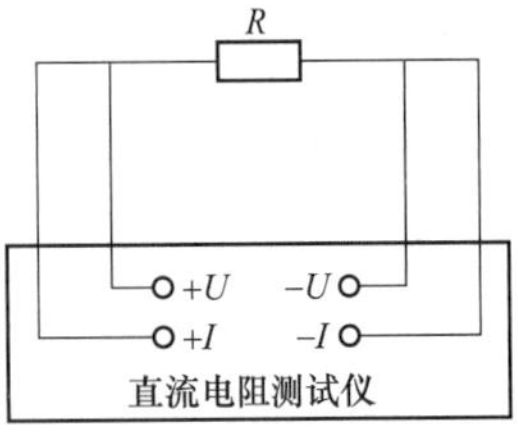

图 3-3 接线原理图

图 3-4 接线实物图

2. 试验方法

（1）被试品通过专用线缆与直流电阻仪的接线柱连接，测试线缆的大插片连接电流端子，小插片连接电压端子。连接牢靠，防止松动。同时将测试设备与地紧固连接。线钳端分别夹在测试试品的线圈电阻两端。

（2）直流电阻仪选择合适的测试电流（测试电流为消弧线圈对应档位额定电流 10%左右），然后测量消弧线圈的直流电阻，试验过程中观察测量电流值和电阻值是否稳定，待数值稳定后记录直流电阻的数值和试品线圈的温度或油的平均温度。

四、注意事项

（1）测量一般在绕组温度或者液体温度（油浸式消弧线圈）稳定后进行，只有绕组温度或绝缘油的温度（油浸式消弧线圈）稳定后，才不会使测量结果因温度的差异导致测量误差。

（2）直流电阻测试仪测试线缆完全展开，避免缠绕导致测试引线温度过高使测量数据结果偏高。

（3）测试过程中数据会不断减小，等待数据稳定 10s 左右，记录电阻数值，记录绕组温度或液体平均温度（油浸式消弧线圈）。

（4）测量结束后，应对被试绕组充分放电。

五、试验后的检查

（1）所测得的各档位的直流电阻值会随着档位的变化而变化，呈现出一定的规律。如试验数据有异常，应立即检查试验线路是否正确，必要时应对试品进行复测。

（2）检查试品外观的完整性。

（3）检查仪器设备是否完好，有无损伤。

六、结果判定

绕组电阻测量不合格现象见表 3-4。

表 3-4　　绕组电阻测量不合格现象

序号	不合格项	不合格现象	判定依据	严重等级
1	绕组电阻测量	直流电阻测试仪无法对试品施加电流	—	严重
2		测量出各档位之间的直流电阻变化规律异常		严重

七、案例分析

（1）案例概况。型号为 DT-XHDCZ-630/10.5 的干式调匝式消弧线圈测试 1 分接直流电阻时，无法测量出数据，其他档位也无法测出具体数值。

（2）不合格现象描述。1 档额定电流 30.4A，选择 3A 直流电流测试消弧线圈的直流电阻，施加电流一直显示 5mA 左右，无法施加电流。换成 19 分接额定电流 100.5A，用 10A 直流电流测试消弧线圈的直流电阻，施加电流一直显示 5mA 左右。

（3）不合格原因分析。该消弧线圈公共绕组部分开路，无法测量出直流电阻。

第三节　绝 缘 电 阻 测 量

一、试验概述

1. 试验目的

绝缘电阻测量是在绝缘安全的低电压下，考核消弧线圈主绝缘性能的试验，及早发现消弧线圈的绝缘有无局部或整体的缺陷，参考测量数据，判断绝缘的优劣，也是决定是否继续进行下一步的绝缘耐压等试验的主要依据。此测量值用来与安装现场测量做比较，有助于对绝缘状况做出正确的分析判断，同时也是对消弧线圈在生产过程中的工艺处理质量和制造进行监督。

2. 试验依据

GB/T 1094.1《电力变压器　第 1 部分：总则》第 11.8.1 条。

JB/T 501《电力变压器试验导则》第 6 条。

抽检试验依据国网采购技术规范要求。

GB/T 1094.6《电力变压器　第 6 部分：电抗器》第 11.8 条没有对此试验项目进行定义，但是电力系统在进行主绕组绝缘试验前都要进行绝缘电阻测量，消弧线圈也不例外。

3. 主要参数及定义

（1）绝缘电阻：消弧线圈的绝缘电阻是指消弧线圈的绕组对地、铁心对地等绝缘结构在直流电压作用下的绝缘特性，如果没有特殊规定，通常是指 60s 时的电阻值。

（2）吸收比：直接读取 15s 和 60s 时的绝缘电阻值，将 60、15s 时的绝缘电阻 R_{60}、R_{15} 的比值 R_{60}/R_{15} 称为吸收比。

（3）极化指数：读取 60s 和 600s 的绝缘电阻值，将 60、600s 时的绝缘电阻值 R_{600}、R_{60} 的比值 R_{600}/R_{60} 称为极化指数。

一般干式消弧线圈只需要测量 60s 时的绝缘电阻值，对于油浸式消弧线圈，用户如有规定则测量吸收比和极化指数，按 JB/T 501 第 6 条执行。

二、试验前准备

1. 试验装备与环境要求

绝缘电阻测量试验设备参数见表 3-5。

表 3-5　　　　绝缘电阻测量试验设备参数

仪器设备名称	参数及精度要求
绝缘电阻测试仪	电阻：0.01MΩ～5TΩ；电容：0～50μF；泄漏电流：0～1.4mA；测试电压：250～5000V

绝缘电阻与绝缘介质的温度有很大关系，当温度升高时，绝缘电阻将明显下降。需要在绝缘电阻测量时，记录试品温度，空气相对湿度。试验应在 5～40℃环境温度（被试品温度），湿度小于 85%以下进行。

2. 试验前的检查

试验前应对所用仪器设备进行仔细核对、做好试验场地周围安全措施，对可能影响试验结果的因素进行排查，具体如下：

（1）测量前要将被测试试品电源切断，并对地进行放电操作，决不能带电进行操作。

（2）检查试品接地是否牢靠。

（3）产品表面要清洁，减少接触电阻，确保试验的准确性。

（4）检查仪器设备的线缆及线夹是否良好。

（5）对可能储存气体的部位，均应充分放气。

（6）对于油浸式消弧线圈则应检查试品的油位，确认试品油位是否正常。

（7）仪器设备是否正常，校准日期是否在有效范围内。

三、试验过程

1. 试验原理和接线

绝缘电阻测量接线示意图和接线实物图分别如图 3-5、图 3-6 所示。

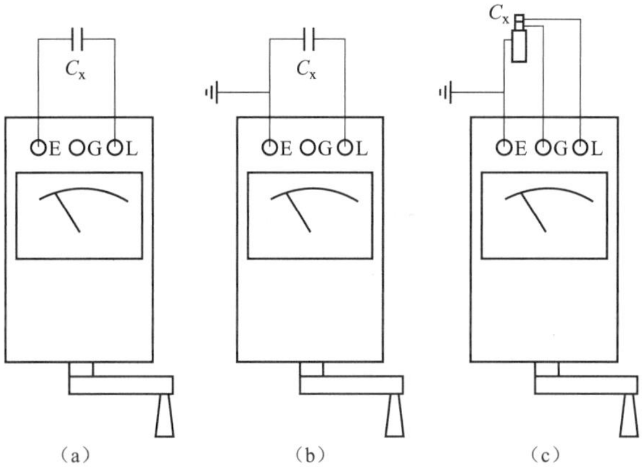

图 3-5 绝缘电阻测量接线示意图

（a）被试品不接地的测试接线；（b）被试品接地的测试接线；（c）被试品接地带屏蔽的测试接线

图 3-6 绝缘电阻测量接线实物图

2. 试验方法

试验时，应正确连接试验线路，测量时必须使用仪器自带的测量线缆以保证测量结果的可靠性及安全性。红色的测量线缆连接仪器“+”，另一端连接试品的测量端（被试绕组短接在一起），黑色测量线缆连接仪器“—”，另一端与地紧固连接，试品非被试绕组短接接地，被试绕组施加规定的试验电压。消弧线圈一般容量都不大，按照 JB/T 501—2006《电力变压器试验导则》第 6.2.1 条规定，试品电压 35kV 及以上、容量为 4000kVA 及以上，测量绝缘电阻时施加电压 5.0kV，测量吸收比 R_{60}/R_{15}，其余电压等级产品施加电压 2.5kV，持续 60s 后记录绝缘电阻值。测量部位见表 3-6。

表 3-6 测 量 部 位

序号	消 弧 线 圈	
	被 试 绕 组	接 地 部 位
1	高压	二次绕组（如果有）及外壳
2	二次绕组（如果有）	高压及外壳
3	高压及二次绕组（如果有）	外壳
4	铁心	外壳

在实际测量中，由于其外绝缘（特别是低压套管的外绝缘）容易受到表面污秽或测量时周围大气条件（湿度高时，通常 70%以上）的影响，有时表面绝缘电阻会使实测值降低很多。所以在实际测量中对测量结果进行分析时，应充考虑这些因素。必要时采用外绝缘屏蔽措施，屏蔽的方法是在被测绕组的外绝缘（套管）上用软金属导体在最下节套管伞裙围上一圈，导体与瓷裙表面接触良好，将绝缘电阻表的屏蔽端与瓷裙上的金属导体围成的环用金属导线连接，然后进行绝缘电阻的测量。

测量绝缘电阻时应同时准确测量被试品温度，对于油浸式消弧线圈，在油的温度稳定后（即油箱上下部油温相差很小），可将顶层油温度视为试品的温度，否则应取油平均温度作为试品温度。

四、注意事项

（1）应准确读取样品及环境温度，当温度不同时，可以对绝缘电阻进行换算并对阻值进行比对。

（2）测量时宜选用高压屏蔽测量线连接到试品的被试端子上。

（3）试品外壳接地端应完好接地且非被试绕组端子应短接并接地。

（4）测量时，对试品施加一次直流电压后，必须将剩余电荷尽量放完，否则残存电荷将对测量结果产生影响，并可能危及人身安全。

（5）测量时应记录被试设备和回路的温度等相关参数。在测量时，要注意绝缘电阻表的正确接线，否则将引起不必要的误差甚至错误；绝缘电阻表的接线柱共三个：L—线端，E—地端，G—屏蔽端（又称保护环）。

五、试验后的检查

（1）如试验数据异常，应检查线路和接地是否完好，必要时应对试品进行复测。

（2）检查试品外观的完整性、套管处是否有放电痕迹。

（3）检查仪器设备是否完好，有无损伤。

六、结果判定

绝缘电阻值大小的相关标准没有明确规定，一般只需提供实测值。吸收比应大于或等于 1.3，极化指数应大于或等于 1.5。当极化指数或吸收比达不到规定值时，而绝缘电阻绝对值比较高（如大于 10000MΩ），应根据绕组介质损耗因数等数据综合判断。如果实测值很低（100MΩ）以下，可能会影响外施耐压等绝缘试验。绝缘电阻测量不合格分级表见表 3-7。

表 3-7　　绝缘电阻测量不合格分级表

序号	不合格项	不合格现象	判定依据	严重等级
1	绝缘电阻值太小，通常 100MΩ 以下	外施耐压等绝缘试验直接放电击穿		轻微
2	绝缘电阻为 0，对地导通	绝缘电阻表无法升压	—	严重
3	电压升到一半无法继续升压	试验时绝缘内部有“呲呲”放电声		严重
4	无法升压	出现放电火花，绝缘结构中水分含量多、表面污染严重等		严重

七、案例分析

（1）案例概况。型号为 XHDZ-1900/66 油浸式有载调匝消弧线圈实测绝缘电阻值为 kΩ 级别。

（2）不合格现象描述。使用 5000kV 直流电压测试消弧线圈两端对地绝缘电阻时，测得数据为 35kΩ，该电阻值很小，无法继续进行试验。

（3）不合格原因分析。该油浸式消弧线圈可能由于油受潮，含水量偏高、油耐压低或器身在处理和安装过程中绝缘受潮引起。

第四节　绕组介质损耗及电容测量

一、试验概述

1. 试验目的

介质损耗及电容测量是一项灵敏度很高的试验项目，是电介质中电流有功分量与无功分量的比值，是一个无量纲参数。介质损耗因数太大会使设备绝缘在交流电压的作用下，许多能量以热的形式损耗，产生的热量将升高消弧线圈绝缘的温度，加速绝缘部件的老化，甚至造成绝缘部件热击穿。

一般在出厂试验时进行介质损耗及电容量测量，运行中的消弧线圈亦可进行此种试验，通过测量结果可以发现电力设备绝缘整体受潮、劣化变质、气隙放电等局部缺陷。电容量明显的变化反映了多个电容中的一个或几个发生短路、断路。

2. 试验依据

GB/T 1094.6《电力变压器　第 6 部分：电抗器》第 11.8 条没有对此试验项目进行定义，按照 2019 年国网公司物资抽检规定执行。

3. 主要参数及定义

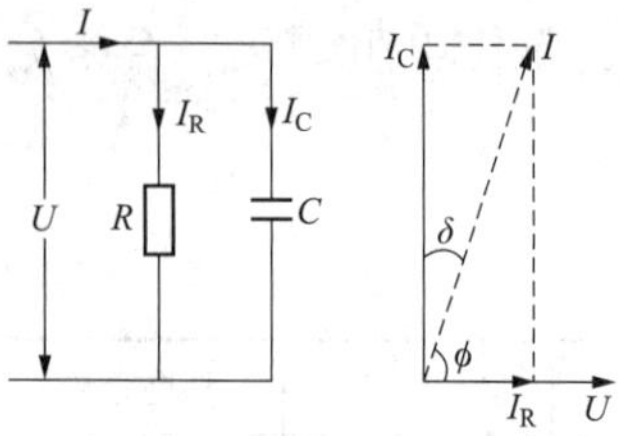

图 3-7　等值电路与向量图

介质损耗：介质损耗通常都是用介质损耗角的正切值 $\tan\delta$ 来表示，是指电介质在单位时间内每单位体积中，将电能转化为热能而消耗的能量。表征电介质材料在施加电场后介质损耗大小的物理量。在交变电场下，电介质内流过电流向量和电压向量之间的夹角。绕组的介质损耗正切值 $\tan\delta$ 又称介质损耗因数（简称介损）。等值电路与向量图如图 3-7 所示。图 3-7 中 I_R 为有功电流，I_C 为电容电流。

二、试验前准备

1. 试验装备与环境要求（见表 3-8）

表 3-8　　绕组介质损耗及电容测量试验设备参数

仪器设备名称	参数及精度要求
移动式绝缘诊断及分析系统	电容：±0.3%rdg±0.3pF； 电感：±0.5%rdg±0.5mH

该项目干式消弧线圈不适用。

油浸式消弧线圈注入液体，需要静置 48h，介损测量时，需记录产品温度及周围环境的相对湿度，相对湿度测试条件要求不高于 85%。

2. 试验前的检查

（1）检查油位是否正常，管式油位计显示蓝色表示正常，显示红色表示油位不正常，有油枕油位计按照温度液位指示注入油量。

（2）检查产品套管是否清洁光滑。

（3）检查设备高压线缆外观是否完好。

（4）检查试品接地是否牢靠。

（5）仪器设备是否正常，校准日期是否在有效范围内。

三、试验过程

1. 试验原理和接线

反接法测量原理线路图和实物图分别如图 3-8 和图 3-9 所示。

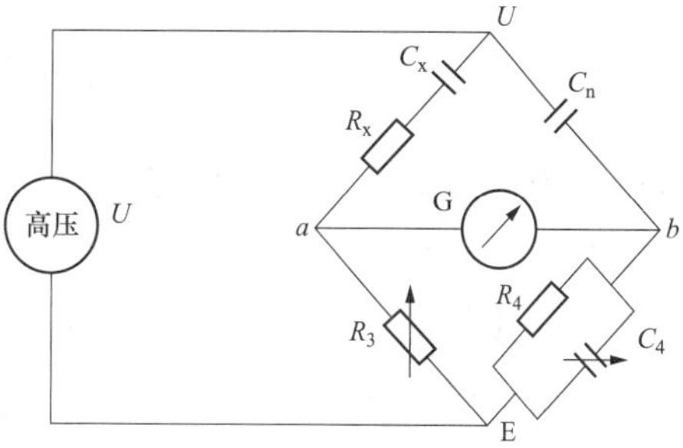

图 3-8 反接法测量原理线路图

C_x—被试品；C_n—标准电容器；

R_3、R_4、C_4—电桥桥体中元件；G—指零仪表

这种老式的西林电桥由交流阻抗器、转换开关、检流计、高压标准电容器等组成。调节 R_3、C_4 使电桥平衡，此时 a、b 两点电压幅值相位完全相等，即 R_3、C_4 两端电压相等。现场使用 QS1 电桥时，需要先将升压装置，标准电容器和电桥等进行连线，然后调节 R_3 和 C_4，使得检流计指示为零。这时电桥平衡。读得 C_4 值即为 $\tan\delta$ 值，R_3 值经过计算可得出被试品电容值。总之现场操作使用都比较麻烦，抗干扰能力差，已经不能适应现在电气试验工作的需要，现在一般采用全自动移动式绝缘诊断及分析系统。

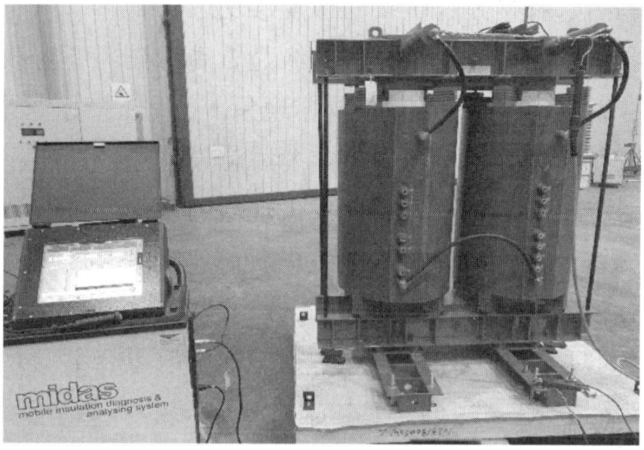

图 3-9 反接法接线实物图

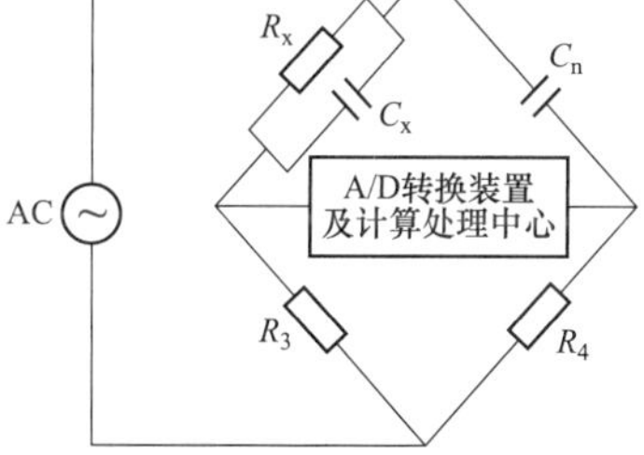

图 3-10 全自动移动式绝缘诊断及分析系统内部原理图

C_x—被试品；C_n—标准电容器；

R_3、R_4、C_4—电桥桥体中元件

我们采用的是全自动移动式绝缘诊断及分析系统，其内部原理图如图 3-10 所示。

数字高压介损测试仪的基本测量原理是基于传统西林电桥的原理基础上，测量系统通过标准侧 R_4 和被试侧 R_3 分别将流过标准电容器和被试品的电流信号进行高速同步采样，经模数（A/D）转换装置测量得到两组信号波形数据，再经计算处理中心分析系统，分别得出标准侧和被试侧正弦信号的幅值、相位关系，从而计算出被试品的电容量及介损值。智能型电桥的测量回路还是一个桥体。R_3、R_4 两端的电压经过 A/D 采样送到计算机，可求得：

$\dot{I}_{cn}=\frac{\dot{U}_n}{R_4}$，$\dot{I}_{cx}=\frac{\dot{U}_x}{R_3}$，$\dot{U}=\dot{I}_{cn}\times$标准电容阻抗$=\frac{\dot{I}_{cn}}{j\omega C_n}$ 试品阻抗$Z_x=\frac{\dot{U}}{\dot{I}_{cx}}=\frac{R_3}{R_4}\times\frac{\dot{U}_n}{U_x}\times\frac{1}{j\omega C_n}$进一步可求得被试品介损和电容量。

2. 试验方法

消弧线圈的高压绕组端子短接加压，其他二次绕组短接后接地，铁心和夹件与外壳相连并接地。测量时电桥处于高电位，试验电压受电桥绝缘水平限制。消弧线圈只需要测试高压绕组对地电容和介损 $\tan\delta$，所以采用反接法，C_x 接被试品高压测量端，施加电压选择如下：

（1）额定 6kV 及以下的绕组试验电压应取被试绕组的额定电压。

（2）额定电压为 10kV 及以上电压等级的绕组试验电压为 10kV。在测量时应正确记录试品的绕组温度或者油温，不同温度下的介损值一般可按下式换算 $\tan\delta_2=\tan\delta_1\times1.3^{(t_2-t_1)/10}$，式中 $\tan\delta_1$、$\tan\delta_2$ 分别为温度 t_1、t_2 时的介损值。

四、注意事项

（1）按设备接地与否选择接线（正接法或反接法）。

（2）注意高压连接线的支撑物及试品外绝缘是否受污染、受潮带来的影响。

（3）升压速度不应太快。升压中若发现异常现象，应马上降压断开电源，并查明原因。

（4）试验过程中施加电压为高电压，一定要注意设备绝缘性能，保证绝缘距离。

（5）测试过程中数据会随着电压升高而发生轻微的变化，等待数据稳定，记录数值。

（6）试验完毕，降压、断开电源，放电完毕后，才能更改接线。

（7）注意试品表面污秽对试验结果的影响。

（8）试品的自身电容量相对较小，需注意周围的杂散电容不能太大。

五、试验后的检查

（1）消弧线圈绕组介损一般为 0.5%左右，如试验数据有异常，应检查试验线路和接地是否完好，被试品的外绝缘是否受潮、污染或其他局部缺陷。如有必要时应对试品进行复测。

（2）检查试品外观的完整性、套管处是否有放电痕迹。

（3）检查仪器设备是否完好，有无损伤。

六、结果判定

绕组介质损耗及电容测量不合格分级表见 3-9。

表 3-9　　绕组介质损耗及电容测量不合格分级表

不合格项	不合格现象	判定依据	严重等级
绕组介质损耗及电容测量	被测试品的 $\tan\delta$ 数值异常偏大	—	严重

七、案例分析

（1）案例概况。型号为 XHDZ-1900/66 的油浸式消弧线圈在做介损测量时，数值偏大。

（2）不合格现象描述。用反接法给消弧线圈施加 6kV 电压时，测得数值为 2.6%，此数值偏大。

（3）不合格原因分析。对油浸式消弧线圈重新滤油并加热循环，等待油冷却后重新测量，数据为 0.51%，达到正常值。可能由于油受潮，含水量偏高、油耐压低或器身在处理和安装过程中绝缘受潮引起。

第五节 损 耗 测 量

一、试验概述

1. 试验目的

消弧线圈的损耗测量是为了测试出在满负荷运转时需要消耗的有功损耗，是每一台消弧线圈的固有特性。消弧线圈的损耗不仅能够表示消弧线圈在运行期间的效率，还能够体现消弧线圈设计制造的性能能否满足用户要求。损耗偏离预定值，往往是因为消弧线圈内部可能存在着某些不正常状况，需要进行分析确定是否有故障。损耗的大小直接反映出产品选用材料和结构是否优异。

2. 试验依据

GB/T 1094.6《电力变压器 第 6 部分：电抗器》第 11.8.9 条规定该项目属于特殊试验。

3. 主要参数及定义

（1）电阻损耗：线圈电阻在额定电流下产生的损耗。电阻损耗与温度成正比，电阻损耗计算 $P_R = \sum I^2 R$。

（2）电阻换算：测量电阻 R_1 时的环境温度 θ_1 与测量损耗的绕组平均温度 θ_2 不同时，需要进行电阻换算，把电阻换算到温度 θ_2 下，计算公式 $R_2 = R_1\left(\frac{\alpha+\theta_2}{\alpha+\theta_1}\right)^2$，其中 R_2 为测量损耗时绕组平均温度 θ_2 下的电阻值。

（3）温度换算系数 K：换算到 t℃参考温度下的温度换算系数 K=（α+T）/（α+θ_2）。其中 θ_2 为测量损耗时的绕组温度（℃）；α 是导体材料温度系数，铜为 235，铝为 225。干式消弧线圈损耗按照绝缘等级划分可以校正到参考温度 120℃（F 级），油浸式消弧线圈损耗需校正到参考温度 75℃。

（4）额定电流下的损耗 P_{Kt}：在 t℃时将损耗 P 校正到额定电流下的损耗，计算公式为 $P_{Kt} = (I_n/I_1)^2 P$，其中 I_1 是损耗测量时施加的电流。

（5）铁损和附加损耗 P_a：消弧线圈铁心励磁产生的损耗和磁滞损耗、涡流损耗，这个值一般无法直接测出，需要通过在 t℃时校正到额定电流下的损耗减去电阻损耗得出，通常不随温度变化而变化。

（6）参考温度下的总损耗 $P_{总}$：参考温度下的总损耗等于校正到参考温度的电阻损耗与铁损和附加损耗之和。电阻损耗需要校正到参考温度。通常不方便将铁损和附加损耗校正到参考温度，因此，通常假定铁损和附加损耗与温度无关，这样的假定通常会使参考温度下的损耗略高于实际损耗。

二、试验前准备

1. 试验装备与环境要求（见表 3-10）

表 3-10　损耗测量试验设备参数

仪器设备名称	参数及精度要求
变压器功率损耗测量系统	电压范围：100V～200kV，精度为 0.12%； 电流范围：1～4000A，精度为 0.15%

油浸式消弧线圈注入液体，需要静置 48h，需要在进行损耗测量时，记录产品温度，空气相对湿度。

2. 试验前的检查

（1）检查油位是否正常，管式油位计显示蓝色表示正常，显示红色表示油位不正常，有油枕油位计按照温度液位指示注入油量。

（2）检查试品的套管是否清洁光滑。

（3）仪器设备是否正常，校准日期是否在有效范围内。

（4）测量消弧线圈损耗时，绕组的温度或者油的平均温度是否在标准范围之内。

（5）给试品预留足够的安全距离。

（6）检查试品和仪器设备的接地是否牢靠。

三、试验过程

1. 试验原理和接线

损耗测量试验接线原理图和接线实物图如图 3-11 和图 3-12 所示。

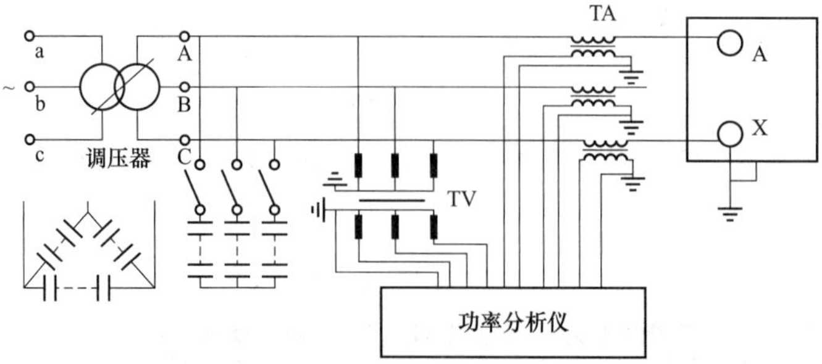

图 3-11　损耗测量试验接线原理图

2. 试验方法

图 3-12 损耗测量试验接线实物图

测量消弧线圈损耗时，尽可能地施加额定频率电压、额定电流，记录试验电压、试验电流、实测损耗。对于电感可调消弧线圈的损耗至少在可调范围内的五个位置上进行测量，包括额定电流位置。如果在额定电压下的额定电流档时测得的电流不等于额定电流，则测得的损耗应通过乘以额定电流与实测电流之比的平方校正到额定电流下。损耗应在工厂的环境温度下进行，并校正到参考温度。

消弧线圈总损耗包括电阻损耗、铁损和附加损耗。电阻损耗部分等于 $I_n^2R_2$，R_2 是测量损耗时绕组平均温度下的直流电阻，I_n 是该档位的额定电流。铁损和附加损耗从测量上无法分开，铁损和附加损耗之和是总损耗与电阻损耗 $I_n^2R_2$ 之差。所测结果略高于实际损耗。试验后进行参考温度下换算如下：

在温度为 θ_1 时测量的绕组电阻，其测量值是 R_1。在绕组平均温度为 θ_2 时，测量出绕组的实测损耗 P。在规定电流 I_n 下计算出的损耗为 P_{Kt}，此损耗由电阻损耗 $I_n^2R_2$ 和铁损和附加损耗 P_a 构成。$P_a = P_{Kt} - \sum I_n^2R_2$，$\sum I_n^2R_2$ 是测量损耗时绕组平均温度为 θ_2 下的绕组直流电阻损耗之和。由此可以计算出参考温度下的损耗：$P_{总} = K\sum I_n^2R_2 + P_a$，电阻损耗与温度成正比关系，铁损和附加损耗与温度变化无关。

四、注意事项

（1）试验电流要尽量接近额定电流。

（2）测试过程中数据会不断变化，在达到额定电流时需要快速记录下数值，并迅速降低电压。

（3）试验过程中施加电压为高压电压，一定要注意设备绝缘性能，保证绝缘距离。

（4）试验时应尽快施压到额定电流，避免施加电流时间过长，引起线圈电阻发热。所测损耗值远大于实际值，导致计算出参考温度下的损耗偏大。

（5）电压互感器、电流互感器量程尽量选择所合适的量程，不能因为选择偏大引起测量误差。

五、试验后的检查

（1）试验数据计算是否准确。

（2）损耗值是否符合规范要求，如果超过要求值，则要分析是什么原因导致损耗偏大，有必要时进行复测。

（3）检查仪器设备及试品是否完好。

六、结果判定

损耗测量不合格分级表见表 3-11。

表 3-11　损耗测量不合格分级表

试验项目	不合格现象	结果判定依据	严重等级
损耗测量	测量值超标	按照技术规范协议	严重

七、案例分析

（1）案例概况。型号为 XHDCZ-2200/35 的干式消弧线圈损耗值偏大。

（2）不合格现象描述。测得 14 分接负载损耗为 22.424kW，要求值不大于 19kW。

（3）不合格原因分析。14 分接绕组为消弧线圈的公共绕组，引起损耗偏大的原因：公共绕组铜截面不足导致损耗偏大；铁心磁密设计不合理导致铁损增加；磁滞损耗和杂散损耗偏大，需要时可加磁屏蔽或者铜屏蔽。

第六节　温　升　试　验

一、试验概述

1. 试验目的

温升试验是消弧线圈的型式试验之一，是消弧线圈所有型式和例行试验中所需电源容量最大的试验项目。温升试验是为了检验消弧线圈在规定状态下绕组、铁心、顶层液体的温升。油箱结构件、消弧线圈的引线和分接开关连接有没有局部过热，确定消弧线圈在正常运行时的热状态及其有关参数。

2. 试验依据

GB/T 1094.6《电力变压器　第 6 部分：电抗器》第 11.8.7 条规定该项目属于型式试验。

DL/T 1057《自动跟踪补偿消弧线圈成套装置技术条件》第 8.1.4 条规定要求值。

3. 主要参数及定义

（1）顶层油温度：对于油浸式消弧线圈，是用一个或多个温度传感器插入油箱顶部进行测量。

（2）顶层油温升：顶层油温度与外部冷却介质温度之差。

（3）底部油温度：底部油是从绕组底部进入绕组的冷却油，底部油温度是指从冷却装置回到油箱内的油的温度。其值为冷却装置下部与油箱的联管内的多个温度传感器读数的平均值。

（4）油平均温度：顶层油温度与低部油温度的平均值。

（5）绕组平均温升：绕组平均温度与外部冷却介质温度之差。

（6）铁心温升：铁心与外部冷却介质温度之差。

二、试验前准备

1. 试验装备与环境要求（见表 3-12）

表 3-12　　温升试验设备参数

仪器设备名称	参数及精度要求
变压器功率损耗测量系统	电压范围：100V～200kV，精度：0.12% 电流范围：1～4000A，精度：0.15%
玻璃温度计	0～50℃水银
热电偶	铜康铜，长 5m　直径 0.254mm
数据采集/开关单元	20 通道
红外测温仪	−40～650℃（−40～1202℉）①<0℃：±（1℃+0.1°/1℃）；②>0℃：±1%或±1℃，取大值

（1）油浸式消弧线圈注入液体，需要静置 48h。线圈温度与环温接近才可进行温升试验，对于干式消弧线圈，试验前环境温度变化小于 3℃的时间至少不低于 3h 方可进行试验。记录试品温度，空气相对湿度。

（2）安装场所海拔超过 1000m，试验场所海拔低于 1000m 自冷消弧线圈绕组的平均温升限值按照海拔每增加 400m，降低 1K 来计算，当试验场所海拔高于 1000m，安装场所低于海拔 1000m 时，进行温升的逆修正。

（3）GB/T 1094.2《电力变压器　第 2 部分：油浸式变压器的温升》第 7.2.1 条规定，试验场地的冷却空气温度介于5℃与变压器设计所依据的最高环境温度之间，至少采用4 个传感器，传感器沿油箱四周分布。距油箱和冷却表面约 2m 的距离，对于强迫风冷变压器，温度传感器放置在距冷却器进风口处 0.5m 的位置。

（4）温升试验地点应清洁宽敞，在试品周围一定范围内，不得有墙壁、热源、杂物堆积及外来辐射气流干扰，室内可以有自然的通风，但不应引起显著的空气回流。

2. 试验前的检查

（1）检查油位是否正常，管式油位计显示蓝色表示正常，显示红色表示油位不正常，有油枕油位计按照温度液位指示注入油量。

（2）保证供电回路及测量回路接线良好。

（3）仪器设备是否正常，校准日期是否在有效范围内。

（4）采样互感器选择合适电压、电流量程。

（5）检查试品接地是否牢靠。

三、试验过程

1. 试验原理和接线

温升试验接线原理图和接线实物图分别如图 3-13 和图 3-14 所示。

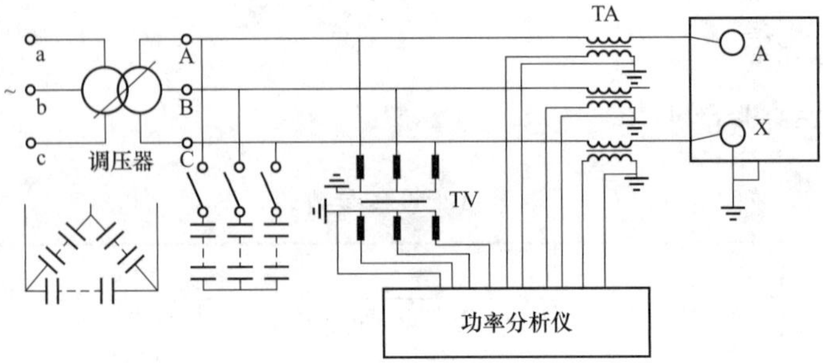

图 3-13 试验接线原理图

图 3-14 接线实物图

2. 试验方法

采用直接加压法，消弧线圈置于最大电流档。

对于油浸式消弧线圈按照 GB/T 1094.2 进行，试验时任何辅助绕组和二次绕组的端子应开路。绕组温度用电阻法推算得出，顶层油温用温度传感器测量。如果试品是短时工作制，并且最高持续电压高于额定电压的 30%，则温升试验应以最高持续电压开始，直到达到稳定状态。如果最高持续电压不大于额定电压的 30%，则可以不施加最高持续电压，初始温度可以计算得出并应加到温升试验测得的温升值上。

对于干式消弧线圈按照 GB/T 1094.11 进行，消弧线圈温度选择红外测温仪测试进行采集，试验时任何辅助绕组和二次绕组的端子应开路。对于持续流过额定电流的消弧线圈，应施加额定电流，当绕组和铁心的温度不超过 1K/h，则温升视为温定，用电阻法测量绕组温度，铁心温度用温度传感器测量。对于额定电流持续时间不超过 2h 的消弧线圈，应按规定持续时间施加额定电流后，用电阻法测量温度。

四、注意事项

（1）试验电流要尽量接近额定电流、额定频率。

（2）开始温升之前，产品需要静置确保和环境温度接近，最好不相差 1℃，不能再做完励磁试验后进行温升试验。

（3）试验过程中施加电压为高压电压，一定要注意设备绝缘性能，保证绝缘距离。

（4）直流电阻仪应选用合适的电流档位，迅速测量热态电阻。

五、试验后的检查

（1）待试品温度冷却到环境温度时，检查试品绕组有无开裂现象。

（2）用电阻法计算消弧线圈绕组温升是否在要求范围内，如需复试，应在消弧线圈完全冷却下来后再次进行试验。

六、结果判定

温升试验不合格分级表见表 3-13。

表 3-13　　温升试验不合格分级表

不合格项	不合格现象	判定依据	严重等级
损耗测量	超过要求值	—	严重

七、案例分析

［案例一］

（1）案例概况。型号为 XHDCZ-1000/10.5 的干式调匝式消弧线圈在做 2h 的最大电流温升试验结束后，线圈开裂，计算绕组温升结果 146K。

（2）不合格现象描述。温升结束后测得热态电阻计算得出绕组温升为 146K，在等待 1h 后发现绕组表面有裂痕。试品局部开裂如图 3-15 所示。

（3）不合格原因分析。绕组截面不足，出现过热，线圈外表绝缘层开裂。

图 3-15　试品局部开裂

［案例二］

（1）案例概况。型号为 XHDCZ-2200/35 的干式调匝式消弧线圈在做 2h 的最大电流温升试验结束后，计算绕组温升结果 121.2K。

（2）不合格现象描述。温升结束后测得热态电阻计算得出绕组温升为 121.2K，在冷却静置一天后再次进行 2h 温升试验，绕组温升为 119.4K。

（3）不合格原因分析。绕组截面不足或散热通道堵塞，温升超要求值。

第七节　绝缘液试验

一、试验概述

1. 试验目的

消弧线圈绝缘油是将不同电位的带电部分隔离开来，使其不至于形成短路，绝缘油的绝缘强度比空气大得多，能够延缓氧对绝缘材料的侵蚀，还能起到散热冷却的作用，可以将绕组的热量带走。消弧线圈绝缘油主要考核的介质损耗因数和耐压值，直接反映消弧线圈内部油的绝缘性能和被杂质污染的程度。

2. 试验依据

GB/T 1094.1《电力变压器　第 1 部分：总则》。

GB/T 2536《电工流体变压器和开关用的未使用的矿物绝缘油》。

GB/T 6451《油浸式电力变压器技术参数和要求》。

GB/T 7595《运行中变压器油质量》。

JB/T 501《电力变压器试验导则》。

3. 主要参数及定义

介质损耗因数：绝缘油不是理想的绝缘材料，由于少量自由电荷和极性分子的存在，在高场强下，绝缘油不仅通过了电容电流，还通过电导电流和极化电流，消耗有功功率，这种现象被称为绝缘油的介质损耗。通常用介质损耗因数来衡量油的介质损耗。在交变电场下，电介质内流过电流向量和电压向量之间的夹角。绕组的介质损耗正切值 $\tan\delta$ 又称介质损耗因数或简称介损。等值电路与向量图如图 3-16 所示，图中 I_R 为有功电流，I_C 为电容电流。

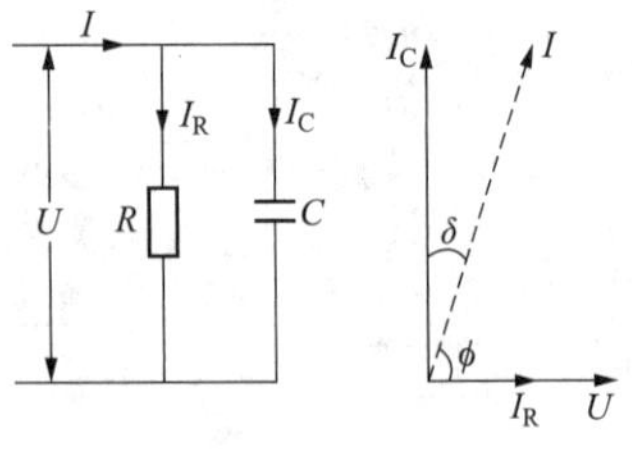

图 3-16　等值电路与向量图

击穿电压：当电压达到某一数值时，绝缘油将遭受破坏而失去电阻、伴随着电弧的产生而导通放电。击穿电压与施加电压的波形、频率、电极的形状、电极间距、电极表面情况、油杯容积、升压速度、试验时的温度、湿度有关。

二、试验前准备

（1）取好油样，静止一段时间。

（2）检查试验设备是否正常。

（3）电极间距是否符合要求（要求电极 2.5mm）。

1. 试验装备与环境要求

绝缘液试验仪器设备参数见表 3-14。

表 3-14　　绝缘液试验仪器设备参数

试验项目	仪器的名称和型号	参数及精度要求
绝缘液试验	介电强度自动测定仪 NRNY-1004	±3%
	高精度全自动电容、电感及介损测量电桥 2840-Combi	±0.02%rdg±0.01pF； ±0.5%rdg±1×10^{-5}

（1）取回的油样要放置在试验室静止 2h 左右，等待试样温度及里面没有气泡方可试验。

（2）环境相对湿度不得大于 75%，试样温度和环境温度之差不应大于 5℃。

2. 试验前的检查

（1）检查试验线路、接地是否正常。

（2）检查仪器设备是否完好，是否在校准有效期内。

三、试验过程

1. 试验原理和接线

绝缘液试验接线原理图和实物图分别如图 3-17 和图 3-18 所示。绝缘液试验仪器实物图如图 3-19 所示。

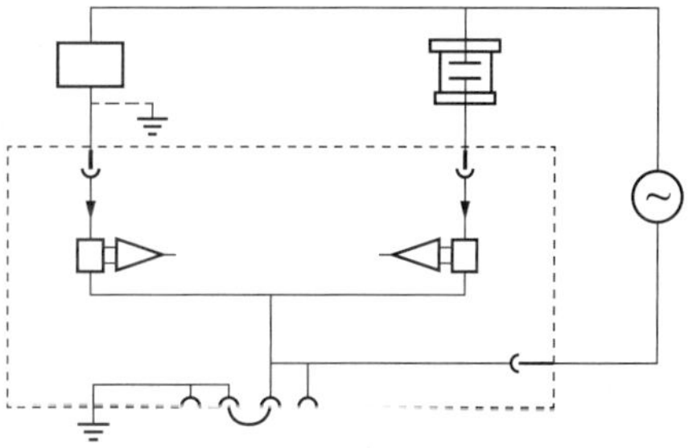

图 3-17　绝缘液试验接线原理图

图 3-18　绝缘液试验接线实物图

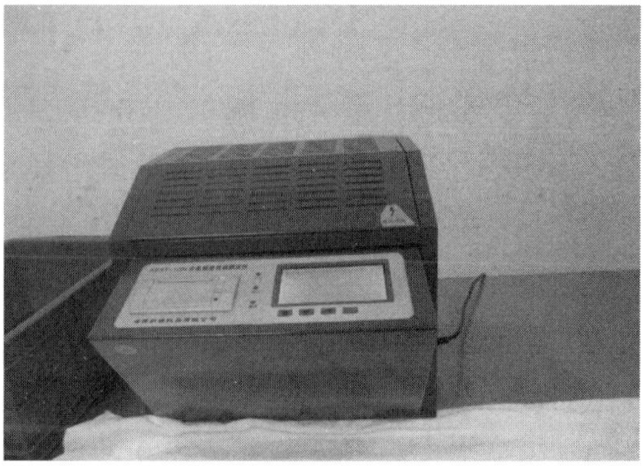

图 3-19　绝缘液试验仪器实物图

2. 试验方法

（1）在介质损耗因数测量时，用待测的油样冲洗电极杯两次，防止上一个油样对试验结果干扰。冲洗完电极杯以后，往电解池中倒入 40mL 左右的油样，然后开始加热。等待试样温度 90℃，给试验池施加 2kV 电压，在仪器上读取试验结果。

（2）在介电强度试验时用待测油样冲洗试验油杯两次，防止上一个油样对试验结果产生干扰。在油样倒入油杯的时候要缓慢，防止油样中有气泡，第一次加压的时候最后在倒入油样 5min 以后再升压，排除由于气泡的原因对试验结果产生干扰。

四、注意事项

（1）在做变压器油介损试验时，给调压器升、降压的时候要缓慢升、降压。

（2）试验油温要与室温相接近。

（3）倒入油样时要缓慢避免倒入的油样产生气泡。

（4）避免人为的污染油样品，做好样品的防护。

五、试验后的检查

检查数据是否合理，若超过要求值或数据值异常偏小都需再进行复测。

六、结果判定

绝缘液试验不合格现象见表 3-15。

表 3-15　绝缘液试验不合格现象

序号	不合格项	不合格现象	判定依据	严重等级
1	绝缘油的介质损耗因数	超过要求值	—	严重
2	绝缘油的介电强度	低于要求值		严重

七、案例分析

［案例一］

（1）案例概况。型号为 XHDZ-1000/35 消弧线圈做绝缘油试验时发现绝缘油的介质损耗因数不合格，初步判断由于油中杂质污染导致。

（2）不合格现象描述。35kV 以下绝缘油介质损耗因数要求小于 1%，实测值该消耗线圈油的介质损耗因数为 2.38%。

（3）不合格原因分析。油中的悬浮杂质导致介损值的偏高。

［案例二］

（1）案例概况。型号为 XHDZ-2000/35 消弧线圈做绝缘油试验时发现绝缘油的击穿电压试验不合格，初步判断因为杂质的影响或者油中含有水分。

（2）不合格现象描述。35kV 以下绝缘油介电强度不小于 40kV，实测该变压器油的介电强度为 25kV。

（3）不合格原因分析。对该绝缘油的微量水分做了分析，发现微水含量达到了 95mg/L，初步分析是因为由于绝缘油受潮导致的介电强度变小。对绝缘油进行 24h 的热循环，重新做油的介电强度试验为 55kV。

第八节 外施耐压试验

一、试验概述

1. 试验目的

消弧线圈的外施耐压能够检测出消弧线圈在生产过程中或运行期间的安全缺陷，防范电力设备事故，保证消弧线圈可靠安全运行，也是验证消弧线圈绝缘强度最有效和最直接的方法。目的是考核绕组对地的主绝缘强度。

2. 试验依据

GB/T 1094.3 第 10 条。

GB/T 1094.6 第 11.8.8 条。

GB/T 16927.1 第 6 条。

DL/T 1057 第 8.1.5 条。

该项试验为例行试验。

3. 主要参数及定义

（1）试验电压值：峰值除以 $\sqrt{2}$ 。

（2）方均根值（有效）值 r.m.s.：一个完整的周波中电压值平方的平均值的平方根。

（3）交流电压峰值：正负半波峰值的平均值。

（4）容差：当试验持续时间不超过 60s 时，在整个试验过程中试验电压的测量值应保持在规定电压值得±1%以内。

（5）电压波形：一般以频率为 45～55Hz 交流电压，试验电压波形应近似于正弦波，且正半波峰值与负半波峰值的幅值差应小于 2%。正弦波的峰值与有效值之比应当在 $\sqrt{2}$ ±5%以内。

二、试验前准备

1. 试验装备与环境要求（见表 3-16）

表 3-16　　外施耐压试验设备参数

仪器设备名称	参数及精度要求
工频无局部放电成套试验装置	额定电压：300kV；实测电容：400pF
电容分压器	分压比：1000:1

该项试验对环境的要求如下：

GB/T 1094.1《电力变压器　第 1 部分：总则》第 11.1.1 条规定：试验应在 5～40℃的环境温度下进行。

GB/T 1094.11 第 14 条规定：消弧线圈在进行绝缘试验时，其温度应与试验场所的温度接近。

2. 试验前的检查

GB/T 1094.3 总则规定：变压器（包括可能影响其绝缘介电强度的各种部件在内）应如同运行时一样装配完整。正常情况下，绝缘液体在变压器进行绝缘试验时不循环流动。在试验过程中，用于收集或检测故障产生游离气体的设备应安装并监测。试验时，外部过电压保护设备（如避雷器）不需要安装，且宜拆除套管火花放电间隙或增大间隙以避免在试验中发生放电。

（1）被试品及试验设备要正确接线，要保证引线对各接地部分的绝缘距离，以免在试验过程中出现不应有的放电。

（2）检查样品的油位，确认样品油位是否正常。

（3）仪器设备是否正常，校准日期是否在有效范围内。

（4）检查主回路（供电回路）及测量回路接线是否良好。

（5）对可能储存气体的部位，均应充分放气。

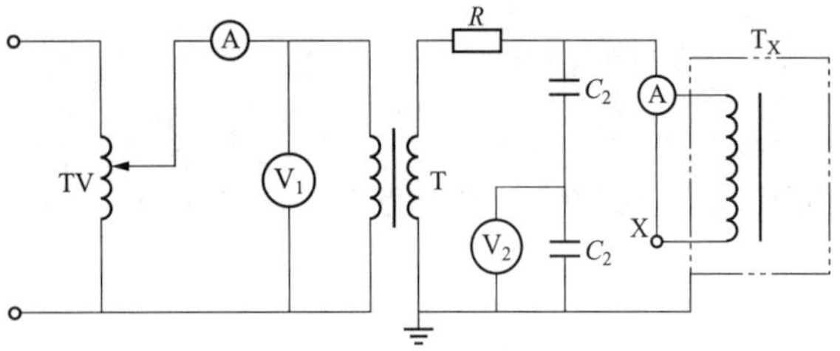

图 3-20 试验原理图

T_X—被试品；R—保护电阻；C_2—分压器；V_2—峰值电压表；T—试验变压器；TV—调压器；A—电流表；V_1—电压表

（6）试验前，所有的非破坏性绝缘试验项目（包括绝缘电阻、油的试验、介损等）必须做完，并且合格。

（7）检查试品接地是否牢靠。

三、试验过程

1. 试验原理和接线

外施耐压试验原理图和接线实物图分别如图 3-20 和图 3-21 所示。

图 3-21 试验接线实物图

2. 试验方法

不同电压等级产品的外施耐压绝缘水平见表 3-17。

表 3-17　　绝 缘 水 平

标称系统电压（kV）（方均根值）	设备最高电压（kV）（方均根值）	额定短时外施耐受电压（kV）（方均根值）
≤1	≤1.1	3[a]
		5[b]
3	3.6	10[a]
		18[b]
6	7.2	20[a]
		25[b]
10	12	35[a]
15	18	38[a]
		45[b]
20	24	50[a]
		55[b]
35	40.5	70[a]
		85[b]

a　干式消弧线圈的外施耐受电压。

b　油浸式消弧线圈的外施耐受电压。

试验应依次在消弧线圈的每个独立绕组进行。消弧线圈置于最小电流档位，绕组外施耐受电压见表 3-17，也可根据协议施加耐受电压，但施加的电压值不得低于标准值。

施加全电压试验值应施加于被试绕组的所有连接在一起的端子与地之间，加压时间 60s。试验时，其余绕组的所有端子、铁心、夹件、油箱（干变外壳）等连在一起接地。

外施交流耐受电压试验应采用不低于 80%额定频率，波形尽可能接近正弦波的单相交流电压进行。应测量电压的峰值，试验电压值应是测量电压的峰值除以 $\sqrt{2}$ 。（接近正弦波电压即电压峰值除以 $\sqrt{2}$ 与波形的方均根值的偏差不超过 5%）。

试验应从不大于规定试验值的 1/3 的电压值开始，并与测量相配合尽快地增加到试验值。试验结束，应将电压迅速地降低到试验值的 1/3 以下，然后切断电源。不能在较高的电压下突然切断，以避免可能出现瞬变过程而导致发生过电压损坏消弧线圈或仪表以及造成不正确的试验结果。

四、注意事项

（1）试验时要指定专人观察产品、设备，并做好试验的安全措施。

（2）整个测量回路中所有的接地都应连接至同一参考接地点。

（3）升高座、充油套管、连管等可能储存气体的部位，应充分放气。

（4）试验过程中电压尽量接近要求值。

（5）在试验过程中，如果发生放电或击穿，则应立即切断电源。因为放电或击穿以后会产生频率很高的过电压，可能会导致消弧线圈其他部位的损坏。

（6）试验结束后，工频设备应悬挂接地杆接地，并对被试品充分放电。

五、试验后的检查

（1）试验后检查仪器设备是否完好。

（2）检查试品的外观是否有损伤。

六、结果判定

GB/T 1094.3《电力变压器　第 3 部分：绝缘水平、绝缘试验和外绝缘空气间隙》第 10 条规定：如果试验电压不出现突然下降，则试验合格。

外施耐压试验不合格分级表见表 3-18。

表 3-18　　外施耐压试验不合格分级表

序号	不合格项	不合格现象	判定依据	严重等级
1	外施耐压试验	升压过程中电压突然下降	GB/T 1094.3	严重
2	外施耐压试验	电流过大，无法升压		严重
3	外施耐压试验	内部发生击穿放电声		严重

七、案例分析

（1）案例概况。型号为 AC10kV 的消弧线圈外施耐压击穿。

（2）不合格现象描述。对高压施加 35kV 耐压 20s 时，听见内部有放电声，同时试验电压突然下降，设备跳闸。

（3）不合格原因分析。该消弧线圈内部对外壳放电。

第九节　感应耐压试验

一、试验概述

1. 试验目的

感应耐压试验是考核变压器电气强度的重要试验项目，对于消弧线圈来说外施耐压试验考核的是主绝缘的电气强度，而匝间、层间、段间绝缘就需要由感应耐压试验来进行检验。

2. 试验依据

GB/T 1094.3《电力变压器　第 3 部分：绝缘水平、绝缘试验和外绝缘空气间隙》第 11 条。

GB/T 1094.6《电力变压器 第6部分：电抗器》第11.8.8条。

该项试验为例行试验。

3. 主要参数及定义

（1）试验电压值：峰值除以$\sqrt{2}$。

（2）方均根值（有效）值 r.m.s.：一个完整的周波中电压值平方的平均值的平方根。

（3）交流电压峰值：正负半波峰值的平均值。

（4）额定频率：在交变电流电路中1s内交流电所允许而必须变化的周期数。

（5）试验频率：在试验过程中交变电流电路中一秒内交流电变化的周期数，试验电源频率应是工频的2倍及以上，才能保证铁心不饱和。

（6）试验时间：试验持续时间（s）=120×（额定频率）/（试验频率），但不少于15s。

二、试验前准备

1. 试验装备与环境要求（见表3-19）

表3-19 感应耐压试验仪器设备参数

仪器设备名称	参数及精度要求
变压器功率损耗测量系统	电压范围：100V～200kV，精度：0.12% 电流范围：1～4000A，精度：0.15%

GB/T 1094.1 第11.1.1条规定：试验应在5～40℃的环境温度下进行。

2. 试验前的检查

（1）被试品及试验设备要正确接线，要保证引线对各接地部分的绝缘距离，以免在试验过程中出现不应有的放电。

（2）检查样品的油位，确认样品油位是否正常。

（3）仪器设备是否正常，校准日期是否在有效范围内。

（4）保证主回路（供电回路）及测量回路接线良好。

（5）检查试品接地是否牢靠。

（6）对可能储存气体的部位，均应充分放气。

（7）试验前，所有的非破坏性绝缘试验项目（包括绝缘电阻，油的试验，介损等）必须做完，并且合格。

三、试验过程

1. 试验原理和接线

试验原理图和接线实物图分别如图3-22和图3-23所示。

2. 试验方法

采用单相进电的试验方法，消弧线圈选择电流最小档位，在试验过程中应测量感应试验电压的峰值，试验电压值是测量的峰值除以$\sqrt{2}$，试验电压波形应尽可能接近正弦波。

在试验电压频率为 200Hz 时，全电压下的试验时间为 30s。试验应从不大于规定的试验电压值的 1/3 的电压开始，并应与测量相配合尽快地增加到试验值，试验结束时应将电压迅速降低到试验电压的 1/3 以下，然后切断电源。

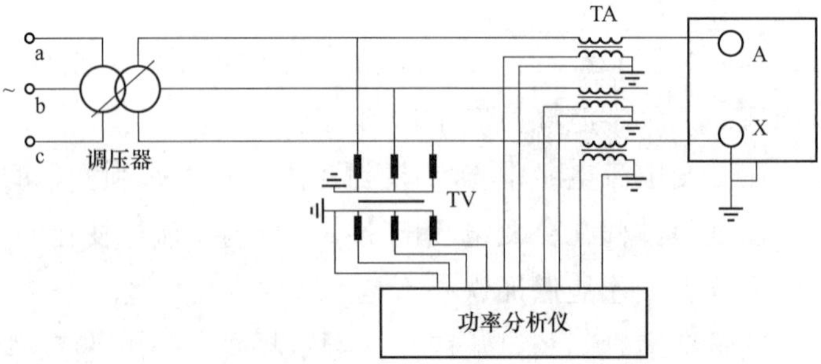

图 3-22　试验原理图

图 3-23　接线实物图

四、注意事项

（1）试验时要指定专人观察产品、设备，并做好试验的安全措施。

（2）整个测量回路中所有的接地都应连接到同一参考接地点。

（3）升高座、充油套管、连管等可能储存气体的部位，应充分放气。

（4）试验过程中电压尽量接近要求值。

（5）记录试验时的环境温度、相对湿度、绕组温度或油温及大气压力。

（6）试验前，应检查套管的油位，确认油位正常。

五、试验后的检查

产品试验时发生耐压击穿，或者电流急速增大，立即停止试验，对试品进行充分放电，检查试品的外观是否有损伤，有无局部有发热现象，是否能闻到有焦糊味道。必要时进行绝缘电阻测量和直流电阻试验，对结果进行进一步分析。

如果试验正常完成，没有发生放电现象，也需要对试品进行放电并且检查试品外观是否有损伤。

六、结果判定

感应耐压试验不合格分级表见表 3-20。

表 3-20 感应耐压试验不合格分级表

序号	不合格项	不合格现象	判定依据	严重等级
1	感应耐压试验	电压升不上，电流偏大	—	严重
2	感应耐压试验	在升压过程中电压突然骤降，能听见放电声		严重

七、案例分析

（1）案例概况。型号为 XHDCZ-1000/10 的消弧线圈电压升至两倍电压，电流突然变大，电压下降。

（2）不合格现象描述。感应耐压试验电压升至 2 倍额定电压时，电流突然变大，电压骤降。

（3）不合格原因分析。该消弧线圈内有匝间短路现象，绝缘树脂内壁有黑色放电痕迹。

第十节 局部放电试验（干式消弧线圈适用）

一、试验概述

1. 试验目的

本试验用来验证消弧线圈在正常运行条件下是否会发生有害的局部放电，确认产品是否存在局部放电超标，发现其他绝缘试验不能检查出来的绝缘局部隐形缺陷及故障。主要考核消弧线圈匝间绝缘、线端对地绝缘和相间绝缘性能能否满足标准要求。

2. 试验依据

GB/T 1094.6。

DL/T 1057 第 8.1.7 条。

3. 主要参数及定义

（1）局部放电试验电压：按照相关标准施加局部放电试验电压，在此电压下局部放电不超过标准规定值。

（2）局部放电起始电压 U_i：逐渐施加试验电压，从某一观察不到的局部放电的较低值开始逐渐增加到初次观察到试品中产生重复性局部放电时的电压。

（3）局部放电熄灭电压 U_e：逐渐降低试验电压，从某一观察到局部放电脉冲参量的较高值逐渐减小，直到试品停止出现重复性局部放电时的电压。

（4）规定的局部放电值：在规定的电压下，对给定的试品，在标准或规范中规定的局部放电参量的数值。

（5）视在电荷 q：局部放电的视在电荷等于在规定的试验回路中，如果在非常短的时间内对试品两端间注入使测量仪器上所得的读数与局部放电电流脉冲本身相同的电荷。视在电荷通常用皮库（pC）表示。

（6）试验频率：在试验过程中交变电流电路中 1s 内交流电变化的周期数，试验电源频率应是工频的 2 倍及以上，才能保证铁心不饱和。

（7）试验时间：试验电压持续的时间（s）=120×（额定频率）/（试验频率），但不少于 15s，干式消弧线圈局部放电量不应大于 10pC。

二、试验前准备

1. 试验装备与环境要求

局部放电试验设备参数见表 3-21。

表 3-21　　局部放电试验设备参数

仪器设备名称	参数及精度要求
变压器功率损耗测量系统	电压范围：100V～200kV，精度：0.12% 电流范围：1～4000A，精度：0.15%
多通道局部放电测试仪	线性误差＜1%

试验应在 10～40℃的环境温度下进行。

2. 试验前的检查

（1）被试品及试验设备要正确接线，要保证引线对各接地部分的绝缘距离，以免在试验过程中出现不应有的放电。

（2）检查试品外观及确认零部件是否完好无损。

（3）选择分接开关位置，并用万用表检查分接开关的导通状态，保证接触良好。线路连接好确认无误后，对试品感应耐压试验。

（4）检查样品的油位，确认试品油位是否正常。

（5）保证供电回路及测量回路接线良好。

（6）对可能储存气体的部位，均应充分放气。

（7）试验前，所有的非破坏性绝缘试验项目（包括绝缘电阻、油的试验、介损等）必须完成，并且合格。局部放电试验试验顺序在雷电冲击和外施耐压试验之后。

（8）检查试品和仪器设备的接地是否牢靠。

三、试验过程

1. 试验原理和接线

试验原理图和接线实物图如图 3-24 和图 3-25 所示。

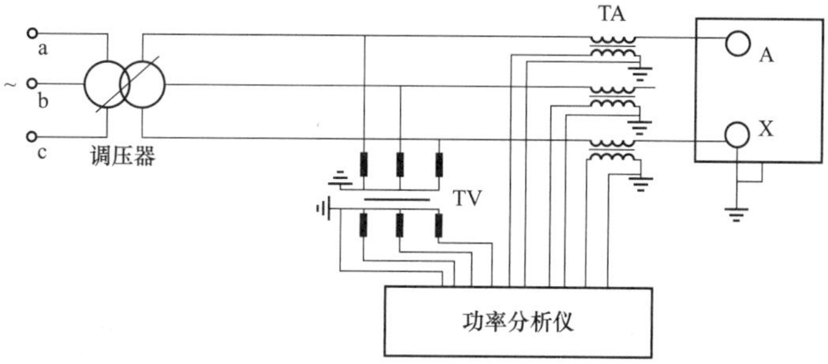

图 3-24　试验原理图

图 3-25　接线实物图

2. 试验方法

采用单相进电的试验方法，消弧线圈选择电流最小档位，一般与感应耐压试验同时进行。在试验过程中消弧线圈的二次绕组全部开路，应测量试验电压的峰值，试验电压值是测量的峰值除以 $\sqrt{2}$，试验电压波形应尽可能接近正弦波。在试验电压频率为 200Hz 时，在两倍额定电压下的试验时间为 30s，然后降低到 1.3 倍的额定电压下测量试品的局部放电，测量时间：3min。试验应从不大于规定的试验电压值的 1/3 的电压开始加压并与测量相配合尽快地增加到试验电压，试验结束时应将电压迅速降低到试验电压的 1/3 以下，然后切断电源。

试验施加电压如图 3-26 所示。

相间预加电压为 $2.0U_r$（U_r 为额定电压），加压时间为 30s。然后不切断电源，将相同

的电压降至 $1.3U_r$，保持 3min，在此期间进行局部放电测量。

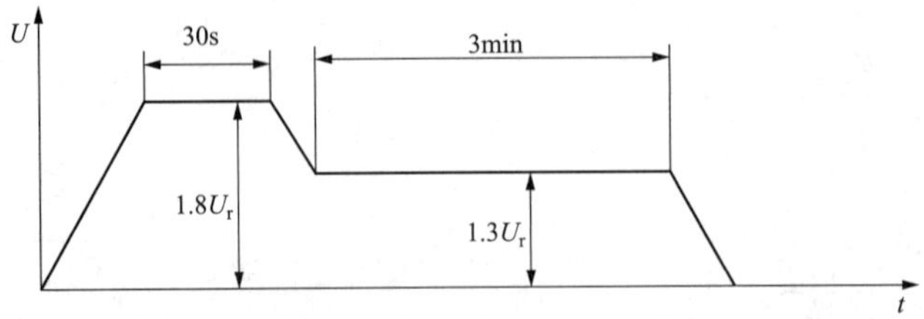

图 3-26　试验施加电压图

四、注意事项

（1）试验时要指定专人观察产品、设备，并做好试验的安全措施。

（2）整个测量回路中所有的接地都应连接到同一参考接地点。

（3）升高座、充油套管、连管等可能储存气体的部位应充分放气。

（4）试验过程中电压尽量接近要求值。

（5）记录试验时的环境温度、相对湿度、绕组温度或油温及大气压力。

（6）试验前，应检查套管的油位，确认油位正常。

五、试验后的检查

试验结束后要继续检查局部放电背景，再用标准脉冲方波盒检查回路是否正常。如果一切正常，此项试验完成，如果标准脉冲方波盒检查试验回路异常，需要查明异常原因，待找出故障原因，再次进行局部放电测量。

六、结果判定

GB/T 1094.11 第 22 条规定局部放电量是否符合要求，限值是 10pC。局部放电试验不合格分级表见表 3-22。

表 3-22　　局部放电试验不合格分级表

序号	不合格项	不合格现象	判定依据	严重等级
1	局部放电试验	线圈内部出现放电	—	严重
2		接触不良		严重
3		悬浮电位		严重
4		外部干扰		严重

七、案例分析

（1）案例概况。型号为 AY-XHDCZ-630/10.5 干式调匝式消弧线圈局部放电试验时局放量超过 10pC。

（2）不合格现象描述。在电压 $1.3U_r$ 下 A 相局部放电 54pC，X 相局部放电 13pC。

（3）不合格原因分析。根据波形图检查发现 A 相线圈支撑夹件上面有油渍，用酒精擦除后，再次进行局部放电试验，A 相小于 7pC，X 相小于 5pC。

第十一节 雷电冲击试验

一、试验概述

1. 试验目的

消弧线圈在三相电力系统中接在电力变压器或接地变压器中性点与地之间，雷电冲击试验就是为了考核消弧线圈耐受雷电过电压的绝缘性能。

2. 试验依据

GB/T 1094.3《绝缘水平、绝缘试验和外绝缘空气间隙》。

GB/T1094.4《电力变压器和电抗器的雷电冲击和操作冲击试验导则》。

GB/T 1094.6《电力变压器　第 6 部分：电抗器》。

3. 主要参数及定义

（1）标准雷电冲击全波：标准雷电冲击电压全波是指波前时间 T_1 为 1.2μs ，视在半峰值时间 T_2 为 50μs 的雷电冲击全波。考虑实际的冲击电压波形中，起始部分通常不宜区分，峰值附近波形比较平滑，标准中用峰值电压 U_m 的 0.3、0.5 及 0.9 等数值来确定冲击波形的实际参数，冲击全波电压时间参数如图 3-27 所示。

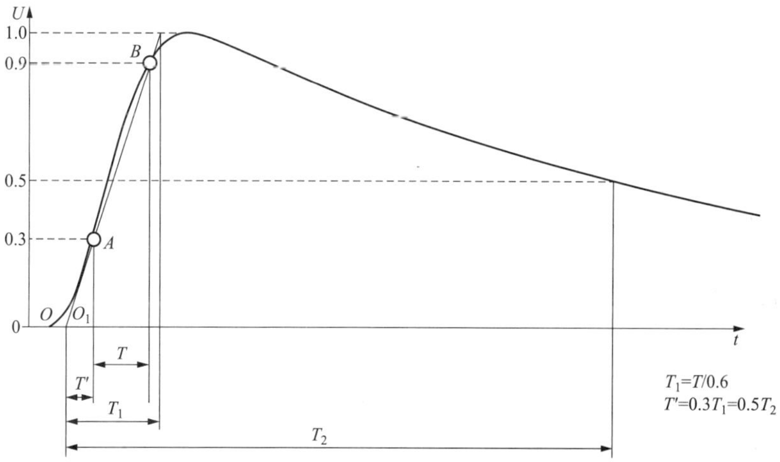

图 3-27　冲击全波电压时间参数

（2）波前时间 T_1：定义为试验电压曲线峰值的 30%和 90%之间时间间隔 T 的 1/0.6 倍。

（3）半峰值时间 T_2：定义为从视在原点 O_1 到试验电压曲线下降到试验电压值一半时刻之间的时间间隔。

视在原点 O_1：试验电压曲线中相当于 A 点超前 $0.3T_1$ 的瞬间，对于具有线性时间刻度的波形，它为通过波前部分 A、B 两点所画直线与时间轴的交点。雷电全波技术要求和容许偏差见表 3-23。

表 3-23　雷电全波技术要求和容许偏差

波形	特征参数	技术要求	容许偏差
全波	峰值 U_m	峰值处的过冲和震荡不超过 $5\%U_m$	±3%
	波前时间 T_1	1.2μs	±30%
	半峰值时间 T_2	50μs	±20%

二、试验前准备

1. 试验装备与环境要求（见表 3-24）

表 3-24　雷电冲击试验设备参数

仪器设备名称	参数及精度要求
冲击电压发生器成套试验装置	—

干式消弧线圈测量前，环境温度变化小于 3℃的时间至少不低于 3h。

油浸式消弧线圈注入液体，需静放 48h。环境温度 5～40℃，湿度不大于 85%。

2. 试验前的检查

（1）被试品及试验设备要正确接线，要保证引线对各接地部分的绝缘距离，以免在试验过程中出现不应有的放电。

（2）检查试品外观及确认零部件是否完好无损。

（3）仪器设备是否正常，校准日期是否在有效范围内。

（4）选择分接开关位置，并用万用表检查分接开关的导通状态，保证接触良好。

（5）检查试品的非被试绕组是否全部接地，试品外壳接地是否牢靠。

三、试验过程

1. 试验原理和接线

雷电冲击试验设备原理图如图 3-28 所示。雷电冲击试验原理图如图 3-29 所示。雷电冲击试验接线实物图如图 3-30 所示。

2. 试验方法

（1）波形调整。试验时，首先要根据试品的参数（主要是产品的电压及容量）及技术条件选择冲击发生器的级数及串并联联结。考虑发生器同步及安全等因素，发生器的运行电压尽可能低些，例如在 60%额定电压下，发生器的效率可估计在 60%～80%，实际上在主电容较大用高效率回路对一般产品试验时效率约在 90%，如果波形上冲较大则会超过 100%。

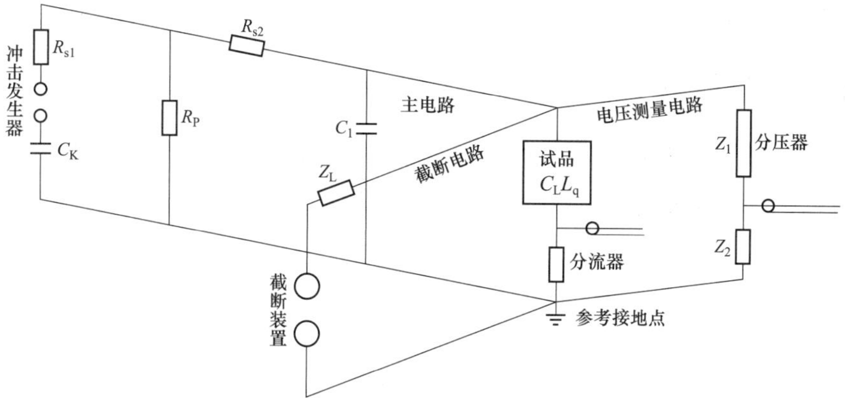

图 3-28 雷电冲击试验设备原理图

C_k—发生器电容；C_1—负荷电容；C_L—试品等值电容；L_q—试品等值电感；R_{s1}—内部波前电阻；R_{s2}—外部波前电阻；R_P—波尾电阻；Z_L—截断电路附加阻抗；Z_1—分压器高压臂；Z_2—分压器低压臂

（2）加压顺序。一次 50%～70%全电压的全波参考冲击。

三次 100%全电压的全波冲击。

可以使用不大于 50%全电压的多次冲击，且不必在试验报告中说明。

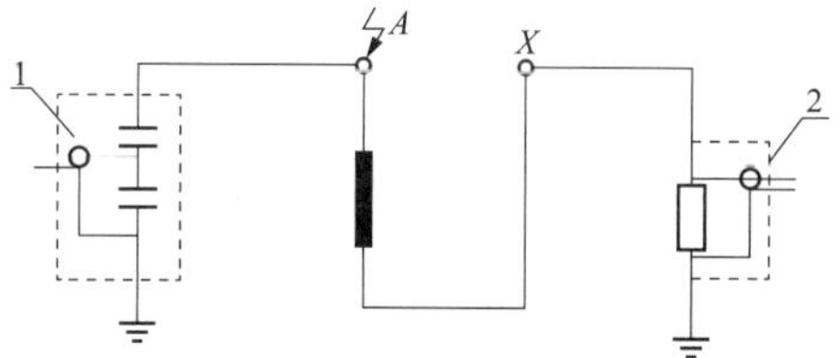

图 3-29 雷电冲击试验原理图

1—电容分压器；2—分流器

图 3-30 雷电冲击试验接线实物图

如果在任何一次冲击下，在线路中或在套管间隙处产生了外部闪络，或者在任何规定测量通道上的示波记录图失效，则这一次冲击应不计入，并需重新施加一次。

四、注意事项

（1）试验时要指定专人观察产品、设备，并做好试验的安全措施。

（2）整个测量回路中所有的接地都应连接到同一参考接地点。

（3）升高座、充油套管、连管等可能储存气体的部位，应充分放气。

（4）试验过程中电压尽量接近要求值。

（5）记录试验时的环境温度、相对湿度、绕组温度或油温及大气压力。

（6）试验前，应检查套管的油位，确认油位正常。

五、试验后的检查

（1）检查波形图有没有出现异常变化，进行半波波形和全波波形比对。

（2）检查试品的外观状态是否有损伤；检查数据和波形图是否有误，核查技术要求值和实测数据。

（3）如果波形比对出现问题或全波波形出现异常，需要进一步试验来验证是不是该试品出现问题，也有可能是采集线破损或冲击设备电阻发热所致，需要找到具体原因。

（4）如果波形都没有问题需要对产品进行放电，检查产品外观是否异常。

六、结果判定

如果在降低电压下所记录的电压和电流瞬变波形图与在全电压下所记录的相应的瞬变波形图无明显差异，则试验合格。

如果电压发生降落或偏离，在制造方与用户协商一致的情况下可以不立即判断试验失败，按试验顺序完成试验，然后参考原来降低的冲击电压波形重复全试验顺序，如果发生进一步的电压降落或偏离，则判定试验不合格。试验过程中常见不合格现象见表3-25。

表3-25 雷电冲击试验设备不合格现象

序号	不合格项	不合格现象	判定依据	严重等级
1	雷电冲击试验	电压波形截断	—	严重
2		电压波形击穿	—	严重
3		电流波形发生变化	—	严重
4		外部闪络	—	严重

七、案例分析

［案例一］

（1）案例概况。型号为XDZC-1000/10的消弧线圈雷电冲击试验时出现闪络，波尾变短，初步判断是线圈绝缘受损。

（2）不合格现象描述。A相50%全波正常，电压为−57.23kV，T_1=1.07μs，T_2=57.28μs，第一次100%全波时波形异常，电压为−42.94kV，T_1=1.33μs，T_2=59.44μs，第二次100%全波时波形异常，电压为−74.22kV，T_1=1.33μs，T_2=32.88μs，第三次100%全波时波形异常，电压为−74.46kV，T_1=1.33μs，T_2=27.76μs，A相雷电冲击试验波形如图3-31所示。

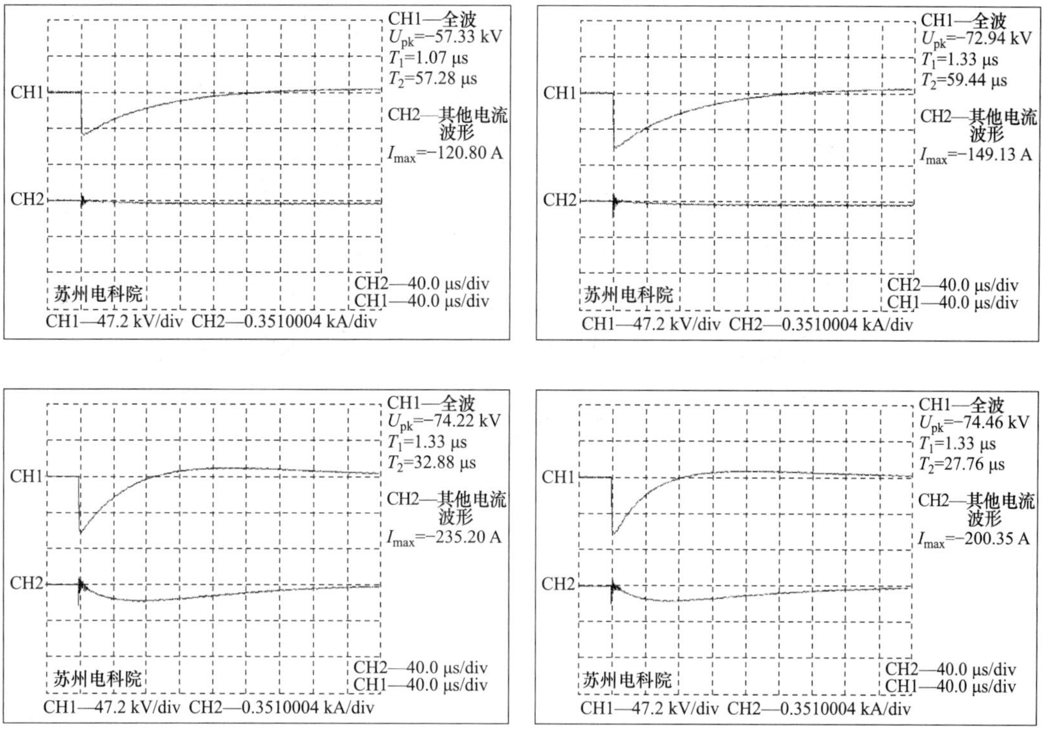

图 3-31 A 相雷电冲击试验波形

（3）不合格原因分析。该消弧线圈，A 相第二次 100%全波击穿，波尾变短，第三次 100%全波击穿，波尾同样变短，且看到明显闪络，综合分析该消弧线圈绝缘受损，匝间击穿。

［案例二］

（1）案例概况。型号为 XHDCZ-630/10 的消弧线圈雷电冲击全波试验时波形异常，有明显的放电现象，初步判断线圈绝缘受损。

（2）不合格现象描述。14 分接 A 相 50%全波电压为−49.22kV，T_1=1.20μs，T_2−24.52μs，A 相 50%全波出现放电现象如图 3-32 所示。

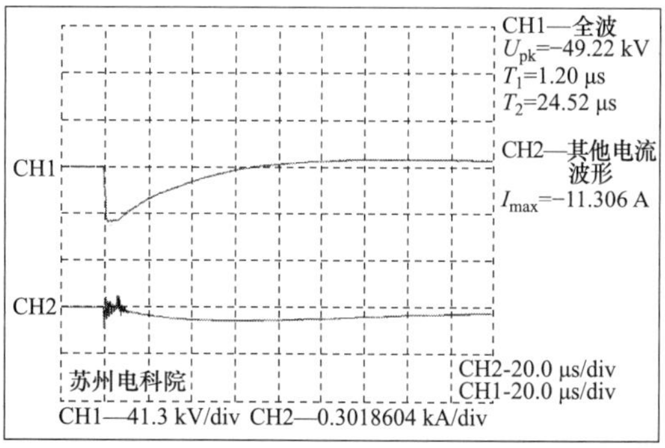

图 3-32 A 相 50%全波出现放电现象

（3）不合格原因分析。该消弧线圈 1 分接雷电冲击试验正常，在 14 分接半波调波阶段发现闪络放电，方框区域为放电位置。雷电冲击放电部位如图 3-33 所示。

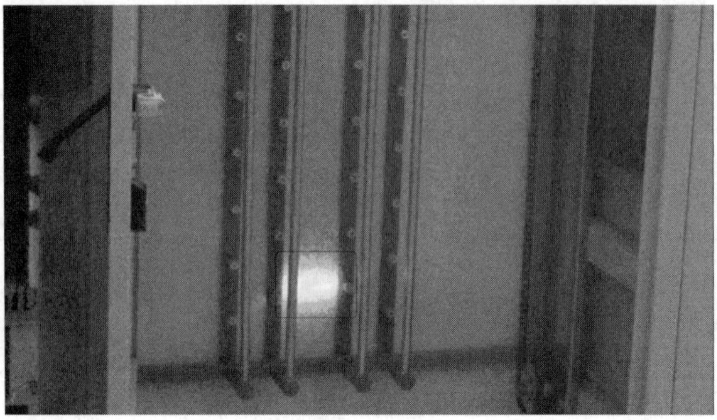

图 3-33　雷电冲击放电部位

第四章 电压互感器

第一节 概 述

电压互感器是一种专门用作变换电压的特种变压器。在正常工作条件下，二次电压实质上与一次电压成正比，而且在连接方向正确时，二次电压对一次电压的相位差接近于零。电压互感器主要用于给测量仪器、仪表或继电保护，控制装置传递信息；使测量、保护和控制装置与高电压相隔离；有利于测量仪器、仪表和继电保护，控制装置的小型化、标准化。根据电力线路的电压等级，电压互感器的一、二次绕组之间设置有足够的绝缘，以保证所有低压设备与高电压相隔离。为保证电压互感器在高压环境下正常使用，对其进行绝缘和特性考核。

国网公司对电压互感器的质量管控主要采取出厂试验（又称例行试验）和抽检试验两种模式。出厂试验需在每台产品上逐一进行，虽然同一批次产品的设计理念和工艺都相同，但是在生产过程中，由于原材料的分散性、操作上的失误、零部件的加工质量等还有可能出现缺陷，或者是性能参数超过保证值。为此需要通过必要的试验来进行验证，这些试验项目就称为出厂试验。目前出厂试验项目主要依据国网采购技术规范和GB/T 20840.1《互感器通用技术要求》规定的例行试验来进行。抽检试验主要依据国网物资部每年关于物资质量监督和供应商管理的发文以及国家电网物资采购技术规范协议，通常抽检试验项目涵盖在型式试验范围内。

GB/T 20840.1 第 7.2.1 条规定：除非另有规定所有绝缘试验应在同一台互感器上进行。所有型式试验应最多在两台试品上进行。

送样前，为了试验能顺利进行，制造方送样试品应该确保完好，无磕碰、裂纹、划伤，所有配件完好齐全如引出电缆不得有绝缘皮破损划伤，熔芯或引出丝杆螺纹应和试品螺纹大小配套便于装卸，保证绝缘外表干净整洁无异物如：标签纸、试品铭牌必须清晰准确，铭牌中包含产品名称、产品原理图、型号规格、绕组负荷、功率因数等关键信息。电压互感器的国网抽检试验项目分类见表 4-1。

电压互感器检测依据标准如下（标准未注明年代号，均以最新版为准）：

GB/T 20840.1《互感器通用技术要求》。

GB/T 20840.3《电压互感器的补充技术要求》。

GB/T 22071.2《互感器试验导则》第 2 部分。

表 4-1 电压互感器的国网抽检试验项目分类

序号	试验项目名称	分类
1	准确度试验	C 类
2	一次端工频耐压试验	
3	二次端工频耐压试验	
4	一次端额定雷电冲击耐压试验	B 类
5	温升试验	
6	局部放电测量试验	
7	短路承受能力试验	A 类

第二节 准确度试验

一、试验概述

由于电压互感器存在阻抗压降，使得一、二次电压之比不等于一、二次匝数比，同时因为阻抗电压是复数，一、二次电压在相位上也有差异。在数值上的差别为电压误差（比值差)，在相位上的差异为相位差。电压互感器根据使用用途不同一般分为测量级和保护级，其中测量级中的 0.1、0.2 级作为计量使用。不同准确级对电压互感器的比值差及相位差要求不同。

1. 试验目的

测量验证不同准确级的电压互感器的电压误差、相位误差是否符合相应准确级的限值要求，同时也可被用来检查被测产品有无损坏及异常。

2. 试验依据

GB/T 20840.1《互感器通用技术要求》是互感器试验的主标准。

GB/T 20840.3《电压互感器的补充技术要求》是电压互感器专用技术标准。

GB/T 20840.3 第 7.1.2 条，本试验既是型式试验又是例行试验。型式试验适用 GB/T 20840.3 第 7.2.6 条，例行试验适用于 GB/T 20840.3 第 7.3.7 条。

3. 主要参数及定义

（1）比值差 ε：互感器在测量中由于实际变比与额定变比不相等所引入的误差。

（2）相位差 $\Delta\phi$：一次电压相量与二次电压相量的相位差，相量方向是按理想互感器的相位差为零来选定的。若二次电压相量超前一次电压相量，则相位差为正值，若二次电压向量滞后一次电压向量，则相位差为负。它通常用分弧或厘弧表示。

（3）准确级：对互感器所给定的等级，表示它在规定使用条件下的比值差和相位差保持在规定的限值以内。

（4）负荷：二次电路的阻抗，用欧姆及功率因数表示。

（5）额定负荷：相应的准确级要求所依据的负荷值。

二、试验前准备

1. 试验设备与环境要求

电压互感器准确度试验常用设备名称、参数及精度见表 4-2。

表 4-2　　电压互感器准确度试验常用设备名称、参数及精度

设备名称	设备参数	精度
无局部放电工频试验变压器成套设备	单相，50Hz，额定容量：240kVA，额定输入电压：0.38kV（调压器输入电压）；额定输出电压：120kV；额定输入电流：328.9A（调压器输入电流）；额定输出电流 2A/（抽头 13A）；成套装置运行 100%U_n，100%I_n 下运行 60min，70%U_n，70%I_n 下连续运行；成套设备局部放电水平：100%额定电压下≤5pC；70%额定电压下≤2pC；成套设备波形畸变率：当电压在 10%～100%额定电压范围内，调压器输入电压波形畸变率＜3%时，输出电压波形畸变率＜5%；系统噪声水平：≤65dB	不确定度：±1%
数字式互感器校验仪	可测电流互感器额定二次电流：5，1A； 可测电压互感器额定二次电压：100，110，120V； 倍率因子：1/$\sqrt{3}$，1/3，1，1.5，2； 工作范围：1%～200%； 频率：50Hz/60Hz	不确定度：±1%
精密电压互感器	额定电压比：72.5/$\sqrt{3}$ kV/100V，20/$\sqrt{3}$ kV/100/$\sqrt{3}$ V，35/$\sqrt{3}$ kV/100/$\sqrt{3}$ V，66/$\sqrt{3}$ kV/100/$\sqrt{3}$ V，72.5/$\sqrt{3}$ kV/100/$\sqrt{3}$ V，20/$\sqrt{3}$ kV/100/3V，35/$\sqrt{3}$ kV/100/3V，25kV/150V，25kV/200V，50kV/150V，50kV/200V 频率：50Hz； 功率因数：$\cos\phi = 1.0$	准确度：0.01 级（测量绕组）；0.1 级（剩余绕组） 标互应高于试品 2 个准确级
感应分压器	输入电压：100，150，300，600V； 输出电压：0.00001～211.111V； 分压系数范围：0～2.11111； 额定频率：50Hz； 工作范围：20%～120%	0.005 级
电压互感器负载箱	额定电压：100V、100/$\sqrt{3}$ V、100/3V； 功率因数：$\cos\phi$=0.8，1.0； 输出容量：1.25，2.5，5，10，20，40，50，80，100VA； 频率：50Hz； 电压范围：20%～200%	不确定度：±3%

试验时试品应该确保完好无损，所有配件完好齐全，保证外表干净整洁。

试验时互感器应如同正常使用时一样安装。GB/T 20840.1 规定试验时环境温度应在 5～40℃，湿度在 85%以下进行。试验室不满足此条件时不得试验。

2. 试验前的检查

产品进行准确度试验前，要做如下的检查工作：

（1）做好技术准备，核查相应的技术文件、试验标准以及试验要求。

（2）确认试品电压等级和试验电压值是否匹配。

（3）核查电压等级及变比参数选择对应的标互及档位。

（4）对于油浸式电压互感器试验前确认油位是否正常，有无漏油现象。

（5）试品及试验设备要正确接线。

三、试验过程

GB/T 20840.3 规定测量用电压互感器的准确级，是以该准确级在额定电压和额定负荷下所规定的最大允许电压误差百分数来标称的。

测量用单相电压互感器的标准准确级为：0.1、0.2、0.5、1.0、3.0。

（1）在 80%～120%额定电压之间的任一电压下，其额定频率下的电压误差和相位差应不超过表 4-2 所列值，且负荷如下：

1）对于功率因数为 1 的负荷系列Ⅰ，为 0～100%额定负荷之间的任一值。

2）对于功率因数为 0.8（滞后）的负荷系列Ⅱ，为 25%～100%额定负荷之间的任一值。

误差应在电压互感器端子处测定，并应包括作为电压互感器整体中一部分的熔断器或电阻器的影响。

对于二次绕组带有抽头的电压互感器，如无另行规定，则其准确级的要求指的是最大变化。

GB/T 20840.3 规定，保护用相电压互感器的标称准确级为 3P 和 6P 级。

（2）在 5%额定电压和额定电压乘以额定电压因数（1.2、1.5、1.9）的电压下，其额定频率下的电压误差和相位差应不超过表 4-3 所列限值，且负荷如下：

1）对于功率因数为 1 的负荷系列Ⅰ，为 0～100%额定负荷之间的任一值。

2）对于功率因数为 0.8（滞后）的负荷系列Ⅱ，为 25%～100%额定负荷之间的任一值在 2%额定电压下，其电压误差和相位差限值为表 4-4 所列值的两倍。测量用电压互感器的电压误差和相位差限值见表 4-5。

表 4-3　　测量用电压互感器的电压误差和相位差限值

准　确　级	电压误差（比值差）±%	相　位　差	
		±（′）	±crad
0.1	0.1	5	0.15
0.2	0.2	10	0.3
0.5	0.5	20	0.6
1.0	1.0	40	1.2
3.0	3.0	不规定	不规定

表 4-4 保护用电压互感器的电压误差和相位差限值

准 确 级	电压误差（比值差）±%	相 位 差	
		±（′）	±crad
3P	3.0	120	3.5
6P	6.0	240	7.0

表 4-5 准确度试验的负荷范围

负荷系列	额定输出的优先值（VA）	试验值（额定输出）（%）
I	1.0、2.5、5、10	0 和 100
II	10、25、50、100	25 和 100

GB/T 20840.3 规定，测量用电压互感器的准确度型式试验应在 80%、100%、120%额定电压和额定频率下进行。

GB/T 20840.3 规定，保护用电压互感器的型式试验应在 2%、5%、100%额定电压和额定电压和额定电压因数（1.2、1.5、1.9）相乘的电压下进行。

剩余电压绕组在电压不超过120%额定电压的试验中不接负荷，在电压为乘以额定电压因数（1.5 或 1.9）时的试验中接额定负荷。

准确度的例行试验原则上与型式试验相同，但只要已在类似电压互感器的型式试验中证实，减少测试点仍足以符合 GB/T 20840.3 中第 5.6.301 条的要求，则允许在例行试验中减少电压或符合的测试点。

1. 试验原理和接线

电压互感器器的误差试验皆采用比较法进行。比较法是以高精度的电压互感器 T_0 为基准，用互感器误差校验仪比较测量被测电压互感器 Tx 与基准的差异。基准精度足够时（通常标互比被试互感器至少高两个准确级）可以忽略基准的误差，其测量结果即是被试互感器误差。电压互感器准确度试验接线原理图和实物图分别如图 4-1 和图 4-2 所示。

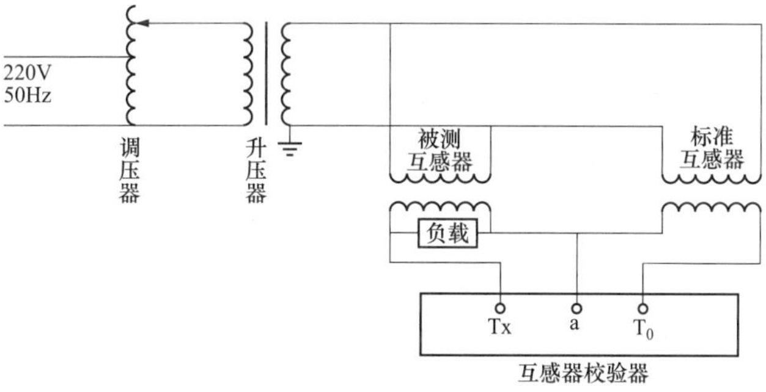

图 4-1 电压互感器准确度试验接线原理图

2. 试验方法

测量级绕组对于型式试验，应在 80%、100%、120%额定电压和额定频率下进行，其

图 4-2 电压互感器准确度试验接线实物图

输出按照表 4-5 所列在功率因数为 1（负荷系列Ⅰ）或功率因数为 0.8（滞后，负荷系列Ⅱ）中的规定值。当被测电压互感器有多个二次绕组时，满载测量时除剩余绕组外其余绕组均带额定负荷。轻载测量时，除被测绕组外其余绕组均不带负荷。

对于例行试验，原则上与型式试验相同，但只要在类似互感器型式试验中证实了减少测试点仍符合型式试验的要求，则允许在例行试验中减少测试点。

保护级绕组对于型式试验，应在 2%、5%、100%额定电压和额定电压乘以额定电压因数（1.2、1.5、1.9）的电压下进行，其输出按照表 4-5 所列在功率因数为 1（负荷系列Ⅰ）或功率因数为 0.8（滞后，负荷系列Ⅱ）的规定值。

当电压互感器有多个二次绕组时，应考虑它们之间的相互影响。

剩余电压绕组在电压不超过 120%额定电压的试验中不接负荷，在电压为额定电压乘以额定电压因数（1.5 或 1.9）时的试验中接额定负荷。

对于例行试验，原则上与型式试验相同，但只要在类似互感器型式试验中证实了减少测试点仍符合型式试验的要求，则允许在例行试验中减少测试点。对于电压互感器的准确度试验除非厂家提出要求，否则按型式试验标准进行试验。

四、注意事项

（1）整个测量回路中所有的接地都应引至同一参考接地点。

（2）试验过程中电压尽可能准确，偏差尽可能小，特别是 2%或 5%电压低升压速度控制好。

（3）油浸式电压互感器试验前确认油位是否正常。

（4）试验过程中各绕组所带负荷必须正确。

五、试验后的检查

电压互感器准确度试验后检查试品绝缘表面有无损坏。

如有不合格现象要检查线路以及其他可能是人为原因造成的不合格。

六、结果判定

测量用电压互感器准确度结果用表 4-2 标准进行比对，若超过规定值即为不合格。保护用电压互感器准确度结果用表 4-3 标准进行比对，若超过规定值即为不合格。电压互感器准确度不合格现象见表 4-6。

表 4-6　　电压互感器准确度不合格现象

序号	不合格项	不合格现象	判定依据	严重等级
1	测量不出数据	试验电压升不上去	GB/T 20840.3	严重
2	数据超出仪器测量范围	仪器显示最大值不动		严重
3	比值差相位差都超出相应限值	—		严重
4	比值差超出相应限值	—		轻微
5	相位差超出相应限值	—		轻微

七、案例分析

［案例一］

（1）案例概况：型号规格为 JDZ（X）-10（R）10/0.1 0.2 级 30VA 电压互感器。

（2）不合格现象描述：试品准确级 0.2 级比值差要求小于 0.2%试验结果超出要求值。准确度试验案例一试验结果见表 4-7。

表 4-7　　准确度试验案例一试验结果

量限	额定电压百分数	80	100	120	负荷（VA）	
					二次绕组 a-b	cosϕ
二次绕组 a-b 10/0.1kV 0.2 级	比值差（%）	−0.25	−0.27	−0.26	30	0.8
	相位差（′）	5	6	6		
	比值差（%）	0.14	0.15	0.15	7.5	0.8
	相位差（′）	4	6	6		

［案例二］

（1）案例概况：试品型号规格名称 JDZ9-10 10/0.1kV；0.5 级 50VA；极限输出 150VA；电压互感器。

（2）不合格现象描述：试品准确级 0.5 级比值差要求小于 0.5%试验结果超出要求值，准确度试验案例二试验结果见表 4-8。

表 4-8　　准确度试验案例二试验结果

量限	额定电压百分数	80	100	120	负荷（VA）	
					二次绕组 a-b	cosϕ
二次绕组 a-b 10/0.1kV 0.5 级	比值差（%）	−0.56	−0.58	−0.57	50	0.8
	相位差（′）	15	14	13		
	比值差（%）	0.24	0.23	0.24	12.5	0.8
	相位差（′）	13	12	14		

[案例三]

（1）案例概况：试品型号规格名称 JDZW-10 10/$\sqrt{3}$/0.1/$\sqrt{3}$/0.1/3kV 10kV，电磁式电压互感器 a-n 额定负荷为 20VA；准确级：0.2 级。da-dn 绕组额定负荷为 100VA；准确级：3P。

（2）不合格描述：本试品有一个测量绕组，一个保护绕组，试验结果见表 4-9，与表 4-3 及表 4-4 相应准确级要求值相进行比较，测量级符合要求，保护级超出规定值。

表 4-9　　准确度试验案例三试验结果

量限	额定电压百分数（%）	比值差（%）	相位差（′）	负荷（VA）		
				二次绕组 a-n	剩余绕组 da-dn	cosφ
二次绕组 a-n 10/$\sqrt{3}$/0.1/$\sqrt{3}$ kV 0.2 级	80	−0.16	3	20	0	0.8
	100	−0.15	3			
	120	−0.15	2			
	80	0.12	1	5	0	0.8
	100	0.12	1			
	120	0.13	2			
剩余绕组 da-dn 10/$\sqrt{3}$/0.1/3kV 3P 级	2	3.32	−14	20	0	0.8
	5	3.35	−12			
	100	3.32	−13			
	190	3.20	43	20	100	0.8
	2	3.45	−3	0	0	0.8
	5	3.41	−4			
	100	3.33	−4			
	190	3.18	2	0	25	0.8

不合格后采取的措施：准确度试验是可以复现的试验项目，当试验遇到试验结果超出规定值时，试验人员首先应该检查试验接线是否正确，或者换一台仪器进行测量。如复测再次不合格，为了避免人为因素造成的不合格一般应换一组人员进行复测确认。

不合格原因分析：电压互感器准确度不合格原因可能有产品分压比不对、设计裕度较小、试品受到外部撞击或颠簸。

第三节　一次端工频耐压试验

一、试验概述

电压互感器在电力系统运行中除了承受正常的工作电压外，还要承受各种过电压的作用，如持续工频过电压、瞬态过电压、操作过电压和雷电过电压等。

1. 试验目的

电压互感器一次端工频耐压试验考核的是一次侧对二次侧以及对地在工频过电压作用下的绝缘耐受能力。从而可以保证互感器在各种过电压作用下安全运行。

2. 试验依据

GB/T 20840.1《互感器通用技术要求》此标准作为互感器试验的主标准。

GB/T 22071.2《互感器试验导则 第2部分》第5.5条。

GB/T 20840.3《电压互感器的补充技术要求》是电压互感器专用技术标准。

GB/T 20840.3 第7.1.2条规定本试验为例行试验。

二、试验前准备

1. 试验装备与环境要求

电压互感器一次端工频试验常用设备名称、参数及精度见表4-10。

表4-10 电压互感器一次端工频试验常用设备名称、参数及精度

设备名称	设备参数	精度
无局部放电工频试验变压器成套设备	单相，50Hz，额定容量240kVA；额定输入电压：0.38kV（调压器输入电压）；额定输出电压：120kV；额定输入电流：328.9A（调压器输入电流）；额定输出电流 2A/（抽头 13A）；成套装置运行 100%U_n，100%I_n 下运行60min，70%U_n，70%I_n 下连续运行；成套设备局部放电水平：100%额定电压下≤5pC；70%额定电压下≤2pC；成套设备波形畸变率：当电压在10%～100%额定电压范围内，调压器输入电压波形畸变率＜3%时，输出电压波形畸变率＜5%；系统噪声水平：≤65dB	不确定度：±1%

试验时互感器应如同正常使用时一样安装。GB/T 20840.1 第7.2.1条试验时环境温度应在5～40℃，湿度在85%以下进行。试验室不满足此条件不得试验。

2. 试验前的检查

电压互感器进行一次工频试验前，要做如下的检查工作：

（1）做好技术准备，核查相应的技术文件、试验标准以及试验要求。

（2）确认试品电压等级和试验电压是否匹配。

（3）对于油浸式互感器试验前确认油位正常，有无漏油现象，有漏油现象停止试验。

（4）试品及试验设备要正确接线，要保证高压引线对各接地部分绝缘距离足够大，至少要大于接线端对地距离，以免在试验过程中出现不应有的放电。

（5）产品绝缘表面应无异物，例如标签纸等。

三、试验过程

（1）GB/T 20840.1 规定一次工频耐压试验电压施加在：

1）一次端子与二次端子及地之间。

2）一次端子之间，适用时。

试验时，各二次端子、座架、箱壳（如果有）和铁心（如需接地）皆应接地。一次端的重复工频耐压试验应以规定试验电压值的 80%进行。

（2）GB/T 20840.3 规定电压互感器应承受下列试验：

1）一次端外施工频耐压试验。

2）一次端感应耐压试验。

试验时，未发生电压突然下降，则试验合格。

1. 试验原理和接线

电压互感器一次端工频耐压试验接线原理图如图 4-3 所示。电压互感器感应耐压试验接线原理图（一次绕组励磁）如图 4-4 所示。电压互感器感应耐压试验接线原理图（二次绕组励磁）如图 4-5 所示。

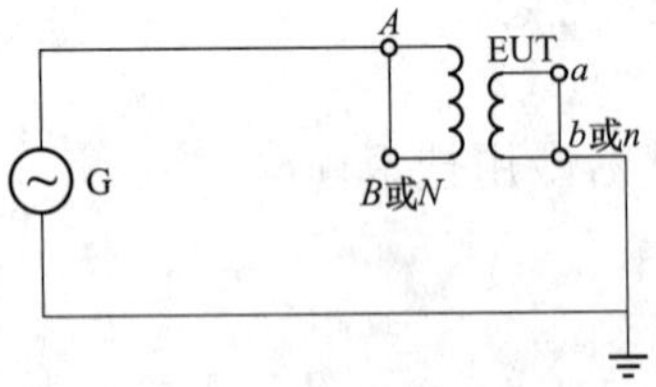

图 4-3　电压互感器一次端工频耐压试验接线原理图

EUT—被试品；G—试验电压发生器

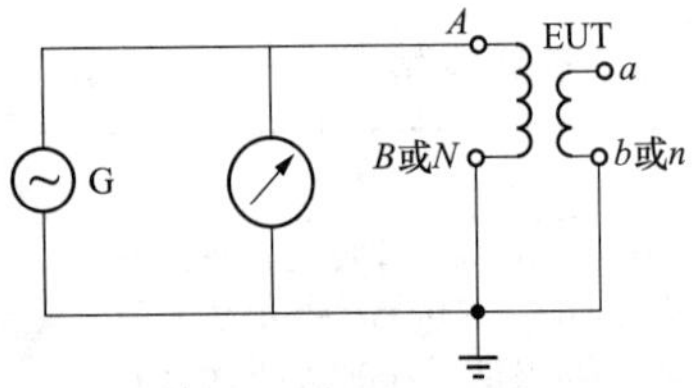

图 4-4　电压互感器感应耐压试验接线原理图（一次绕组励磁）

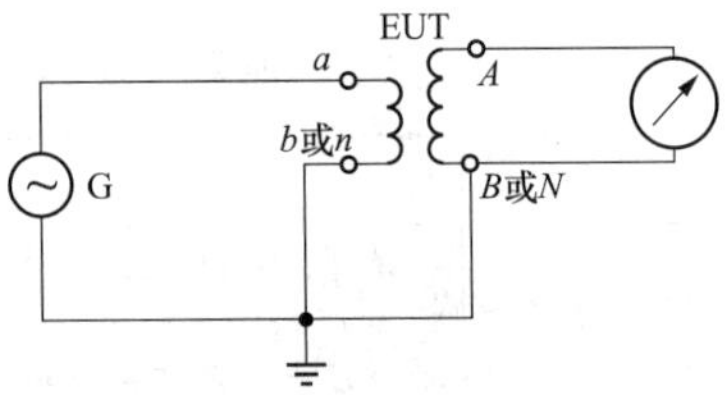

图 4-5　电压互感器感应耐压试验接线原理图（二次绕组励磁）

2. 试验方法

（1）不接地电压互感器。

1）外施耐压试验。

a）施压测：试验电压应施加在短接的一次绕组上。

b）接地侧：所有短接的二次绕组、座架、箱壳（如果有）和铁心（如需接地）皆应接地。即如：一次绕组 AB 短接接入试验线路，二次绕组 ab 短接接地。

2）感应耐压试验。

本试验用规定的试验电压对一次绕组直接励磁或是对二次绕组施加一足够的励磁电压，使一次绕组感应出规定的试验电压值。具体试验方法由制造方自行选择，无论用哪一种方法，均应在高压侧测量试验电压值。

座驾、箱壳（如果有）、铁心（如果要去接地）和各二次绕组的一个端子以及一次绕组的另一个端子均应连在一起接地。即如：一次绕组 A 端子接入试验线路 B 端子接地，二次绕组 a 端子悬空 b 端子接地。

（2）接地电压互感器。

1）外施耐压试验。U_m＜40.5kV 时试验电压为 3kV，U_m≥40.5kV 时试验电压为 5kV。

a）施压侧：短接的所有一次绕组端子。（注：可以把 A、N 短接起来施加电压）即如：一次绕组 A–N 短接接入试验线路，二次绕组 a–n 短接接地。

b）接地侧：所有二次绕组端子、座架、箱壳（如果有）和铁心（如需接地）皆应接地。

2）感应耐压试验。具体试验方法由制造方自行选择，或是对二次绕组施加一足够的励磁电压，使一次绕组感应出规定的试验电压值，或是用规定的试验电压对一次绕组直接励磁。无论用哪一种方法，均应在高压侧测量试验电压值。

座驾、箱壳（如果有）、铁心（如果要去接地）和各二次绕组的一个端子以及一次绕组的另一个端子均应连在一起接地。即如：一次绕组 A 端子接入试验线路 N 端子接地，二次绕组 a 端子悬空 n 端子接地。

注：要求接地的一次绕组端子均应接地。

（3）试验时间。

电压互感器：外施耐压试验，其持续时间应为 60s。

对于感应耐压试验，为防止铁心饱和，试验频率可以高于额定值，持续时间应为 60 s，但是，当试验频率超过两倍的额定频率时，其试验时间可以从 60s 减少到按下式计算的值，但最少为 15 s。

$$试验时间=2f_r / f_t \times 60 \tag{4-1}$$

式中 f_r——额定频率，Hz；

f_t——试验频率，Hz。

（4）加压方法。对试品施加电压时应从足够低的数值开始，以防止瞬变过程引起的过电压的影响。加压时，应由机械零位开始缓慢升高电压，观测仪表升压数值，也不应太慢，以免试品在接近试验电压 U 时耐压时间过长。在升至 75%试验电压时，以每秒 2%试验电压的速率升压至短时工频耐压试验值，维持 60s 或规定时间，然后降到 30%规定电压以下后再切断电源。

四、注意事项

（1）试验时，应做好相应的安全措施，要有信号灯、指示牌、围栏等。

（2）整个测量回路中所有的接地都应引至同一参考接地点。

（3）试验过程中试验电压最大允许偏差为±3%。

（4）油浸式互感器试验前确认油位是否正常。

五、试验后的检查

检查试品绝缘表面有无损坏现象。

六、结果判定

试验过程中无破坏性放电现象，试验电压未出现突然下降，则试验合格。一次端的重复工频耐压试验应以规定试验电压值的 80%进行。电压互感器一次端工频耐压试验不合格现象及判定依据见表 4-11。

表 4-11 电压互感器一次端工频耐压试验不合格现象及判定依据

序号	不合格项	不合格现象	结果判定依据	严重程度
1	试品报废	试品出现爆裂现象	—	严重
2	绝缘损坏	试品出现击穿绝缘结构损坏		严重
3	试验时闪络	试验过程中试验电压突然下降试品出现闪络现象		严重
4	耐压时电压跌落	耐压时出现电压跌落现象		轻微

试验过程中无破坏性放电现象，试验电压未出现突然下降，则试验合格。一次端的重复工频耐压试验应以规定试验电压值的 80%进行。

七、案例分析

（1）不合格描述：电压互感器一次工频不合格现象主要有试品出现爆裂现象、试验过程中试验电压突然下降试品出现闪络现象等。

（2）不合格原因分析：试验时试验电压突然下降是对地击穿现象造成的。一次端子对外壳、接地点及二次侧放电的原因是绝缘距离不够造成。试验时试品外表有油污等也会造成闪络现象，所以试验时试品要清洁干净特别是浇筑环氧树脂类产品。

第四节 二次端工频耐压试验

一、试验概述

电压互感器在电力系统运行中除了要承受正常的电压作用外，还要承受各种过电压，如持续工频过电压、瞬态过电压、操作过电压和雷电过电压等。这些过电压有的会通过电磁耦合的方式传递到二次回路，在二次回路中形成过电压。

1. 试验目的

电压互感器二次端工频耐压试验考核的是二次侧对一次侧和二次侧绕组之间及二次侧对地的绝缘耐受能力，从而保证电压互感器二次侧在各种过电压作用下安全运行。

2. 试验依据

GB/T 20840.1《互感器通用技术要求》是互感器试验的主标准。

GB/T 20840.3《电压互感器的补充技术要求》是电压互感器专用技术标准。

GB/T 20840.3 第 7.1.2 条规定本试验为例行试验。

二、试验前准备

1. 试验设备与环境要求（见表 4-12）

表 4-12　　电压互感器二次端工频试验常用设备名称、参数及精度

设备名称	设备参数	精度
耐压测试仪	测量电压范围：0～10kV；测量电压精度：AC/DC 1～10kV ±3%；输出功率：AC 1000VA；DC 100VA；输出波形：50Hz 正弦波形及直流电压；漏电流范围：AC 0～100mA DC 0～10mA；值：AC；时间控制：定时器定时时间 1～99s±3%	漏电流设置精度：AC 0.5～100mA；±（3%+2 个字）DC 0.5～10mA±（3%+2 个字）

试验时试品应该确保完好无损，所有配件完好齐全，保证外表干净整洁。

试验时互感器应如同正常使用时一样安装。GB/T 20840.1 规定试验时环境温度应在 5～40℃，湿度在 85%以下进行。试验室不满足此条件不得试验。

2. 试验前的检查

产品施加工频电压试验前，要做如下的检查工作：

（1）做好技术准备，核查相应的技术文件、试验标准以及试验要求。

（2）确认试品电压等级和试验电压是否匹配。

（3）对于油浸式互感器试验前确认油位正常，有无漏油现象，有漏油现象不得试验。

（4）试品及试验设备要正确接线，要保证引线对各接地部分的绝缘距离足够大，以免在试验过程中出现不应有的放电。

三、试验过程

GB/T 20840.1 第 5.3.5 条二次端绝缘的额定工频耐受电压应为 3kV。

GB/T 20840.1 第 7.3.6 条二次端工频耐压试验试验电压应依次施加到端子的各绕组间及各绕组与地之间，持续 60s。座驾、箱壳（如果有），铁心（如需接地）和所有其他端子皆应接地。

1. 试验原理和接线

电压互感器二次端工频耐压试验接线原理图如图 4-6 所示。

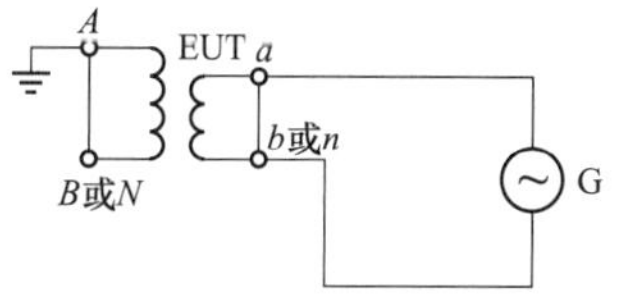

图 4-6　电压互感器二次端工频耐压试验接线原理图

2. 试验方法

电压互感器二次工频耐压试验时间为 60s。

（1）施压测：试验电压应依次施加到各二次绕组之间及各绕组与地之间。

（2）接地侧：一次绕组短接接地非被试二次绕组短接接地、座架、箱壳（如果有）和铁心（如需接地）皆应接地。即如：二次有 1a1b、2a2b 两个绕组。试验时 1a1b—AB、2a2b 及地、2a2b—AB、1a1b 及地分别试验。

对试品施加电压时应从足够低的数值开始，以防止瞬变过程引起的过电压的影响。加压时，应由机械零位开始缓慢升高电压，观测仪表升压数值，也不应太慢，以免试品在接近试验电压 U 时耐压时间过长。在升至 75%试验电压时，以每秒 2%试验电压的速率升压至短时工频耐压试验值，维持 60s 或规定时间，然后降到 30%规定电压以下后再切断电源。

四、注意事项

（1）试验时，应做好相应的安全措施，如围栏、警示牌等。

（2）整个测量回路中所有的接地都应引至同一参考接地点。

（3）加压时操作人员要和高压线保持足够的安全距离，避免手误碰到高压线。

（4）试验过程中电压最大允许偏差为±3%。

五、试验后的检查

（1）检查二次端子绝缘是否有损坏。

（2）把拆掉的二次端子线恢复原样。

六、结果判定

试验过程中无破坏性放电现象，试验电压未出现突然下降，则试验合格。

试验过程中有击穿，闪络、或绝缘损坏则不合格。

七、案例分析

（1）不合格描述：随着现在制造工艺的进步，电压互感器二次端工频耐压试验极少有不合格现象。如有不合格可能会出现二次绕组间或二次绕组对接地点闪络造成试验电压突然下降现象。

（2）不合格原因分析：电压互感器二次工频耐压试验可能不合格原因主要有二次端子对外壳、接地点及二次绕组之间绝缘距离不够造成试验时闪络，或者二次端子间的绝缘击穿。试验时试品外表有油污、灰尘等也会造成闪络现象试验时试品要清洁干净，特别是浇筑环氧树脂类产品防止外闪情况发生。

第五节　一次端额定雷电冲击耐压试验

一、试验概述

互感器在电力系统运行中除了要承受正常的工作电压作用外，还要承受各种过电压，如持续工频过电压、瞬态过电压、操作过电压和雷电过电压等。为保证电压互感器在各种过电压作用下的安全运行，要用相应的试验对产品进行考核。

1. 试验目的

本试验的目的是检验电压互感器匝间、层间及对地外绝缘在雷电冲击电压下的绝缘耐受能力。

2. 试验依据

GB/T 20840.1《互感器通用技术要求》是互感器试验的主标准。

GB/T 20840.3《电压互感器的补充技术要求》是电压互感器专用技术标准。

GB/T 22071.2《互感器试验导则　第 2 部分》。

GB/T 20840.3 第 7.1 条规定互感器雷电冲击试验为型式试验。

本方案按 GB/T 20840.1 第 7.2.3 条规定。

标准规定雷电冲击试验有 A、B、C、D 四个试验程序，可根据不同的产品形式采用相对应的程序。

（1）程序 A：在试品上施加 3 次具有规定波形和极性的额定耐受电压。如果按有关设备标准规定的检查方法为发现损坏，则认为通过试验。（程序 A 适用于非自恢复绝缘）。

（2）程序 B：在试品上施加 15 次具有规定波形和极性的额定耐受电压。如果在自恢复绝缘部分发生的破坏性放电不多于 2 次，按有关设备标准规定的检测方法为发现非自恢复绝缘有破坏，则认为通过试验。

（3）程序 C：施加 3 次具有规定波形和极性的额定耐受电压后，如果没有发生破坏性放电，则试品通过试验；如果发生破坏性放电超过一次，则试品未通过试验。如果在自恢复绝缘绝缘上发生 1 次破坏性放电，则再加 9 次冲击，如再无破坏性放电发生，则通过试验。

程序 D：必须施加几个电压等级。根据多次试验估算出最终的试验电压。

由于程序 A 一般用于非自恢复绝缘的试品上，程序 C 和 D 试验程序又比较复杂，但是程序 B 不仅可用于自恢复绝缘产品上，也可用于非自恢复绝缘的高压设备上，所以一般情况下我们优先选择程序 B。

3. 主要参数及定义

雷电冲击试验标准波形图如图 4-7 所示。

（1）全波：1.2/50μs。

波前 T_1 时间允许偏差：±30%。

半峰值 T_2 时间允许偏差：±20%。

（2）峰值电压：波峰处振荡或上冲＜±5%，电压值偏差＜±3%。

（3）视在原点 O_1：试验电压曲线找那个相当于 A 点超前 $0.3T_1$ 的瞬间，对于具有现行时间刻度的波形，它为通过波前部分 A、B 两点所画直线与时间轴的交点。

（4）波前时间 T_1：定义为试验曲线峰值是 30%～90%的时间间隔的 1.67 倍。

（5）波尾时间 T_2：定义为从视在原点 O_1 到试验电压曲线下降到试验电压值一半时刻之间的时间间隔。

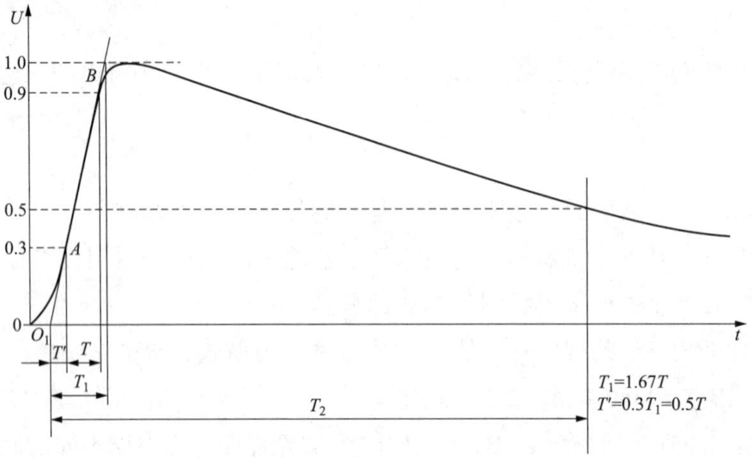

图 4-7　雷电冲击试验标准波形图

二、试验前准备

1. 试验设备与环境要求（见表 4-13）

表 4-13　　　　电压互感器雷电冲击试验设备名称、参数及精度

设备名称	设备参数	精度
冲击电压发生器成套试验装置	标称电压：±400kV，标称能量：30kJ，额定冲击电容量：0.375μF，额定充电电压：100kV，级数：4，级电容量：1.5μF，级能量：7.5kJ，同步范围≥20%，点火范围：15%～100%	充电电压不稳定度：＜±1.0%，同步放电失控率：＜2%
弱阻尼电容分压器	标称电压：400kV，过冲≤20%	刻度因数不确定度：≤1%，方波部分响应时间≤100ns
多级球隙截断装置	标称电压：400kV，截断时间 2～6μs	截断分散性≤±0.2μs
控制台	充电电压整定范围：0.1～100kV，工作电压：15～100kV，调节精度：0.1kV，升压时间：设定范围 30～190s，调节精度：1s，报警延时：2s，冲击试验次数：设定范围 0～99 次，调节精度：1 次，截波延时可调时间：0.1～9.9μs，调节精度：0.1μs	调节精度：0.1kV，调节精度：1s，调节精度：1 次，调节精度：0.1μs
直流冲电装置	标称电压：±400kV，标称能量：30kJ，额定冲击电容量：0.375μF，额定充电电压：100kV，级数：4，级电容量：1.5μF，级能量：7.5kJ，充电电压不稳定度：＜±1.0%，同步放电失控率：＜2%，同步范围≥20%，点火范围：15%～100%	—

试验时互感器应如同正常使用时一样安装。GB/T 20840.1 第 7.2.1 条规定试验时环境温度应在 5～40℃，湿度在 85%以下进行。试验室不满足此试验条件试验不得进行。

注意：试验中应增大火花放电间隙以避免试验中发生放电。全波试验时截波球隙适当拉大避免造成全波截断。

2. 试验前检查

产品施加冲击电压试验前，要做如下的检查工作：

（1）对试品进行外观检查，查看试品是否完好无损。

（2）确认试品电压等级和相关的雷电冲击试验电压是否匹配。

（3）对于油浸式互感器试验前通过油位计或观测窗确认油位是否正常，外表有无漏油现象。

（4）试品及试验设备要正确接线，要保证引线对各接地部分的绝缘距离足够大，至少大于试品接线端对地及相间空气距离的 1.5 倍，以免试验过程中出现不应有的放电。

三、试验过程

电压互感器雷电冲击试验参考 GB/T 20840.3 第 7.2.3 条，试验电压应施加在一次绕组的每一个线端与地之间。一次绕组的接地端或不接地电压互感器的非被试端、每个二次绕组至少一个端子、座架、箱壳（如果有）和铁心（如需接地）皆应接地。

对于气体绝缘变电站用的三相电压互感器，所有各相应轮流试验。在一相进行试验时，其余各相都应接地。

对于不接地的电压互感器，应依次对每一个线端施加约一半次数的冲击，此时其余线端接地。

如试品有 A、B 端子则试品为全绝缘，A、B 端子分别试验（每个端子施加冲击总次数的一半），标有 A、N 端子则试品为分级绝缘只对 A 端子进行试验。

GB/T 20840.1 第 7.2.3 条规定对于 U_{m}＜300kV 的互感器试验应在正和负两种极性下进行，应施加每一极性连续冲击 15 次，不做大气条件校正。

施加正负极性冲击各 15 次时针对外绝缘试验而规定的。如果制造方与用户协商同意用其他方法检查外绝缘，则每一极性下的雷电冲击次数可减小到 3 次，不作大气条件校正。

1. 试验原理和接线

单相互感器雷电冲击试验接线原理图和实物图分别如图 4-8 和图 4-9 所示。三相互感器雷电冲击试验接线图如图 4-10 所示。

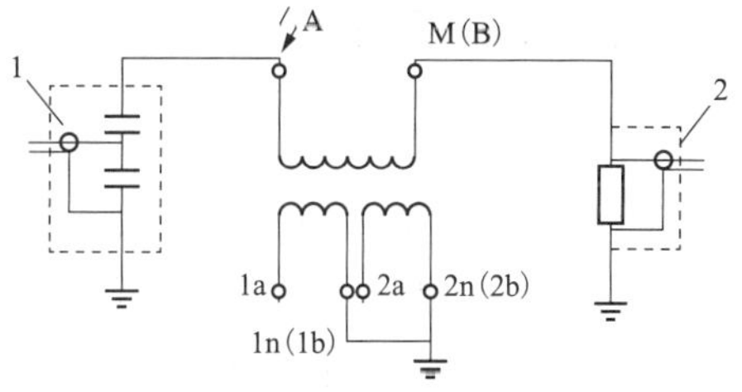

图 4-8 单相互感器雷电冲击试验接线原理图

图 4-9 单相互感器雷电冲击试验接线实物图

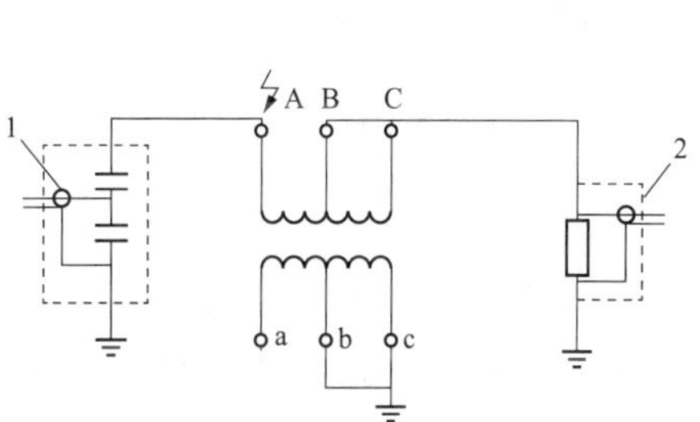

图 4-10 三相互感器雷电冲击试验接线图

1—冲击发生器；2—波形采集单元

2. 试验方法

试验电压应施加在一次绕组的每一个线端与地之间。一次绕组的接地端或不接地电压互感器的非被试端、每个二次绕组至少一个端子、座架、箱壳（如果有）和铁心（如需接地）皆应接地。

冲击试验通常包括施加参考冲击电压和额定冲击耐受电压。参考冲击电压应为额定冲击耐受电压的 50%～75%，参考冲击电压和额定冲击耐受电压下波形之间的变异，可作为试验中绝缘损坏的证据。

对于全绝缘试品 *A*、*B* 端子都要进行试验。试验顺序为先对 *A* 相负极性 1 次半波 7 次全波正极性 1 次半波 8 次全波。

然后 *B* 端子负极性 1 次半波 8 次全波正极性一次半波 7 次全波。

如是三相电压互感器需要 *A*、*B*、*C* 端依次进行试验。对于分级绝缘的接地互感器只对 *A* 端子进行试验，*N* 端子接地。试验顺序为负极性 1 次半波 15 次全波，正极性 1 次半波 15 次全波。

试验时，首先要根据试品的参数（主要是产品的电压等级）及技术条件选择冲击发生器的级数及串并联联结。考虑发生器同步及安全等因素，发生器的运行电压尽可能低些，例如在 60%额定电压下，发生器的效率可估计在 60%～80%，实际上在主电容较大用高效率回路对一般产品试验时效率约在 90%，如果波形上冲较大则会超过 100%。

试验过程中一般不改变试验设备参数以保证波前时间波尾时间的稳定性。

四、注意事项

（1）试验时要指定专人观察产品、设备，并保证全电压试验时线路与校准时一致。

（2）整个测量回路中所有的接地都应引至同一参考接地点。

（3）油浸式电压互感器的试品瓷套管表面以及浇筑式电压互感器的环氧树脂表面不得有不必要的异物例如标检纸。

（4）电压互感器雷电冲击试验二次侧禁止短路接地必须单点接地。

（5）雷电冲击需要电压波形图和电流波形图。

（6）雷电冲击试验不合格的产品，其原始记录需提供电流、电压不合格波形图，如果有可见损伤还需提供试品损伤照片。

五、试验后检查

（1）检查试品表面绝缘是否有损伤。

（2）核查记录数据是否有误。

（3）比较分析电压电流波形图是否有异常。

六、结果判定

如果情况如下，则认为互感器通过本试验。

（1）不发生破坏性放电；

（2）未发现绝缘损伤的证据。

如果在降低电压的情况下，所记录的电压和电流瞬变波形图与在全电压下所记录的相应的瞬变波形图无明显差异，则试验合格。

如果电压发生降落或偏离，降低冲击电压试验如果再次发生电压的降落或偏离，则判定试验不合格。由于测量上的实际困难，电压跌落可通过波形图进行识别。一次端额定雷电冲击耐压试验不合格现象及判定依据见表 4-14。

表 4-14　　一次端额定雷电冲击耐压试验不合格现象及判定依据

序号	不合格项	不合格现象	结果判定依据	严重程度
1	试品损毁	试品绝缘直接击穿，试品发生损坏	—	严重
2	试品绝缘击穿	试品内部发生闷响，雷电波形发生截断现象		严重
3	外部闪络	试品外部发生闪络，排除接线人为因素继续闪络		严重
4	波形截断	雷电冲击全波试验过程中发生波形截断（排除外部截断情况）		严重
5	波形异常	雷电冲击试验时三次全电压波形和电流波形发生较大变化		严重
6	波形截断	雷电冲击全波试验过程中发生波形截断（排除外部截断情况）。试验电压降至 90%时无此现象		轻微

七、案例分析

［案例一］

（1）案例概况：型号为 JDZ-35 的电压互感器。全波试验电压 200kV 截波电压 230kV。

（2）不合格描述：全电压下全波形无问题，在施加打 230kV 截波时，电压升至 195.13kV 时出现波前截断。

（3）不合格分析：内绝缘击穿，绝缘材质损坏。

雷电冲击试验不合格实物图（案例一）和波形图（案例一）如图 4-11 和图 4-12 所示。

图 4-11　雷电冲击试验不合格实物图（案例一）

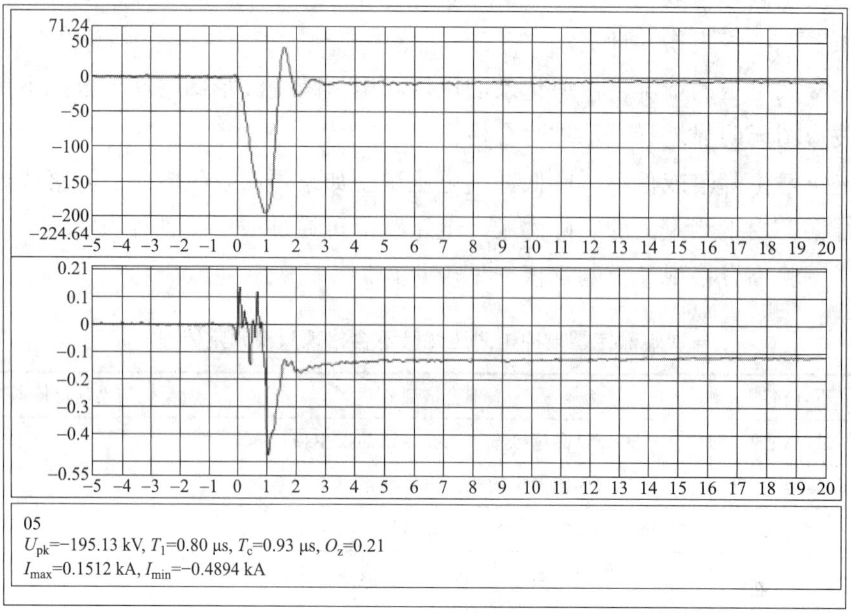

图 4-12 雷电冲击试验不合格波形图（案例一）

［案例二］

（1）案例概况：型号为 JDZ-27.5W3 电压互感器。试验电压 200kV 无截波试验要求。

（2）不合格描述：负极线全波试验没有出现问题，正极性试验的前面三次合格，第四次正极性 200kV 全波外绝缘出现闪络击穿现象，降低电压试验继续击穿判定不合格。

（3）不合格分析：经检查确认端子引线与膨胀器距离较近所致。

雷电冲击试验不合格的实物图（案例二）和波形图（案例二）如图 4-13 和图 4-14 所示。

图 4-13 雷电冲击试验不合格实物图（案例二）

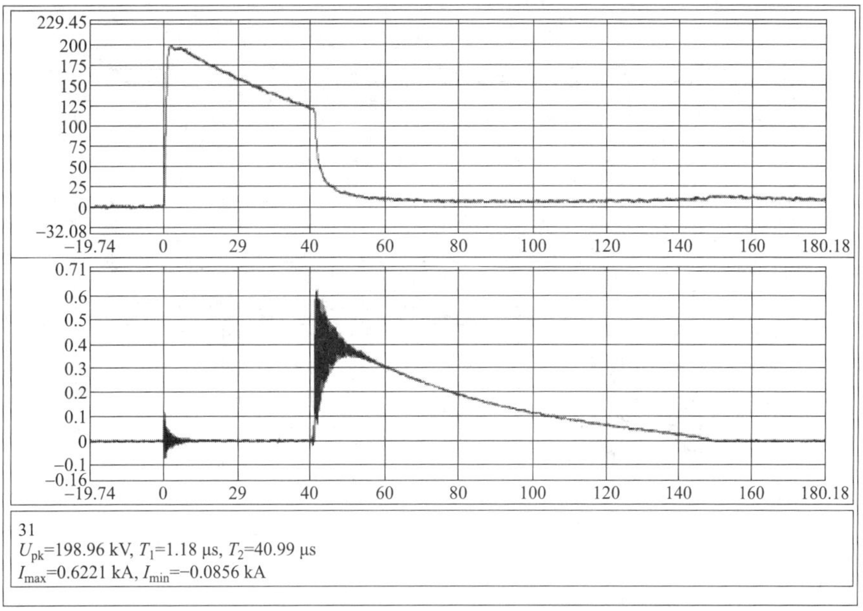

图 4-14 雷电冲击试验不合格波形图（案例二）

［案例三］

（1）案例概况：试品型号为 JLSJY-33W，三相组合式互感器，雷电冲击电压为170kV。

（2）不合格描述：对 A 相进行负极性雷电试验时为合格，当对其进行正极性全波试验时前三次为合格，第四次在 154kV 时电压波形截断，电流波形异常，试品内部发生异响现象。

（3）不合格分析：试验时试品内部出现异响，内绝缘被击穿。

雷电冲击试验不合格实物图（案例三）和波形图（案例三）如图 4-15 和图 4-16 所示。

图 4-15 雷电冲击试验不合格实物图（案例三）

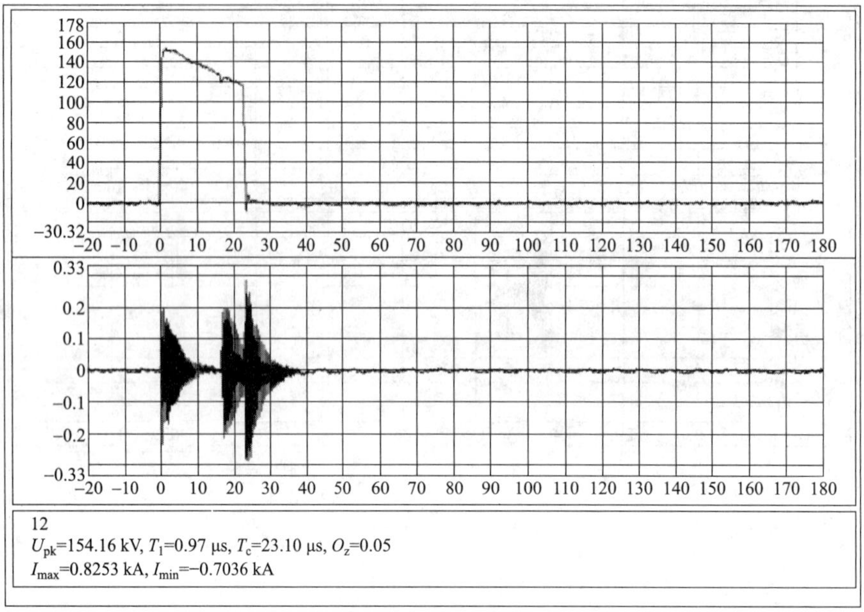

图 4-16　雷电冲击试验不合格波形图（案例三）

第六节　温　升　试　验

一、试验概述

电压互感器在使用过程中，由于励磁电流及负载电流的存在，其绕组会产生电阻损耗，磁路会产生电磁损耗导致绕组、铁心及其零部件发热而产生温升，长时间的温度过高不但造成不必要的电能损耗，还会对互感器是绝缘造成老化损坏。所以电压互感器有温升限值要求。

1. 试验目的

本试验的目的在于：测量验证电压互感器在相应的电压作用下试品温升是否符合相应的温升限值。测量条件在试品达到热平衡状态时测量其各绕组和表面温升及油顶层的温升（如果有）。

2. 试验依据

GB/T 20840.1《互感器通用技术要求》此标准作为互感器试验的主标准。

GB/T 20840.3《电压互感器的补充技术要求》是电压互感器专用技术标准。

GB/T 20840.3 第 7.1.2 条规定电压互感器温升试验为型式试验。

二、试验前准备

1. 试验设备与环境要求

电压互感器温升试验常用设备名称、参数及精度见表 4-15。

表 4-15　　电压互感器温升试验常用设备名称、参数及精度

设备名称	设 备 参 数	精 度
无局部放电工频试验变压器成套设备	0～120kV，60s 频率：50Hz；额定电压：120kV；标称电容量：500pF；分压比：1000：1；工频耐压水平：1.1 倍 U_n/1min	介质损耗：＜0.3%；测量精度：≤±1%
热电偶	—	测量误差＜1℃
数据采集/开关单元	100mV～300V，100mA～1A −100～400℃，100Ω～100MΩ	直流 V±0.01%，A±0.11%
互感器温升试验装置	1mA：20Ω～200kΩ 500mA：10mΩ～40Ω	0.2%±0.002mΩ

试验时试品应该确保完好无损，所有配件完好齐全，保证外表干净整洁。

试验时互感器应在如同正常使用时一样安装。GB/T 20840.1 规定试验时环境温度应在 5～40℃，湿度在 85%以下进行。试验室不满足此条件时不得试验。

（1）试验场所周围不得有任何影响环境温度的因数，例如辐射、热源、气流等。

（2）环境温度测量应采用 3～4 个温度计，其测温端应浸于容积不小于 1000mL 组装满油的杯中。放置于试品周围 2m 处，高度约为试品高度的中间部位，环境温度以几个温度计的平均值为准。

2. 试验前的检查

产品进行温升试验前，要做如下的检查工作：

（1）做好技术准备，核查相应的技术文件、试验标准及试验要求。

（2）确认试品电压等级和电压是否匹配相应的试验要求。

（3）对于油浸式电压互感器试验前应确认油位正常，有无漏油现象，如有漏油现象不得试验。

（4）试品及试验设备要正确接线，要保证引线对各接地部分的绝缘距离，以免在试验过程中出现不应有的放电。

三、试验过程

GB/T 20840.3 规定温升试验应在连接的额定负荷时进行，如有多个额定负荷，则应在连接最大负荷时进行。当有多个二次绕组时，除制造方与用户另有协议外，试验应在每个二次绕组同时连接相应的负荷时进行。

剩余电压绕组应按表 4-16 规定连接负荷。对于三相气体绝缘金属封闭开关设备中的电压互感器，所有三相应同时进行试验。试验电压应施加在一次绕组的一个端子上，另一端

子接地。

表 4-16　　温升试验时一次侧施加的电压及各二次绕组所带负荷

试验时施加的一次电压	各绕组所带负荷			温升限值
	二次侧测量绕组	二次侧量（保护）绕组	剩余绕组	
$1.0U_{pr}$	热极限负荷（如果有）	不接负荷	不接负荷	规定值
$1.0U_{pr}$	不接负荷	热极限负荷（如果有）	不接负荷	规定值
$1.2U_{pr}$	额定负荷	额定负荷	不接负荷	规定值
$1.9U_{pr}$/8h	额定负荷	额定负荷	热极限负荷，若未规定则额定负荷	规定值加 10K
$1.5U_{pr}$/30s 或 $1.9U_{pr}$/30s	额定负荷	额定负荷	额定负荷	冷态试验下为 10K 热态试验下为规定值加 10K

注　如果有几个额定负荷，取最大的额定负荷。

互感器各种零部件、材料和介质的温升限值见表 4-17。

GB/T 20840.1 规定：由于互感器温升受绕组本身绝缘或嵌入绕组的周围介质中最低绝缘的限制。所以不同种类的互感器温升限值不同。如果电压互感器在外壳内使用，应注意外壳内环境冷却介质所达到的温度。

表 4-17　　互感器各种零部件、材料和介质的温升限值

	互 感 器 各 部 分	温升限值（K）
1	油浸式电压互感器	—
	顶层油	50
	顶层油（对于全密封结构）	55
	绕组平均	60
	绕组平均（对于全密封结构）	65
	接触油的其他金属件	与绕组相同
2	固体或气体绝缘的电压互感器	—
	绕组平均（对于接触下列等级绝缘材料）	—
	Y	45
	A	60
	E	75
	B	85
	F	110
	H	135
	接触上列等级绝缘材料的其他金属件	与绕组相同

注　绝缘材料的定义见 GB/T 11021。

海拔对温升的影响如下。

GB/T 20840.1 第 6.4.2 规定，如果互感器规定的海拔超过 1000m 时使用；而试验处海拔低于 1000m 时，表 4-16 相应温升限值应用；使用处海拔超出 1000m 后，每 100m 减去下列数值进行校正。

（1）油浸式互感器：0.4%。

（2）干式和气体绝缘的电压互感器：0.5%。

温升的海拔校正因数为

$$K_0 = \Delta T_h / \Delta T_{h0}$$

式中　ΔT_h——海拔 $h>1000$m 处的温升；

ΔT_{h0}——表 4-17 中规定的温升限值（海拔 $h_0 \leqslant 1000$m 处）。

1. *试验原理和接线*

电压互感器温升试验接线图如图 4-17 所示。

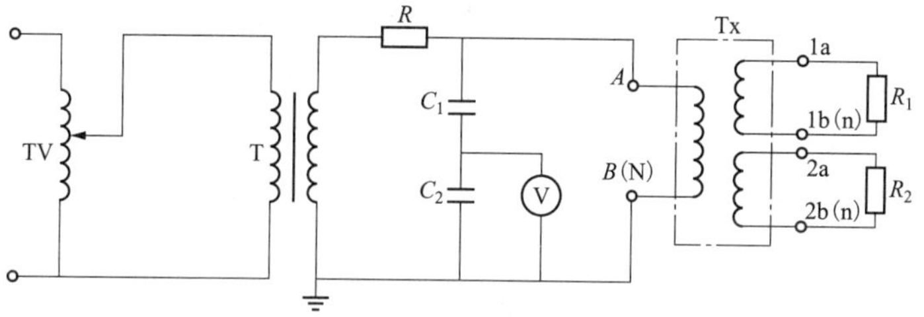

图 4-17　电压互感器温升试验接线图

TV—调压器；T—升压变压器；R—保护电阻；C_1、C_2—电容分压器；V—峰值电压表；Tx—被试互感器；R_1、R_2—负载电阻；A、B（N）——一次绕组端子；1a、1b（n）、2a、2b（n）—二次绕组端子

2. *试验方法*

绕组温升应采用电阻法测量（如可行），但对电阻值很小的绕组可采用热电偶测量。绕组以外部位的温升可用温度计或热电偶测量。

测量环境温度的温度计应置于油杯中，测量铁心表面的温度采用热电偶，测量油顶层温度时，温度计应浸于油面下 50～100mm。

试验中，当温升变化值不超过 1K/h 时，则认为互感器已达到稳定温度。

电阻法测量绕组平均温度的方法如下：

（1）绕组平均温度应采用电阻法测量，测量冷、热电阻应用同一线路和仪器。

（2）在温升试验结束，切断电源之后，立即测量绕组的直流电阻。应在停电后 1～2min 内测出第一个数据。然后在 10min 内每隔相等的时间 Δt（30～60s）测定电阻值，依次记录为 R_1、R_2、R_3、…、R_k。若以切断电源瞬间为 $t_0=0$，在对数坐标上将相应个点会出，用一曲线连接，按图 4-18 的方法绘出 L 线，再确定曲线与 R 轴的焦点即为 $t_0=0$ 时的 R_0 值，由电阻值 R_0 可计算出切断电源瞬间的绕组平均温度 $\Delta\theta$。

绕组平均温升$\Delta\theta$为

$$\Delta\theta = \frac{R_0}{R_{\theta_1}}(235+\theta_1)-(235+\theta_2)$$

式中 $\Delta\theta$——绕组平均温升，K；

R_0——断电瞬间绕组热态电阻值，Ω；

R_{θ_1}——温度为θ_1时冷态电阻值，Ω；

θ_1——绕组冷态温度（冷态时环境温度），℃；

θ_2——温升试验后期确定温升的环境温度，℃；

235——铜导体温度系数的倒数。

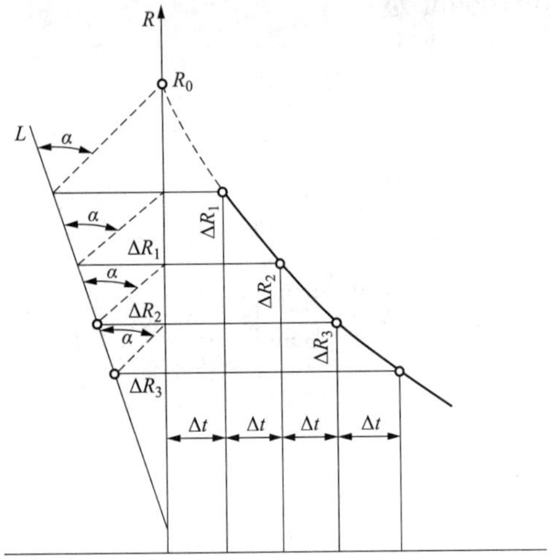

图 4-18 利用外推法绘制出断电时刻热态电阻 R_0 温升曲线图

四、注意事项

（1）试验时拍好过程照片，并做好试验的安全措施，要有信号灯、指示牌、围栏等。

（2）温升试验负荷一定要投对不要多投、少投、或漏投。不需要投负荷的绕组不要带负荷，单个端子保护接地。

（3）测量热态电阻时提前准备好仪器设备，2min 以内必须测量出第一个热态电阻值。

（4）整个测量回路中所有的接地都应引至同一参考接地点。

（5）电压互感器温升试验电压较高传感器位置贴在无高压处。

（6）油浸式互感器试验前确认油位是否正常。

五、试验后的检查

（1）试验后检查试品表面绝缘有无损坏。

（2）检查试品关键发热节点有无热损伤。

六、结果判定

记录实测值并绘制温升热电阻曲线图，推导出热态电阻并计算温升值和表 5-3 要求值比较。

七、案例分析

（1）案例概况：型号为 JSQX1-132 0.2/0.5/3P 电压互感器，试验要求在 1.0 倍额定一次电压下进行试验，1a/1b/1c-1n 接极限负荷 1000VA（$\cos\phi=1.0$），2a/2b/2c-2n 接限负荷 1000VA

（$\cos\phi=1.0$），直到稳定，此时需提供绕组的热电阻曲线；此时的绕组温升限值为 75K。

（2）不合格现象描叙：此试品为三相接地互感器一次侧通 $110/\sqrt{3}$ kV 电压，二次侧一绕组和二绕组接入 1000VA 极限负荷。试验结果为一次绕组温升达到 90K，二次绕组为 100K，超出试验。

温升试验接线图如图 4-19 所示。

图 4-19　温升试验接线图

（3）不合格原因：二次侧两个绕组全部接入 1000VA 极限负荷，造成温升超出规定值。

第七节　局部放电测量

一、试验概述

电压互感器在电力系统运行中除了要承受正常的电压作用外，还要承受各种过电压，如持续工频过电压、暂态过电压、操作过电压和雷电过电压等。在各种电压作用条件下，电压互感器的绝缘内部或表面会发生局部放电现象，局部放电会造成电气绝缘的加速老化，影响电气的使用安全和使用寿命。

1. 试验目的

本试验的目的是为了检测不同电压等级的电压互感器，在相应的电压作用下局部放电量是否超出相应的限值。

2. 试验依据

GB/T 20840.1《互感器通用技术要求》是互感器试验的主标准。

GB/T 20840.3《电压互感器的补充技术要求》是电压互感器专用技术标准。

GB/T 20840.1 第 7.1.2 条规定本试验为例行试验。

3. 主要参数及定义

（1）设备最高电压 U_m：相对相电压的最高方均根值，设备依据此设计其绝缘及相关设备标准按此电压规定其他特性。

（2）视在放电量：指在电力设备局部放电的试品两端注入一定电荷量，使试品端电压的变化量和局部放电时端电压变化量相同。此时注入的电荷量即称为局部放电的视在放电量，以皮库（pC）表示。实际上，视在放电量与试品实际点的放电量并不相等，后者不能直接测得。试品放电引起的电流脉冲在测量阻抗端子上所产生的电压波形可能不同于注入脉冲引起的波形，但通常可以认为这两个量在测量仪器上读到的响应值相等。

二、试验前准备

1. 试验设备与环境要求

电压互感器局部放电测量试验常用设备名称、参数及精度见表4-18。

表4-18　　电压互感器局部放电测量试验常用设备名称、参数及精度

设备名称	设　备　参　数	精　度
高压屏蔽室	屏蔽效能：0.15～30MHz≥90dB；混响时间：＜5s（400Hz 时）；吸声性能指标：频率125Hz，吸声系数0.32；频率 250Hz，吸声系数0.76；频率 500Hz，吸声系数0.70；接地电阻：≤0.3Ω（单点接地）；背景噪声：≤1PC（穿墙套管加屏蔽罩）；屏蔽移门技术要求：电源电压：AC380/220V，50Hz；运行功率：5.5kW；气囊气源压力：0.2MPa；气囊压力：1.2kg/cm^2；移门线速度：0.2～0.37m/s	—
调感式串联谐振成套试验装置	调压器输入电压：0.35kV；相数：单相；额定输入电流：285.7A；额定输出电压：200kV；额定输出电流：2.5A；额定工作频率：16～400Hz；成套设备局部放电量：200kV≤2pC；成套设备噪音水平：≤70dB	成套设备波形畸变率：＜2%
多通道数字式局部放电综合分析仪	输出电量：10，50，100，500pC；5，10，20，50，100pC；脉冲上升时间＜60ns；频率范围：50～1000Hz；整机测量范围：0.1pC～10000nC；测量通道：独立4通道；采样精度：12Bit；采样速率：20MHz；本量程非线性误差：5%；量程切换：×1，×10，×100，×1000，×10000，×100000；可测试品的电容量范围：6pF～250μF；测量频带：3dB带宽10kHz～1MHz	检测灵敏度：0.1pC

试验时，试品应该确保完好无损，所有配件完好齐全，保证外表干净整洁。

试验时，互感器应在如同正常使用时一样安装。GB/T 20840.1 规定，试验时环境温度应在5～40℃，湿度在85%以下进行。试验现场无其他在高压电场下产生局部放电影响试验结果的设备或物品，不能移动的设备要接地牢固。试验背景噪声水平一般小于3pC或者更小。

2. 试验前的检查

产品进行局部放电试验前，要做如下的检查工作：

（1）做好技术准备，核查相应的技术文件、试验标准以及试验要求。

（2）确认试品电压等级和试验电压是否匹配。

（3）对于油浸式互感器试验前确认油位是否正常，有无漏油现象，如有漏油现象不得进行本试验。

（4）试品及试验设备要正确接线，为了避免线路对试验的影响，引线上要套上屏蔽波纹管。要保证引线对各接地部分的绝缘距离，以免在试验过程中出现不应有的放电。

三、试验过程

电压互感器：GB/T 20840.1 第 5.3.1 条规定，局部放电试验适用于 $U_m \geqslant 7.2kV$ 的互感器。局部放电水平应不超过表 4-19 规定的限值。

表 4-19　　　　局部放电测量试验电压及局部放电量最大允许水平

系统中性点接地方式	互感器类型	局部放电测量电压（方均根值）（kV）	局部放电量最大允许水平（pC）	
			绝缘类型	
			液体浸渍或气体	固体
中性点有效接地系统（接地故障因数≤1.4）	电流互感器和接地电压互感器	U_m $1.2U_m/\sqrt{3}$	10 5	50 20
	不接地电压互感器	$1.2U_m$	5	20
中性点绝缘或非有效接地系统（接地故障因数＞1.4）	电流互感器和接地电压互感器	$1.2U_m$ $1.2U_m/\sqrt{3}$	10 5	50 20
	不接地电压互感器	$1.2U_m$	5	5

注　1．如果系统中性点的接地方式未指明时，则按中性点绝缘或非有效接地系统考虑。

2．局部放电最大允许水平也适用于非额定值的频率。

1．试验原理和接线

局部放电测量校准电路如图 4-20 所示。

电压互感器局部放电测量试验接线原理图和实物图分别如图 4-21 和 4-22 所示。

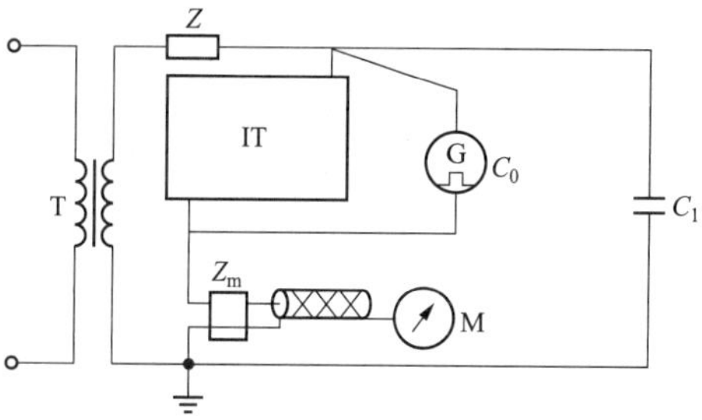

图 4-20　局部放电测量校准电路

G—电容量为 C_0 的脉冲发生器；

T—局部放电用试验变压器

2．试验方法

单相不接地电压互感器的试验电路与接地电压互感器的电路相同，但要做两次试验，即轮流对每一高压端子施加电压，同时另一高压端子接地，所有二次绕组禁止短接，必须单相接地、座架和箱壳（如果有）相连接全部接地。三相电压互感器局部放电测量即可三相同时试验也可每相分别试验试验方法与单相相同。

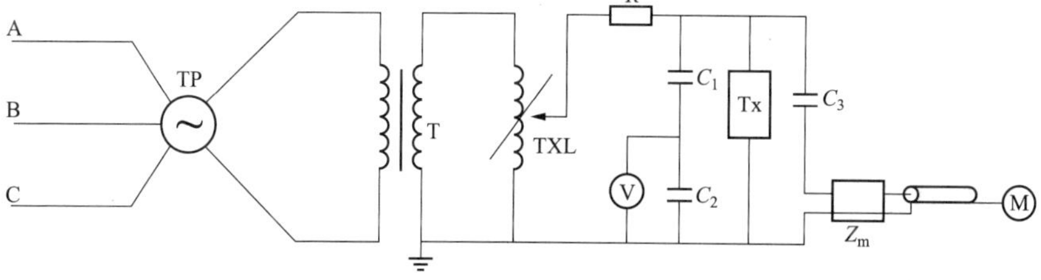

图 4-21 电压互感器局部放电测量试验接线原理图

TP—变频电源；T—励磁变压器；TXL—谐振电抗器；R—保护电阻；C_1、C_2、C_3—电容分压器；

V—峰值电压表；Tx—被试互感器；Z_m—测量阻抗；M—局部放电仪

图 4-22　电压互感器局部放电测量接线实物图

试验线路接好，经检查无误后，对试验线路系统背景进行测量校准。背景局部放电量一般要小于 3pC。试验高压线要用波纹管，防止高电压下引线放电对试验结果产生影响。

电压互感器局部放电测量试验一般和感应试验一起做，感应试验完成后在降压过程中，达到测量局部放电电压值 30s 后读取测量值。试验次数及试验电压按表 4-18 电压互感器的局部放电试验要求进行。

如果局部放电量超出规定值，检查线路有没有尖端放电点。试品外壳的尖端接地。反复试验排除外部放电干扰。重复试验时，电压直接升到局部放电测量电压值。

当电压互感器的额定电压明显低于设备的最高电压 U_m 时，降低的预加电压和测量电压可由制造方与用户商定。其中，局部放电测量电压应与预加电压同比率降低。

注：如果短路试验后重复局部放电试验，电压值应以规定值的 90%进行。

四、注意事项

（1）局部放电试验对周围环境要求较高，试验时周围清理干净，不能移动的设备要接地牢固。

（2）整个测量回路中所有的接地都应引至同一参考接地点。

（3）二次绕组禁止短接，必须单相接地保护。

（4）试品表面用干净抹布擦干净。

（5）油浸式互感器试验前确认油位是否正常。

（6）油浸式电压互感器试验前必须静止一段时间，防止绝缘油中有气泡对试验结果产生影响。

五、试验后的检查

试验后检查试品表面有无损伤痕迹。

六、结果判定

核查试验测量局部放电值是否小于表 4-19 相应试验电压下允许局部放电试验规定要求值。

七、案例分析

［案例一］

（1）案例概况：型号规格为 VTO-36-3 $33/\sqrt{3}/0.1/\sqrt{3}/0.1/\sqrt{3}$ kV，电压互感器频率为

200Hz，感应耐压试验后电压下降到 U_m=36kV 及 $1.2U_m/\sqrt{3}$=24.94kV 的电压条件下分别测量试品局部放电量。

（2）不合格描述：在 $1.2U_m/\sqrt{3}$=24.94kV 条件下，局部放电为 15pC 超出标准最大允许值小于 5pC。在 U_m=36kV 电压条件下，局部放电量为 400pC，超出标准最大允许值小于 10pC。电压互感器局部放电测量案例接线实物图如图 4-23 所示。

图 4-23 电压互感器局部放电测量案例接线实物图

（3）不合格原因分析：电压互感器内部有缺陷，或者有些油浸式电压互感器绝缘油不合格也会造成局部放电超标。试品内部绝缘中有金属异物，试品内部真空处理不到位有气泡等情况都会造成电压互感器局部放电量超标。

［案例二］

（1）案例概况：型号 JDZ9-35 35/0.1kV，干式电压互感器在频率为 200Hz，感应耐压试验后电压下降到 $1.2U_m$=48.6kV 电压条件下测量试品局部放电量。

（2）不合格描述：在 $1.2U_m$=48.6kV 条件下局部放电为 45pC 超出标准最大允许值小于 20pC。

（3）不合格原因分析：排查试品外观时发现 A 项接线柱周围有划伤。

第八节 短路承受能力试验

一、试验概述

电压互感器在实际使用中禁止二次侧绕组短路，因为二次侧绕组短路的条件下会在二次绕组中产生大电流，大电流会产生热效应和机械效应从而把互感器烧毁或损坏。电压互感器实际使用中，在误操作或故障时，有时会发生二次侧短路现象。因此电压互感器必须有足够的承受短时短路电流热作用和机械力作用的能力，也就是要求电压互感器能满足一定的短时热效应和机械效应而无损伤。

1. 试验目的

电压互感器的短路承受能力试验是为了验证电压互感器在额定电压下励磁时，能否承受持续时间为 1s 的外部短路的机械效应和热效应而无损伤。

2. 试验依据

GB/T 20840.1《互感器通用技术要求》是互感器试验的主标准。

GB/T20840.3《电磁式电压互感器的补充技术要求》是电压互感器专用技术标准。

GB/T 20840.3 第 7.1.2 条规定本试验为型式试验。

二、试验前准备

1. 试验设备与环境要求

电压互感器短路试验常用设备名称、参数及精度见表 4-20。

表 4-20 电压互感器短路试验常用设备名称、参数及精度

设备名称	设 备 参 数	精 度
数据采集仪	模拟带宽：500kHz（–3dB），过载保护：250V，采样率：每通道为 1MS/s～0.1S/s	频率误差：＜0.01%，总谐波失真＜0.01%
发电机运行方式控制台	控制电压：AC220V，PLC：FX-2N 系列，电源容量：700W，通信：CC-Link	—
发电机电压断流容量试验控制台	控制电压：DC24V，PLC：Q 系列，电源容量：700W，通信：CC-Link	—
多用途分压器	电压 AC：50kV，分压比 500:1	准确级 0.1 级

试验时互感器应如同正常使用时一样安装。GB/T 20840.1 第 7.2.1 条试验时环境温度应在 5～40℃，湿度在 85%以下进行。试验室不满足此条件不得试验。

2. 试验前检查

产品进行短路试验前，要做如下的检查工作：

（1）做好技术准备，核查相应的技术文件、试验标准以及试验要求。

（2）确认试品二次绕组端子，所有二次端子短接牢靠。

（3）试品及试验设备要正确接线，试品要固定在专用的试验平台上，必要时要用绝缘绑带加固试品。避免试验工程中试品发生位移，对试品造成外在的损坏。

（4）确认一次导线，二次导线的材质及截面积是否能承受相应的试验电流。

（5）接线确认无误后对试品及相关的试验接线拍摄试验过程照。

三、试验过程

GB/T 20840.3 第 6.301 条规定电压互感器应设计和制造成在额定电压下励磁时，能承受持续时间为 1s 的外部短路的机械效应和热效应而无损伤。

1. 试验原理和接线

电压互感器短路承受能力试验接线原理图和实物图如图 4-24 和图 4-25 所示。

电压互感器短路承受能力试验采集的示波图如图 4-26 所示。

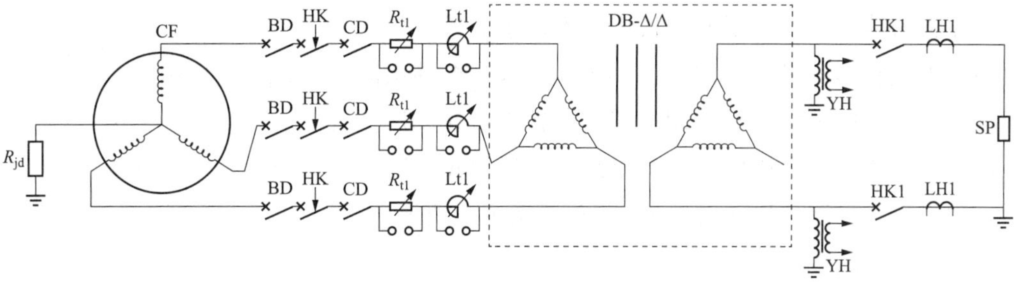

图 4-24 电压互感器短路承受能力试验接线原理图

CF—短路发电机；BD—保护断路器；HK、HK1—合闸开关；CD—操作断路器；R_{t1}—功率因数调节电阻；Lt1—调节电抗器；R_{jd}—接地电阻；SP—试品

图 4-25 电压互感器短路承受能力试验接线实物图

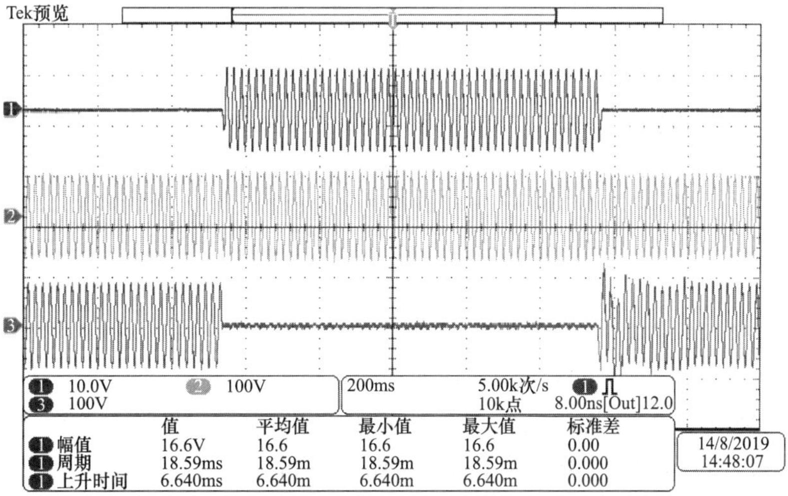

图 4-26 电压互感器短路承受能力试验采集的示波图

2. 试验方法

电压互感器一次侧励磁，二次端子短路。短路时间进行一次，历时 1s。短路时，施加

在电压互感器端子上的电压方均根值应不低于其额定电压。

当电压互感器有多个二次绕组，多线段或多个抽头时，其试验接线应由用户与制造方协商确定（本试验也可在一次侧短路的条件下，在二次侧励磁）。

试验应记录一次电压值，二次电流值，以及短路时间实际值，同时还应提供同一时序下的一次电压、二次电压（可选），以及二次电流波形图。

四、注意事项

（1）整个测量回路中所有的接地可靠接地，并都应引至同一参考接地点。

（2）试验时应放置防爆围栏或挡板。

（3）试验前应准备好相应的消防器材及措施，以防备试验出现的起火风险。

五、试验后检查

（1）查看试品有无可见损伤。

（2）二次绕组所用的短接导线应拆除。

六、结果判定

在被试互感器冷却到环境温度后，若能满足下列要求，则认为通过本试验。

（1）无可见的损伤。

（2）其误差与试验前的差异不超过其相应准确级误差限值的一半，且仍满足相应准确级的要求。

（3）能承受规定的绝缘试验，但试验电压值降至原规定值的 90%。

（4）经检查，与一次绕组和二次绕组表面接触的绝缘无明显的劣化现象（如碳化）。

如果绕组为铜材，且其导电率不小于 GB/T 5585.1 规定值的 97%，在绕组的电流密度不超过 $180A/mm^2$，则上述（4）中的检查可以不进行。二次侧电流密度应依据实测的二次绕组对称短路电流方均根值计算（对于一次侧，应除以额定变比）。

七、案例分析

［案例一］

（1）不合格描述：试品出现绝缘损坏或炸裂现象。

（2）不合格原因分析：短路试验时在二次绕组内将产生大电流，这会造成产品绕组内产生短时的高温和过热现象，也会在产品的绕组上产生瞬间的电动力。当产品的设计及结构工艺不合理时，就会导致产品在短路试验中发生绝缘老化或结构损坏现象，有的还会产生产品碎裂及爆炸起火现象。

复测的项目及结果超出相应的标准规定，此现象基本上是由产品在试验中产生的局部过热导致的绝缘老化引起。电压互感器短路承受能力接线实物图（案例一）和试验示波图

（案例一）分别如图 4-27 和图 4-28 所示。

图 4-27 电压互感器短路承受能力接线实物图（案例一）

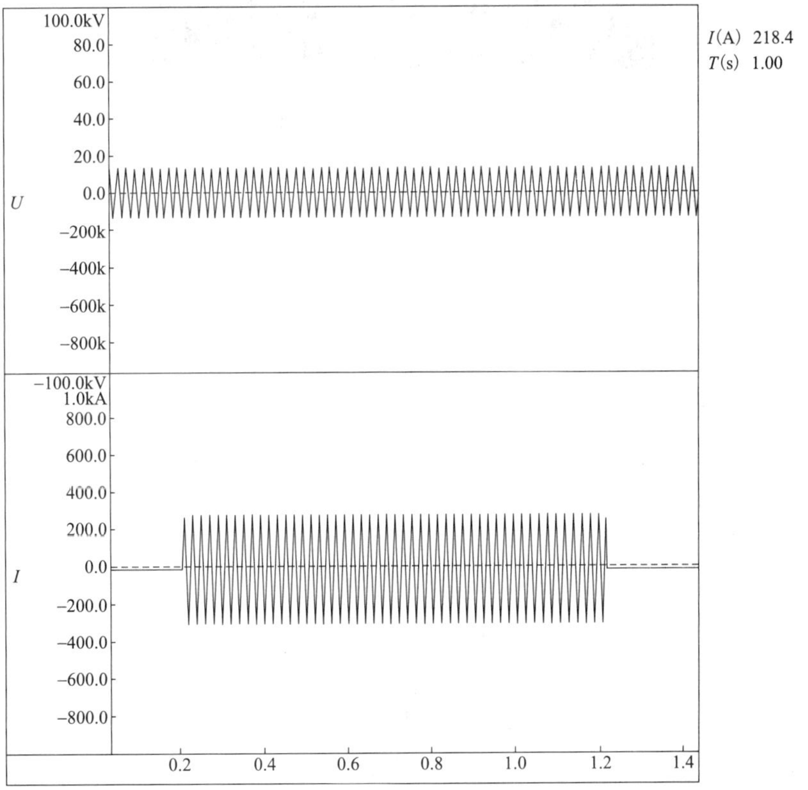

图 4-28 电压互感器短路承受能力试验示波图（案例一）

［案例二］

（1）案例概况：电压互感器型号为 JDZ-10W1，规格为 10/0.1kV，电压互感器一次绕组的铜材截面积为 0.028mm^2，二次测量绕组的铜材截面积为 1.12mm^2。

（2）不合格描述：试验工程中无异常情况，试品试验前后无可见劣化现象。经核算二次绕组电流密度超过 180A/mm^2。

（3）不合格原因分析：二次侧绕组截面积过小。

电压互感器短路承受能力接线实物图（案例二）和电压互感器短路承受能力试验示波图（案例二）如图 4-29 和图 4-30 所示。

图 4-29　电压互感器短路承受能力接线实物图（案例二）

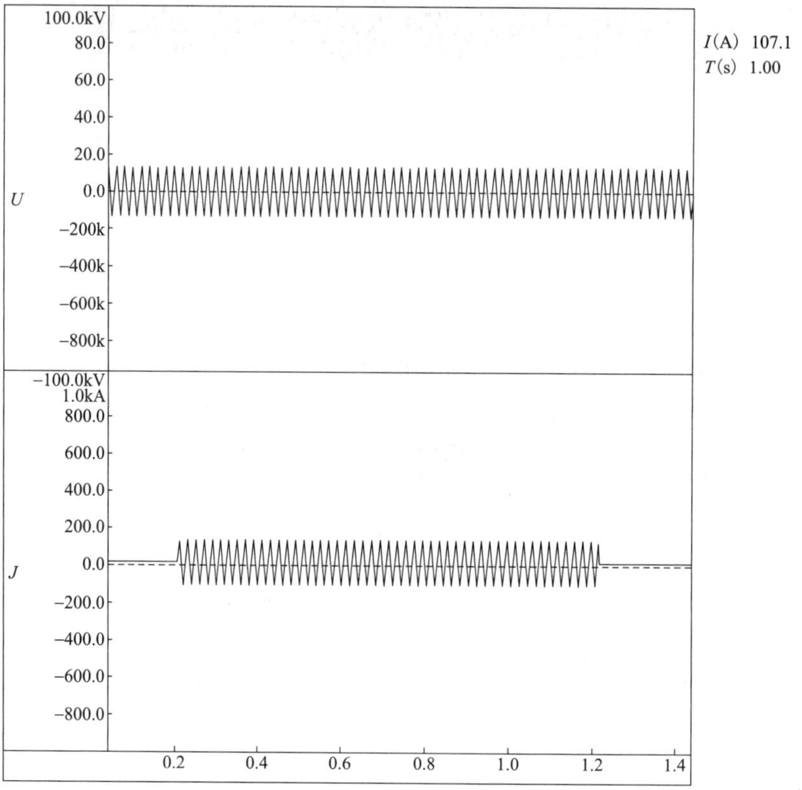

图 4-30　电压互感器短路承受能力试验示波图（案例二）

［案例三］

（1）案例概况：电压互感器的型号为 JDZ9-10，规格为 10/0.1kV，一次绕组的截面积 0.0254mm^2，二次测量绕组 1a-1b 的截面积 1.438mm^2。

（2）不合格描述：短路试验过程中无异常现象，试品试前试后无明显劣化现象。短路后感应耐压试验过程中出现电压跌落现象。

（3）不合格分析：短路试验后的绝缘试验不合格，是短路试验过程中试品绝缘受损。

第五章 电流互感器

第一节 概　　述

电流互感器是一种专门用作变换电流的特种变压器，在正常工作条件下，电流互感器的二次电流与一次电流成正比。根据电力系统电压等级的不同，电流互感器的一、二次绕组之间设置足够的绝缘，以保证所有的低压设备与高电压相隔离。电力线路的电流各不相同，通过电流互感器一、二次变比的不同可以将不同的线路电流变换成较小的电流值，一般为 5A 和 1A。

为了电流互感器在电力系统中能安全、可靠的运行，国家规定设备入网前必须先取得型式试验报告。型式试验验证包括：全新结构的第一台产品；经过改进结构之后已影响到产品的某方面性能的改进产品；结构没改变，但采用了新材料、新工艺的产品。型式试验报告项目包括 GB/T 20840.1 第 7.1.2 条规定的全部例行试验、型式试验以及部分特殊试验项目。

送样前，为了试验顺利进行，制造方送样时试品应该确保完好，无磕碰、裂纹、划伤，所有配件完好齐全如引出电缆，不得有绝缘皮破损划伤，保证绝缘外表干净整洁无异物（如标签纸）。试品铭牌必须清晰准确，铭牌中包含产品名称、产品原理图、型号规格、绕组负荷、功率因数等关键信息。

电流互感器国网抽检试验项目分类列表见表 5-1。

表 5-1　　电流互感器国网抽检试验项目分类列表

<table>
<tr><th>序号</th><th>试验项目名称</th><th>类别</th></tr>
<tr><td>1</td><td>准确度试验</td><td rowspan="4">C 类</td></tr>
<tr><td>2</td><td>一次端工频耐压试验</td></tr>
<tr><td>3</td><td>段间工频耐压试验</td></tr>
<tr><td>4</td><td>二次端工频耐压试验</td></tr>
<tr><td>5</td><td>一次端冲击耐压试验</td><td rowspan="5">B 类</td></tr>
<tr><td>6</td><td>温升试验</td></tr>
<tr><td>7</td><td>局部放电测量</td></tr>
<tr><td>8</td><td>匝间过电压试验</td></tr>
<tr><td>9</td><td>短时电流试验</td></tr>
</table>

以下是本书推荐的电压互感器检测依据标准，标准未注明年代号，均以最新版为准。

GB/T 20840.1《互感器通用技术要求》。

GB/T 20840.2《电流互感器的补充技术要求》。

GB/T 22071.1《互感器试验导则 第 1 部分》。

第二节 准 确 度 试 验

一、试验概述

电流互感器是一种专门用作变换电流的特种变压器，在正常工作条件下，电流互感器的二次电流与一次电流成正比。在接线方向正确的条件下，二次电流对一次电流的相位差接近于零。由于励磁电流的存在，使得乘以匝数比后的二次电流与一次电流不相等所以产生了比值差。只有理想状态下一次电流和二次电流相位差才会为零，若二次电流超前一次电流则相位差为正值，若二次电流滞后一次电流则相位差为负值。

1. 试验目的

测量验证相应准确级的电流互感器的比值误差以及相位误差是否符合相应准确级的限值要求，也可用来检查验证试品是否损坏及异常。

2. 试验依据

GB/T 20840.1《互感器通用技术要求》是互感器试验的主标准。

GB/T 20840.2《电流互感器的补充技术要求》是电流互感器专用技术标准。

GB/T 20840.2 第 7.1.2 条规定本试验即是例行试验也是型式试验。型式试验适用于 GB/T 20840.2 第 7.2.6 条，例行试验适用于第 7.3.7 条标准。

本部分采用的方法为比较法。

3. 主要参数及定义

（1）比值差 ε：在测量互感器时，由于实际变比与额定变比不相等所引入的误差。

（2）相位差 $\Delta\phi$：一次电流相量与二次电流相量的相位差，相量方向是按理想互感器是相位差为零来选定的。若二次电压相量超前一次电压相量，则相位差为正值。它通常用分或厘弧表示。

（3）准确级：对互感器所给定的等级，表示它在规定使用条件下的比值差和相位差保持在规定的限值以内。

（4）负荷：二次电路的阻抗，用欧姆及功率因数表示。

（5）额定负荷：相应的准确级要求所依据的负荷值。

（6）P 级保护用电流互感器：无剩磁通限值的保护用电流互感器。

（7）PR 级保护用电流互感器：具有剩磁通限值的保护用电流互感器。

二、试验前准备

1. 试验设备与环境要求

电流互感器准确度试验常用设备名称、参数及精度见表 5-2。

表 5-2 电流互感器准确度试验常用设备名称、参数及精度

设备名称	设备参数	精度
数字式互感器校验仪	可测电流互感器额定二次电流：5，1A；可测互感器额定二次电压：100V，110V，120V；倍率因子：$1/\sqrt{3}$，1/3，1，1.5，2；工作范围：1%～120%； 频率：50Hz	不确定度：±1%
精密电流互感器	额定一次电流：0.50.75，1，1.25，1.5，2，2.5，3，4，5，7.5，10，12.5，15，20，25，30，40，50，60，75，80，100，100，120，150，160，200，250，300，315，400，500，600，630，750，800，1000，1200，1250，1500，1600，2000，2500，3000，3150，3500，4000，4500，5000，6000，6300，7000，7500，8000，9000，10000A； 额定二次电流：1，5A；互感器容量 0.2Ω；频率：50Hz；功率因数：$\cos\varphi$=1.0；额定电压 500V	准确度：0.01S 级标互应高于试品 2 个准确级
电流互感器负载箱	额定电流：1，5A；功率因数：$\cos\varphi$=0.8，额定负荷：2.5/3.75/5/6.25/7.5/10/12.5/15/20/25/30/40/50/60VA；功率因数：$\cos\varphi$=1.0，额定负荷：2.5/3.75/5/6.25/7.5/10VA	不确定度：±3%
电流发生器	额定容量：80kVA；频率：50Hz；输入电压：AC 0-420V；最大输入电流：190A；输出电压：AC 0～10V 1 匝 输出电压：10V 穿心一匝输出，20V P1/C1 并联，P2/C2 并联，输出端 P1，C2； 输出电压 40V，P2/C1 串联，输出端 P1，C2	—

试验时互感器应如同正常使用时一样安装。GB/T 2084.1 第 7.2.1 条试验时环境温度应在 5～40℃，湿度在 85%以下进行。试验室不满足此条件不得试验。

2. 试验前的检查

产品进行准确度试验前，要做如下的检查工作：

（1）做好技术准备，核查相应的技术文件、试验标准及试验要求。

（2）确认试品各绕组电流变比选择对应的标准电流互感器档位。

（3）对于油浸式电流互感器试验前要确认油位是否正常，有无漏油现象。

三、试验过程

GB/T 20840.2 第 5.6.201.2 条规定，测量用电流互感器的标准准确级为：0.1、0.2、0.5、1、3、5。

特殊用途的测量用电流互感器的标准准确级为：0.2S 和 0.5S。

GB/T 20840.2 中第 5.6.201.3 规定：对于 0.1、0.2、0.5 级和 1 级，在二次负荷为额定负荷的 25%～100%之间任一值时，其额定频率下的比值差和相位差不超过表 5-3 所列限值。对于 0.2S 级和 0.5S 级，在二次负荷为额定负荷的 25%～100%之间任一值时，其额定频率相应百分数下电流的比值差和相位差不超过表 5-4 所列限值。

上述准确级试品一般是在二次负荷 25%和 100%两个负荷条件下进行试验。

对于 3 级和 5 级，在二次负荷为额定负荷的 50%～100%之间任一值时，其额定频率相应百分数下电流的比值差不超过表 5-5 所列限值。对于 3 级和 5 级的相位差限值不予规定。

对所有准确级，负荷的功率因数均应为 0.8（滞后），当负荷小于 5VA 时，应采用功率因数为 1.0，且最低值为 1VA 的负荷。

对额定输出最大不超过 15VA 的测量级，可以规定扩大负荷范围。当二次负荷范围扩大为 1VA 至 100%额定输出时，比值差和相位差应不超过表 5-3～表 5-5 所列相应准确级的限值。在整个负荷范围，功率因数应为 1.0。

表 5-3　　测量用电流互感器的比值差和相位差限值（0.1～1 级）

准确级	下列额定电流百分数下比值差±%				下列额定电流百分数下的相位差							
					±（′）				±crad			
	5	20	100	120	5	20	100	120	5	20	100	120
0.1	0.4	0.2	0.1	0.1	15	8	5	5	0.45	0.24	0.15	0.15
0.2	0.75	0.35	0.2	0.2	30	15	10	10	0.9	0.45	0.3	0.3
0.5	1.5	0.75	0.5	0.5	90	45	30	30	2.7	1.35	0.9	0.9
1.0	3.0	1.5	1.0	1.0	180	90	60	60	5.4	2.7	1.8	1.8

表 5-4　　特殊用途测量用电流互感器的比值差和相位差限值（0.2S 级和 0.5S 级）

准确级	下列额定电流百分数下比值差±%					下列额定电流百分数下的相位差									
						±（′）					±crad				
	1	5	20	100	120	1	5	20	100	120	1	5	20	100	120
0.2S	0.75	0.35	0.2	0.2	0.2	30	15	10	10	10	0.9	0.45	0.3	0.3	0.3
0.5S	1.5	0.75	0.5	0.5	0.5	90	45	30	30	30	2.7	1.35	0.9	0.9	0.9

表 5-5　　测量用电流互感器比值差限值（3 级和 5 级）

准确级	下列额定电流百分数下的比值差±%	
	50	120
3	3	3
5	5	5

型式试验：

对于 0.1～1 级的电流互感器，应分别在 25%～100%额定负荷下按表 5-2 中的每一电流值进行。

对于额定一次电流扩大值超过 120%的电流互感器，应以额定一次电流的扩大值代替 120%额定一次电流进行试验。

对于 0.2S 和 0.5S 级的电流互感器，应分别在 25%和 100%额定负荷下按表 5-3 中的每一电流值进行。

对于 3S 级和 5S 级的电流互感器，应分别在 50%和 100%额定负荷下按表 5-4 中每一电流值进行。

对于例行试验，原则上与型式试验相同，但只要在类似互感器型式试验中证实减少测量点仍符合型式试验要求，则允许在例行试验中减少测量点。

对于保护用电流互感器，GB/T 20840.2 第 5.6.2.3 条及第 5.6.2.4 条规定。

保护用电流互感器的标准准确级为 5P 级和 10P 级。

PR 级保护用电流互感器的标准准确级为 5PR 级和 10PR 级。

在额定频率和额定负荷时，其比值差和相位差不超过表 5-6 所列限值。

为测定比值差和相位差，试验中所用的负荷功率因数为 0.8（滞后），当负荷小于 5VA 时应采用功率因数为 1.0。

电流误差和相位误差的型式试验及例行试验都应在额定一次电流下进行。

表 5-6　　P 级和 PR 级保护用电流互感器的误差限值

准确级	额定一次电流下的比值差±%	额定一次电流下的相位差	
		±（′）	±crad
5P 和 5PR	1	60	1.8
10P 和 10PR	3	—	—

1．试验原理和接线

电流互感器的误差试验，采用比较法进行。以高精度的电流互感器为基准，用互感器误差校验仪比较测量被测电流互感器与基准的差异。基准电流互感器的精度通常比被试互感器的精度高两个等级，这时可忽略基准互感器的误差影响，测量结果即是被试电流互感器的误差。电流互感器准确度试验接线图如图 5-1 所示。

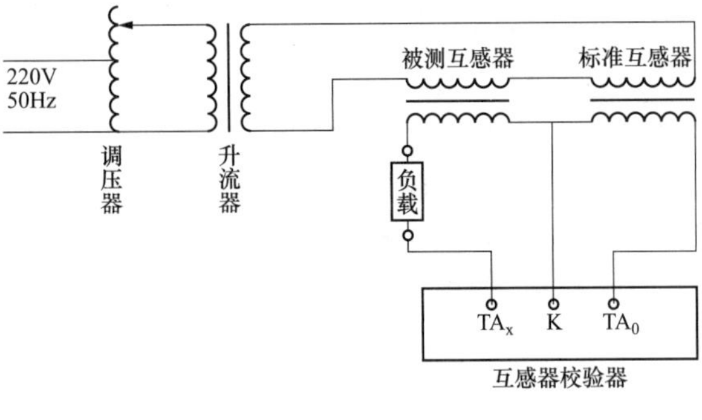

图 5-1　电流互感器准确度试验接线图

2．试验方法

电流互感器准确度试验即是例行试验又是型式试验，除非制造方要求，否则我们按照型式试验的标准进行试验。

电流互感器的误差试验皆采用比较法进行。比较法是以高精度的电流互感器 TA_0 为基准，用互感器误差校验仪比较测量被测电压互感器 TA_x 与基准的差异。基准精度足够时（通常标互比被试互感器至少高两个准确级）可以忽略基准的误差。其测量结果即是被试互感器误差。

对一次串联在电流源上的基准和被测电流互感器，利用它们二次电流的相量差电流（误差电流），用基准电流互感器二次电流产生的相量电位计进行测量，变换比率适当时，测得差电流的同相分量和正交分量分别为被测互感器的电流误差和相位差。这种方法只能测量电流比相同的电流互感器，需有规格齐全的基准电流互感器，常用的互感器校验仪 HE5、HE6 型自动校验仪。

四、注意事项

（1）试验时要指定专人观察产品、设备。

（2）整个测量回路中所有的接地都应引至同一参考接地点。

（3）试验过程中电流尽可能准确，偏差尽可能小，特别是 1%、5%电流小升流速度控制好。

（4）油浸式电流互感器试验前确认油位是否正常。

（5）试验过程中被试绕组所带负荷必须正确，非被试绕组可靠短接。

五、试验后的检查

电流互感器准确度试验是对电流互感器的变比误差的检测，一般不会对试品造成损坏，从外观上观测试品试验前后不会有什么变化。

六、结果判定

测量用电流互感器准确度结果用表 5-2～表 5-4 标准比对，超过规定值即为不合格。保护用电流互感器准确度结果用表 5-5 标准比对，超过规定值即为不合格。不合格项严重程度划分见表 5-7。

表 5-7　　不合格项严重程度划分

试验项目	序号	不合格项	不合格现象	结果判定依据	严重程度
电流互感器准确度试验	1	无法升流	升流器无法升流	GB/T 20840.2 GB/T 20840.2 GB/T 20840.2	严重
	2	比值差相位差限值均超出仪器量程	测量仪器显示超出测量量程		严重
	3	比值差超出相应限值	—		轻微
	4	相位差差超出相应限值	—		轻微

七、案例分析

［案例一］

（1）案例概况：试品型号为 LMZK-10，50/1A，电流互感器。S1-S2 准确级 0.5；额定负荷：2.5VA；试验时所用负荷的功率因数是 0.8。下限负荷 1VA。

（2）不合格描叙：通过试验结果和表 5-2 相应准确级试验要求值比对发现试验结果值远远大于试验要求值。

（3）不合格原因分析：通过表 5-8 可知试验结果的比值差远远超出 0.5 级标准要求值判断试品的匝数比不对。

表 5-8　　准确度试验试验结果（案例二）

量限	额定电流的百分值	5%	20%	100%	120%	二次负荷	
						VA	cosφ
S1-S2 50/1A 0.5	比值差（%）	16.5	17.3	17.6	17.5	2.5	1.0
	相位差（′）	35	41	53	64		
	比值差（%）	13.5	14.8	15.7	15.6	1.0	1.0
	相位差（′）	36	35	41	53		

［案例二］

（1）案例概况：试品型号 LZZBJ9-10，300-600/5A。电流互感器 S1-S2，额定负荷：15VA；试验时所用负荷的功率因数是 0.8（滞后）；准确级为 0.2S。

（2）不合格描述：通过表 5-9 试验结果和表 5-3 相应准确级试验要求值比对发现试验结果比值差和相位差都超出试验要求值。

（3）不合格原因分析：短路前此试验为合格，短路后不合格，分析为短路试验过程中造成试品内部绕组松动。

表 5-9　　准确度试验试验结果（案例二）

量限	额定电流的百分值	1%	5%	20%	100%	120%	二次负荷	
							VA	cosφ
S1-S2 600/5A 0.2S	比值差（%）	0.63	0.32	0.23	0.25	0.25	15	0.8
	相位差（′）	26	25	13	14	13		
	比值差（%）	0.62	0.31	0.26	0.24	0.24	3.75	1.0
	相位差（′）	25	23	13	14	15		

［案例三］

（1）案例概况：试品型号规格名称 LZCK-10，600/5A，0.5S/5VA；开启式电流互感器 1S1-1S2 额定负荷：5VA；试验时所用负荷的功率因数是 0.8（滞后）准确级：0.5S。

（2）不合格描述：通过试验结果和表 5-10 相应准确级试验要求值比对发现试验结果比值差和相位差均超出试验要求值。电流互感器准确度试验试验接线实物图（案例三）如图 5-2 所示。

表 5-10　　准确度试验试验结果（案例三）

量限	额定电流的百分值	1%	5%	20%	100%	120%	二次负荷	
							VA	cosφ
1S1-1S2 600/5A 0.5S	比值差（%）	2.32	1.82	1.31	1.28	1.26	5	0.8
	相位差（′）	62	36	25	26	23		
	比值差（%）	2.30	1.75	1.21	1.22	1.22	1.25	1.0
	相位差（′）	65	32	24	25	23		

图 5-2 电流互感器准确度试验试验接线实物图（案例三）

（3）不合格后采取的措施：准确度试验是可以复现的试验项目，当试验遇到试验结果超出规定值时，试验人员应先检查试验接线是否正确，或者换一台仪器进行测量。如复测再次不合格，为避免人为因素造成的不合格一般应换一组人员进行复测确认。

第三节 一次端工频耐压试验

一、试验概述

电流互感器在电力系统运行中除了要承受正常的电压作用外，还要承受各种过电压的作用，如持续工频过电压、瞬态过电压、操作过电压和雷电过电压等。

1. 试验目的

电流互感器一次端工频耐压试验考核的是一次侧对二次侧以及对地绝缘在工频过电压下的绝缘耐受能力。从而保证电压互感器在各种过电压作用下安全运行。

2. 试验依据

GB/T 20840.1《互感器通用技术要求》是互感器试验的主标准。

GB/T 20840.2《电流互感器的补充技术要求》是电流互感器专用技术标准。

GB/T 20840.2 第 7.1 条规定本试验为例行试验。

二、试验前准备

1. 试验设备与环境要求

电流互感器一次端工频试验常用设备名称、参数及精度见表 5-11。

试验时互感器应如同正常使用时一样安装。GB/T 2084.1 第 7.2.1 条试验时环境温度应在 5～40℃，湿度在 85%以下进行。试验室不满足上述试验条件时不得进行试验。

表 5-11　电流互感器一次端工频试验常用设备名称、参数及精度

设备名称	设备参数	精度
无局部放电工频试验变压器成套设备	单相，50Hz，额定容量 240kVA；额定输入电压：0.38kV（调压器输入电压）；额定输出电压：120kV；额定输入电流：328.9A（调压器输入电流）；额定输出电流 2A/（抽头 13A）；成套装置运行 100%U_n，100%I_n 下运行 60min，70%U_n，70%I_n 下连续运行；成套设备局部放电水平：100%额定电压下≤5pC；70%额定电压下≤2pC；成套设备波形畸变率：当电压在 10%～100%额定电压范围内，调压器输入电压波形畸变率＜3%时，输出电压波形畸变率＜5%；系统噪声水平：≤65dB	不确定度：±1%

2. 试验前检查

产品施加工频电压试验前，要做如下的检查工作。

（1）做好技术准备，核查相应的技术文件、试验标准以及试验要求。

（2）确认试品电压等级和相应的一次端工频耐压试验电压是否匹配。

（3）对于油浸式电流互感器试验前通过油位计或观测窗确认油位是否正常，外表有无漏油迹象。

（4）试品及试验设备要正确接线，要保证引线对各接地部分的绝缘距离足够大，至少大于试品接线端对地距离的 1.5 倍，以免在试验过程中出现不应有的放电。

三、试验过程

GB/T 20840.1 规定：试验电压应施加在一次绕组各出线端子（连在一起）与地之间（一次端子之间），其座架、箱壳（如果有）和铁心（如果要求接地）以及所有二次绕组子均应接地。一次端的重复工频耐压试验应以规定试验电压值的 80%进行。

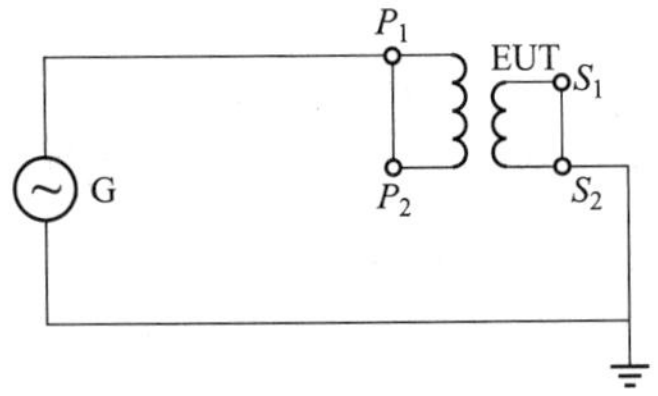

图 5-3　电流互感器一次工频试验接线原理图
EUT—被试品；G—试验电压发生器

1. 试验原理和接线

电流互感器一次工频试验接线原理图如图 5-3 所示。

2. 试验方法

试验电压应施加在一次绕组各出线端子（一次端子连在一起必须可靠）与地之间，其座架、箱壳（如果有）和铁心（如果要求接地）及所有二次绕组端子均应接地。即如 P_1P_2 短接接入高压试验线路，二次端子如 $1S_11S_2$ 短接接地，如有多个二次端子全部短接接地，其他要求接地的地方如座架、箱壳可靠接地。

加压方法：对试品施加电压时应从足够低的数值开始，以防止瞬变过程引起的过电压的影响。加压时，应由机械零位开始缓慢升高电压，观测仪表升压数值，也不应太慢，以免试品在接近试验电压 U 时耐压时间过长。在升至 75%试验电压时，应以每秒 2%试验电压的速率升压至短时工频耐压试验值，维持 60s 或规定时间，然后降到 30%规定电压以下后再切断电源。

四、注意事项

（1）试验前做好试验的安全措施，要有信号灯、指示牌、围栏等。

（2）整个测量回路中所有的接地都应引至同一参考接地点。

（3）试验过程中试验电压最大允许偏差为±3%。

（4）油浸式电流互感器试验前确认油位是否正常。

（5）穿心的互感器一次端工频是用一根电缆或与试品无直接接触的铜棒作为一次端工频施加电压部位。

（6）一次端的重复工频耐压试验应以规定电压值的 80%进行，如果短路试验后重复工频耐压试验应以规定值的 90%进行。

五、试验后的检查

（1）如果试验过程中出现闪络现象，检查对比试品试验前后外表有无电弧灼烧点。

（2）试验过程中没有电压突然下降或闪络现象，也需检查产品绝缘表面查看是否有放电痕迹或其他异常现象。

六、结果判定

试验过程中无破坏性放电现象，试验电压未出现突然下降，则试验合格。电流互感器一次工频试验不合格现象及判定依据见表 5-12。

表 5-12　　电流互感器一次工频试验不合格现象及判定依据

试验项目	序号	不合格项	不合格现象	结果判定依据	严重程度
电流互感器一次端工频试验	1	试品报废	试品出现爆裂现象	GB/T 20840.2	严重
	2	试品损坏	试品出现击穿绝缘结构损坏		严重
	3	试验时闪络	试验过程中试验电压突然下降试品出现闪络现象		严重
	4	电压降落	耐压过程中电压出现轻微降落		轻微

七、案例分析

（1）不合格描述：电流互感器一次工频出现不合格现象，极个别试品会出现爆裂现象，一般的不合格现象主要有一次侧对外壳、接地点或二次侧放电闪络，造成试验过程中试验电压突然下降现象。

（2）不合格原因分析：电流互感器一次端工频试验试品出现爆裂现象是试品内部匝间短路造成的。一次端子对外壳、接地点及二次侧放电的原因是绝缘距离不够造成。试验时试品外表有油污、灰尘等也会造成闪络现象，所以试验时试品要清洁干净特别是浇筑环氧树脂类产品。试验时出现试验电压突然下降是对地击穿现象造成的。

第四节　段间工频耐压试验

一、试验概述

为了满足使用需要，电流互感器一般会做成多个变比的互感器，其中的一种方式为电流互感器的一次绕组分段，这样即可提供电流互感器的一次绕组段间串联、并联及不同的运行方式，从而实现不同的变比。

1. 试验目的

段间工频耐压试验考核的是绕组段间内绝缘在工频电压下的绝缘耐受能力。

2. 试验依据

GB/T 20840.1《互感器通用技术要求》是互感器试验的主标准。

GB/T 20840.2《电流互感器的补充技术要求》是电流互感器专用技术标准。

GB/T 22071.1《互感器试验导则　第 1 部分》第 5.5 条。

GB/T 20840.2 7.1 条规定段间工频耐压试验是例行试验。

3. 主要参数及定义

线段：互感器的导电部件，它与其他类似件绝缘并装有端子。

二、试验前准备

1. 试验设备与环境要求

电流互感器段间工频试验常用设备名称、参数及精度见表 5-13。

表 5-13　电流互感器段间工频试验常用设备名称、参数及精度

设备名称	设备参数	精度
耐压测试仪	测量电压范围：0～10kV；测量电压精度：AC/DC　1～10kV±3%；输出功率：AC　1000VA；DC　100VA；输出波形：50Hz 正弦波形及直流电压；漏电流范围：AC 0～100mA　DC 0～10mA；值：AC；时间控制：定时器定时时间（1～99）s±3%	漏电流设置精度：AC 0.5～100mA ±（3%+2 个字）DC 0.5～10mA ±（3%+2 个字）

试验时互感器应在如同正常使用时一样安装。GB/T 2084.1 中第 7.2.1 条试验时环境温度应在 5～40℃，湿度在 85%以下进行。试验室不满足此条件不得试验。

2. 试验前检查

产品进行段间工频试验前，要做如下的检查工作：

（1）对照原理图确认试品一次端子串并联接法。

（2）对于油浸式电流互感器试验前确认油位是否正常，有无漏油现象。

（3）试品及试验设备要正确接线，特别是接地部位必须接地，要保证引线对各接地部分的绝缘距离，以免在试验过程中出现不应有的放电。

三、试验过程

GB/T 20840.1 第 5.3.4 条对相互连接的各线段，其段间绝缘的额定工频耐受电压应为 3kV。

1. 试验原理和接线

一次绕组分为串联或并联的电流互感器段间原理图如图 5-4 所示，电流互感器段间工频试验接线图如图 5-5 所示。

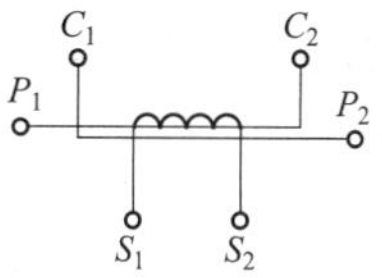

图 5-4 一次绕组分为串联或并联的电流互感器段间原理图

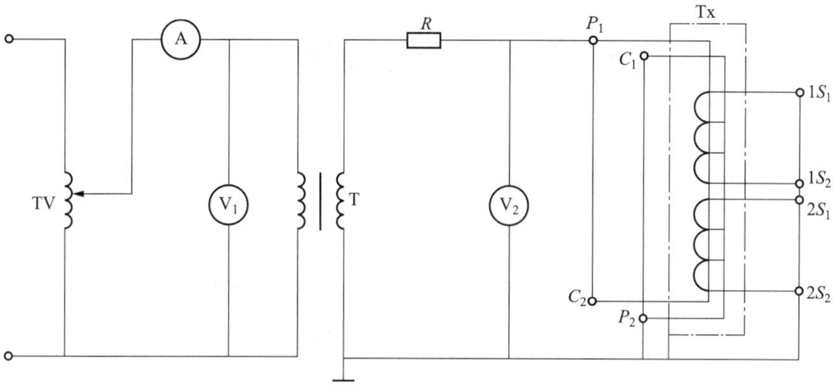

图 5-5 电流互感器段间工频试验接线图

TV—调压器；A—电流表；T—试验变压器；Tx—被试互感器

2. 试验方法

（1）试验电压：3kV，施压时间：60s 波形：正弦。

（2）施压部位：一次绕组段间。

（3）座架、箱壳（如果有）和铁心（如果要求接地）及所有其他绕组段的出线端均应连在一起接地。一次段间在串并联的时候会有一个连接板试验时把连接板取下来把两段分开进行试验。

施加电压应由机械零位开始缓慢升高，加到规定的试验电压值后持续 60s，然后降到 30%规定试验电压以下再切断电源。

四、注意事项

（1）操作人员注意与操作台高压线的安全距离。

（2）整个测量回路中所有的接地都应引至同一参考接地点。

（3）试验过程中试验电压最大允许偏差为±3%。

五、试验后检查

试验后检查一次绕组周边绝缘有无异常现象。

六、结果判定

试验过程中无破坏性放电现象，试验电压未出现突然下降，则试验合格。

七、案例分析

（1）不合格描述：随着现在制造工艺的进步，电流互感器段间工频试验极少有不合格现象。如有不合格会出现闪络或试验电压突然下降现象。

（2）不合格原因分析：段间工频不合格原因主要有段间绝缘的击穿、以及段间绝缘的损坏。

第五节　二次端工频耐压试验

一、试验概述

电流互感器在电力系统运行中除了要承受正常的电压作用外，还要承受各种过电压，如持续工频过电压、瞬态过电压、操作过电压和雷电过电压等。这些过电压有的会通过电磁耦合的方式传递到二次回路，在二次回路中形成过电压。为保证电流互感器二次侧在各种过电压作用下安全运行，要用相应的试验对产品进行考核。

1. 试验目的

电流互感器二次端工频耐压试验考核的是二次侧对一次侧和二次侧绕组之间以及二次侧对地的绝缘耐受能力。

2. 试验依据

GB/T 20840.1《互感器通用技术要求》是互感器试验的主标准。

GB/T 20840.2《电流互感器的补充技术要求》是电流互感器专用技术标准。

GB/T 22071.1《互感器试验导则　第 1 部分》第 5.6 条。

GB/T 20840.2 第 7.1.2 条规定，本试验为例行试验。

二、试验前准备

1. 试验设备与环境要求

电流互感器二次工频试验设备常用名称、参数及精度见表 5-14。

表 5-14　　　　电流互感器二次工频试验设备常用名称、参数及精度

设备名称	设　备　参　数	精度
耐压测试仪	测量电压范围：0～10kV；测量电压精度：AC/DC　1～10kV ±3%；输出功率：AC　1000VA；DC　100VA；输出波形：50Hz 正弦波形及直流电压；漏电流范围：AC　0～100mA　DC　0～10mA；值：AC；时间控制：定时器定时时间（1～99）s±3%	漏电流设置精度：AC　0.5～100mA　±（3%+2 个字）DC 0.5～10mA　±（3%+2 个字）

试验时互感器应如同正常使用时一样安装。GB/T 2084.1 第 7.2.1 条试验时环境温度应在 5～40℃，湿度在 85%以下进行。试验室不满足此条件不得试验。

2. 试验前检查

产品进行二次工频耐压试验前，要做如下的检查工作。

（1）做好技术准备，核查相应的技术文件、试验标准以及试验要求。

（2）确认试品二次绕组端子，查清绕组抽头，非试验端子短接接地。

（3）试品及试验设备要正确接线，要保证引线对各接地部分的绝缘距离，以免在试验过程中出现不应有的放电。

三、试验过程

GB/T 20840.1 第 5.3.5 二次端绝缘的额定工频耐受电压为 3kV。

GB/T 20840.2 第 5.3 条规定对于额定拐点电势 E_k≥2kV 的 PX 级和 PXR 级的电流互感器，其二次绕组绝缘应能承受额定工频耐受电压 5kV。

1. 试验原理和接线

二次工频试验接线原理图如图 5-6 所示。

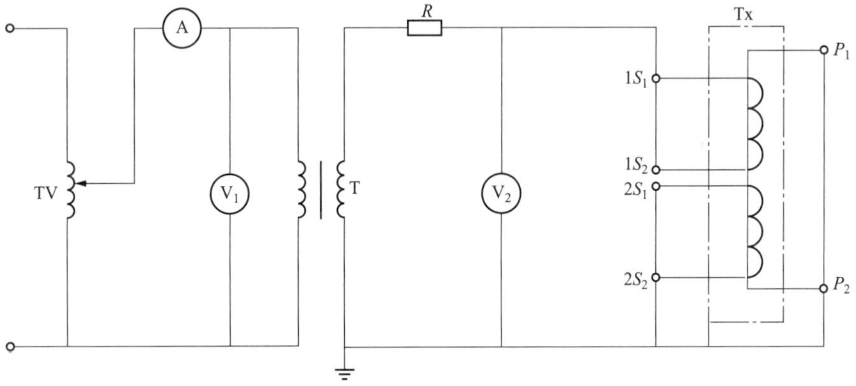

图 5-6 二次工频试验接线原理图

2. 试验方法

电流互感器：试验电压应施加在二次绕组之间以及各出线端子（连在一起）与地之间，其座架、箱壳（如果有）和铁心（如果要求接地）以及所有一次绕组端子均应接地。试验电压为 3kV，对于额定拐点电势 E_k≥2kV 的 PX 级和 PXR 级的电流互感器，其二次绕组绝缘应能承受额定工频耐受电压 5kV。

如二次有两个绕组 $1S_11S_2$、$2S_12S_2$ 试验时 $1S_11S_2$—P_1P_2、$2S_12S_2$ 及地，$2S_12S_2$—$1S_11S_2$、P_1P_2 及地分别试验。

对试品施加电压时应从足够低的数值开始，以防止瞬变过程引起的过电压的影响。加压时，应由机械零位开始缓慢升高电压，观测仪表升压数值，也不应太慢，以免试品

在接近试验电压 U 时耐压时间过长。在升至 75%试验电压时，以每秒 2%试验电压的速率升压至短时工频耐压试验值，维持 60s 或规定时间，然后降到 30%规定电压以下后再切断电源。

四、注意事项

（1）整个测量回路中所有的接地可靠接地，并都应引至同一参考接地点。

（2）加压时操作人员要和高压线保持足够大的安全距离，避免手误碰到高压线。

（3）试验过程中试验电压最大允许偏差为±3%。

五、试验后检查

（1）试验后检查二次端子及端子周围绝缘有无爬电痕迹及损伤。

（2）把拆掉的二次端子线恢复原样。

六、结果判定

试验过程中无破坏性放电现象，试验电压未出现突然下降，则试验合格。

七、案例分析

（1）不合格描述：随着现在制造工艺的进步，电流互感器二次端工频耐压试验极少有不合格现象。如有不合格可能会出现二次绕组间或二次绕组对接地点闪络，造成试验电压突然下降现象。

（2）不合格原因分析：电流互感器二次工频耐压试验不合格原因主要有二次端子对外壳、接地点及二次绕组之间绝缘距离不够造成试验时闪络，或二次端子间的绝缘击穿。试验时试品外表有油污、灰尘等也会造成闪络现象试验时试品要清洁干净特别是浇筑环氧树脂类产品防止外闪情况发生。

第六节　雷电冲击试验

一、试验概述

电流互感器在电力系统运行中除了要承受正常的电压作用外，还要承受各种过电压，如持续工频过电压、瞬态过电压、操作过电压和雷电过电压等。为保证电流互感器在各种过电压作用下安全运行，要用相应的试验对产品进行考核，雷电冲击试验就是为了考核雷电过电压条件下电气设备的内绝缘性能和外绝缘性能。

1. 试验目的

电流互感器雷电冲击目的是检验电流互感器匝间、层间及对地外绝缘在雷电冲击电压下的绝缘耐受能力。

2. 试验依据

GB /T 20840.1《互感器通用技术要求》是互感器试验的主标准。

GB/T 20840.2《电流互感器的补充技术要求》是电流互感器专用技术标准。

GB/T 20840.2 第 7.1 条规定互感器一次端雷电冲击试验为型式试验。

3. 主要参数及定义

全波：1.2/50μs；

波前 T_1 时间允许偏差：±30%；

半峰值 T_2 时间允许偏差：±20%；

峰值电压：波峰处振荡或上冲＜±5%，电压值偏差＜±3%。

电流互感器雷电冲击标准波形图如图 5-7 所示。

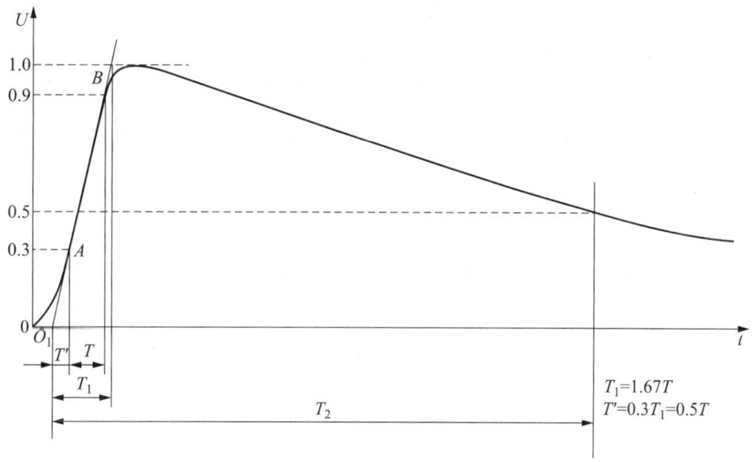

图 5-7 电流互感器雷电冲击标准波形图

视在原点 O_1：试验电压曲线找那个相当于 A 点超前 $0.3T_1$ 的瞬间，对于具有现行时间刻度的波形，它为通过波前部分 A、B 两点所画直线与时间轴的交点。

波前时间 T_1：定义为试验曲线峰值是 30%～90%的时间间隔的 1.67 倍。

波尾时间 T_2：定义为从视在原点 O_1 到试验电压曲线下降到试验电压值一半时刻之间的时间间隔。

二、试验前准备

1. 试验前设备与环境要求

电流互感器雷电冲击试验常用设备名称、参数及精度见表 5-15。

试验时电流互感器应如同正常使用时一样安装。GB/T 2084.1 第 7.2.1 条试验时环境温度应在 5～40℃，湿度在 85%以下进行。试验室不满足此条件不得进行试验。

表 5-15　　电流互感器雷电冲击试验常用设备名称、参数及精度

设备名称	设备参数	精度
冲击电压发生器成套试验装置	标称电压：±400kV，标称能量：30kJ，额定冲击电容量：0.375μF，额定充电电压：100kV，级数：4，级电容量：1.5μF，级能量：7.5kJ，同步范围≥20%，点火范围：15%～100%	充电电压不稳定度：<±1.0%，同步放电失控率：<2%
弱阻尼电容分压器	标称电压：400kV，过冲≤20%	刻度因数不确定度：≤1%，方波部分响应时间≤100ns
多级球隙截断装置	标称电压：400kV，截断时间 2～6μs	截断分散性≤±0.2μs
控制台	充电电压整定范围：0.1～100kV，工作电压：15～100kV，调节精度：0.1kV，升压时间：设定范围 30～190s，调节精度：1s，报警延时：2s，冲击试验次数：设定范围 0～99 次，调节精度：1 次，截波延时可调时间：0.1～9.9μs，调节精度：0.1μs	调节精度：0.1kV，调节精度：1s，调节精度：1 次，调节精度：0.1μs
直流冲电装置	标称电压：±400kV，标称能量：30kJ，额定冲击电容量：0.375μF，额定充电电压：100kV，级数：4，级电容量：1.5μF，级能量：7.5kJ，充电电压不稳定度：<±1.0%，同步放电失控率：<2%，同步范围≥20%，点火范围：15%～100%	—

试验时应增大火花放电间隙以避免试验中火花发生放电。全波试验时截波球隙适当拉大避免造成全波截断。

2．试验前检查

产品进行雷电冲击试验前，要做如下的检查工作。

（1）对试品进行外观检查，查看试品是否完好无损。

（2）确认试品电压等级和相应的雷电冲击试验电压是否匹配。

（3）对于油浸式电流互感器试验前通过油位计或观测窗确认油位是否正常，外表有无漏油现象。

（4）试品及试验设备要正确接线，要保证引线对各接地部分的绝缘距离足够大，至少大于试品接线端对地及相间空气距离的 1.5 倍，以免在试验过程中出现不应有的放电。

三、试验过程

电流互感器雷电冲击试验：GB/T 20840.2 第 7.2.3 条规定，试验电压应施加在一次绕组各端子（连接在一起）与地之间。座架、箱壳（如果有）和铁心（如需接地）及所有二次绕组端子、皆应接地。

对于气体绝缘变电站用的三相电流互感器，所有各相应轮流试验。在一相进行试验时，其余各相都应接地。

GB /T 20840.1 第 7.2.3 条规定对于 U_m<300kV 的互感器试验应在正和负两种极性下进行，应施加每一极性连续冲击 15 次，不做大气条件校正。

1．试验原理和接线

电流互感器雷电冲击试验接线原理图如图 5-8 所示。电流互感器雷电冲击试验接线实

物图如图 5-9 所示。

2. 试验方法

电流互感器雷电冲击试验：GB/T 20840.2 第 7.2.3 条规定，试验电压应施加在一次绕组各端子（连接在一起）与地之间。座架、箱壳（如果有）和铁心（如需接地）及所有二次绕组端子、皆应短接并通过示伤电阻接地。

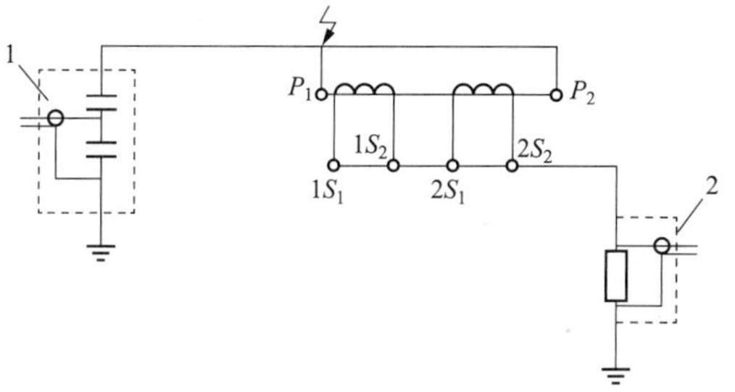

图 5-8 电流互感器雷电冲击试验接线原理图

1—冲击发生器；2—波形采集单元

图 5-9 电流互感器雷电冲击试验接线实物图

三相电流互感器，所有各相应轮流试验。在一相进行试验时，其余各相都应接地。

GB /T 20840.1 第 7.2.3 条规定对于 U_m＜300kV 的互感器试验应在正和负两种极性下进行，应施加每一极性连续冲击 15 次，不做大气条件校正。

如果满足下列条件，则认为互感器通过了试验冲击试验。每一组试验冲击至少 15 次。

非自恢复绝缘不发生破坏性放电。对此确认的条件是跟随一次破坏性放电后能耐受连续冲击 5 次。每一组试验的自恢复破坏性放电不超过 2 次。

试验时，首先要根据试品的参数（主要是产品的电压等级）及技术条件选择冲击发生器的级数及串并联联结。考虑发生器同步及安全等因素，发生器的运行电压尽可能低些，例如在 60%额定电压下，发生器的效率可估计在 60%～80% ，实际上在主电容较大用高效率回路对一般产品试验时效率约在 90% ，如果波形上冲较大则会超过 100%。

波形可简化估算如下：

波前时间 T_1=2.2～2.4 $R_2 = \dfrac{C_1C_2}{C_1+C_2}$。

半峰值时间 T_2=0.7～0.8R_3（C_1+C_2）。

四、注意事项

（1）试验时拍好过程照片，并做好试验的安全措施，要有信号灯、指示牌、围栏等。

（2）试验时要指定专人观察产品、设备，并保证全电压试验时线路与校准时一致。

（3）整个测量回路中所有的接地都应引至同一参考接地点。

（4）电流互感器雷电冲击试验二次必须短接接地，禁止开路。

（5）雷电冲击需要电压波形图和电流波形图。

（6）雷电冲击试验不合格的产品，其原始记录需提供电流、电压不合格波形图，如果有可见损伤需提供试品损伤照片。

（7）试验过程中一般不改变试验设备参数以保证波前时间波尾时间的稳定性。

五、试验后检查

（1）检查试品表面绝缘是否有损伤。

（2）核查记录数据是否有误。

（3）比较分析电压电流波形图是否有异常。

六、结果判定

如果有如下情况，则认为互感器通过本试验。

（1）不发生破坏性放电。

（2）未发现绝缘损伤的证据。

如果在降低电压下所记录的电压和电流瞬变波形图与在全电压下所记录的相应的瞬变波形图无明显差异，则试验合格。

如果电压发生降落或偏离，降低冲击电压试验如果再次发生电压的降落或偏离，则判定试验不合格。由于测量上的实际困难，电压跌落可通过波形进行识别。

一次端额定雷电冲击耐压试验不合格现象及判定依据见表5-16。

表5-16　　一次端额定雷电冲击耐压试验不合格现象及判定依据

序号	不合格项	不合格现象	结果判定依据	严重程度
1	试品损毁	试品绝缘直接击穿，试品发生损坏	—	严重
2	试品绝缘击穿	试品内部发生闷响，雷电波形发生截断现象		严重
3	外部闪络	试品外部发生闪络，排除接线人为因素继续闪络		严重
4	波形截断	雷电冲击全波试验过程中发生波形截断（排除外部截断情况）		严重
5	波形异常	雷电冲击试验时三次全电压波形和电流波形发生较大变化		严重
6	波形截断	雷电冲击全波试验过程中发生波形截断（排除外部截断情况）试验电压降低至90%无此情况		轻微

七、案例分析

（1）案例概况：型号为JLSZW3-15，户外三相电流互感器全波时出现波前截断，内绝缘击穿现象。

（2）不合格试验描述：在进行110kV全波试验时，试品内部出现闷响，试品在电压95.23kV时出现波前截断。

（3）不合格原因分析：查看试品外表无异常，对试品进行励磁却已无法励磁，判断试品匝间绝缘损坏，内绝缘击穿。

电流互感器雷电冲击试验不合格实物接线图如图 5-10 所示。电流互感器雷电冲击试验不合格案例波形图如图 5-11 所示。

图 5-10　电流互感器雷电冲击试验不合格实物接线图

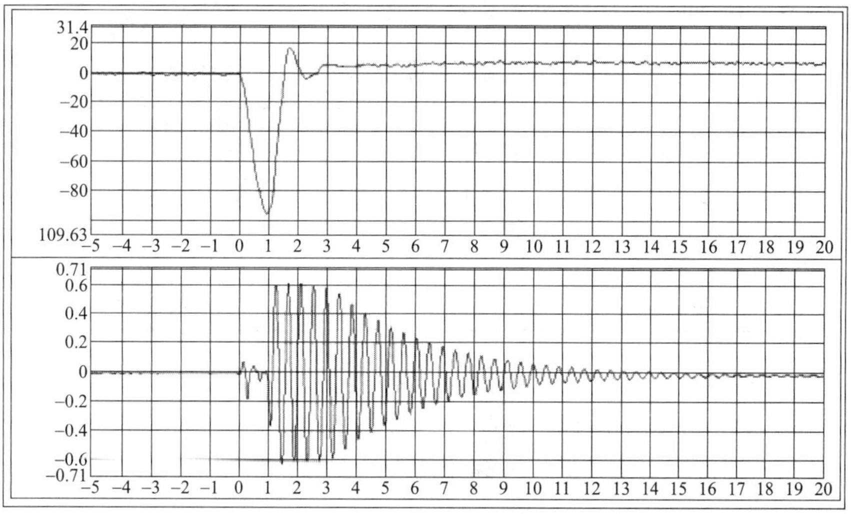

图 5-11　电流互感器雷电冲击试验不合格案例波形图

第七节　温　升　试　验

一、试验概述

电流互感器在使用过程中，由于励磁电流以及负载电流的存在，其绕组会产生电阻损耗、磁路会产生电磁损耗导致绕组、铁心及其零部件发热而产生温升，长时间的温度过高不但造成不必要的电能损耗，还会对电流互感器的绝缘造成老化损坏。所以电流互感器有温升限值要求。

1. 试验目的

本试验的目的在于：对电流互感器通以额定频率的额定连续热电流（或额定扩大连续热电流），二次端子接额定负荷条件下进行试验。在其运行达到热平衡状态，测量其各绕组和表面的温升及油顶层的温升（如果有）。

2. 试验依据

GB/T 20840.1《互感器通用技术要求》是互感器试验的主标准。

GB/T 20840.2《电流互感器的补充技术要求》是电流互感器专用技术标准。

GB/T 20840.2 第 7.1.2 规定本试验为型式试验。

3. 主要参数及定义

绕组温升 k 值：绕组温度值减去环境温度值，单位为 K。

二、试验前准备

1. 试验设备与环境要求

电流互感器温升试验常用设备名称、参数及精度见表 5-17。

表 5-17　　电流互感器温升试验常用设备名称、参数及精度

设备名称	精精度
电流发生器	—
热电偶	测量误差＜1℃
数据采集/开关单元	直流 V±0.01%，A±0.11%
互感器温升试验装置	准确度：0.2%±0.002mΩ 最小分辨率：0.001mΩ

试验时互感器应如同正常使用时一样安装。GB/T 2084.1 第 7.2.1 条试验时环境温度应在 5～40℃，湿度在 85%以下进行。试验室不满足此条件，试验不得进行。

（1）试验场所周围不得有任何影响环境温度的因素，例如辐射、热源、气流等。

（2）环境温度测量应采用 3～4 个温度计，其测温端应浸于容积不小于 1000mL 且装满油的杯中。放置于试品周围 2m 处，高度约为试品高度的中间部位，环境温度应以几个温度计的平均值为准。

2. 试验前的检查

产品进行温升试验前，要做如下的检查工作。

（1）做好技术准备，核查相应的技术文件、试验标准以及试验要求。

（2）对于油浸式电流互感器试验前确认油位是否正常，有无漏油现象。

（3）确认试品温升试验电流值，选择合适的电流源进行供电。

（4）试品及试验设备要正确接线。

（5）根据试验电流值选择合适截面的导体，对于大电流温升试验一般每平方毫米铜导体载荷 2A。

三、试验过程

GB/T 20840.1 中第 7.2.2 条规定：试验时，互感器的安装代表其实际使用情况。绕组是温升采用电阻法测量，但对电阻值很小的绕组可采用热电偶测量。绕组以外部位的温升可用温度计或热电偶测量。当温升变化值不超过 1K/h 时，则认为互感器已达到稳定温度。

1. 试验接线

（1）试验时，互感器的安装应代表其实际使用情况。

（2）连接互感器一次端子的导线，应选取合适的截面，且单根长度不小于 1.5m，（根据经验试验时距一次端子 0.75～1m 处的温升应小于 40K）避免导线自身的温升影响试品的温升。

（3）试验采用负荷法，也可采用短路法，在电流互感器一次端子通以额定频率的额定连续热电流（或额定扩大连续热电流），二次端子接额定负荷进行试验。对于具有多个相同二次绕组的互感器，如能证明其中某个绕组考核最严格，则允许只测量此一个绕组。

2. 温度测量

（1）测量环境温度的传感器应环绕电流互感器分布。间距按与电流互感器额定值相应的适当值，高度约为互感器高度的一半，并免受直接热辐射。

（2）绕组温升应采用电阻法测量，但对电阻值很小的绕组可采用热电偶测量。一次绕组推荐采用热电偶法。

（3）测量母线出现端子及铁心表面温度，可采用温度计/热电偶测量；测温端应于被测点紧密接触。

（4）测量油顶层温度时，温度计/热电偶应浸于油面下 50～100mm。

3. 试验持续时间

（1）试验持续时间至少等于电流互感器热时间常数的三倍。

（2）绕组和油浸式电流互感器油顶层的温升变化连续三次每小时不超过 1K。

以上两种条件皆满足时可以终止试验。

4. 温升限值

GB/T 20840.1 第 6.4.1 条规定由于互感器温升受绕组本身绝缘或嵌入绕组的周围介质中最低绝缘的限制。所以不同种类的互感器温升限值不同。如果电压互感器在外壳内使用，应注意外壳内环境冷却介质所达到的温度。

互感器各种零部件、材料和介质的温升限值见表 5-18。

表 5-18　　互感器各种零部件、材料和介质的温升限值

序号	互 感 器 各 部 分	温升限值（K）
1	油浸式电压互感器	—
	顶层油	50

续表

序号	互 感 器 各 部 分	温升限值（K）
1	顶层油（对于全密封结构）	55
	绕组平均	60
	绕组平均（对于全密封结构）	65
	接触油的其他金属件	与绕组相同
2	固体或气体绝缘的电压互感器	—
	绕组平均（对于接触下列等级绝缘材料）	—
	Y	45
	A	60
	E	75
	B	85
	F	110
	H	135
	接触上列等级绝缘材料的其他金属件	与绕组相同

绝缘材料的定义见 GB/T 11021。

5. 温升环境修正

GB/T 20840.1 中第 6.4.2 条规定，如果互感器规定的海拔超过 1000m 处使用而试验处海拔低于 1000m 时上述的温升限值应用产品使用处海拔超出 1000m 后的每 100m 减去下列数值进行校正。

（1）油浸式互感器：0.4%。

（2）干式和气体绝缘的电压互感器：0.5%。

温升的海拔校正因数为

$$K_0=\Delta T_{h}/\Delta T_{h0}$$

式中　ΔT_{h}——海拔 $h>1000$m 处的温升；

ΔT_{h0}——表 5-18 中规定的温升限值（海拔 $h_0\leqslant1000$m 处）。

6. 试验原理及接线

电流互感器温升试验接线原理图如图 5-12 所示。

7. 试验方法

试验时，电流互感器一次侧通过如试验规定试验电流，二次端子短接或接入规定的负荷值。

绕组温升应采用电阻法测量（如可行），但对电阻值很小的绕组可采用热电偶直接测量。

绕组以外部位的温升可用温度计或热电偶测量。

测量环境温度的传感器应环绕电流互感器分布，距离互感器距离为 2m，高度是互感器高度的一半。测量铁心表面的温度采用热电偶，测量油顶层温度时，温度计应浸于油面下 50～100mm。

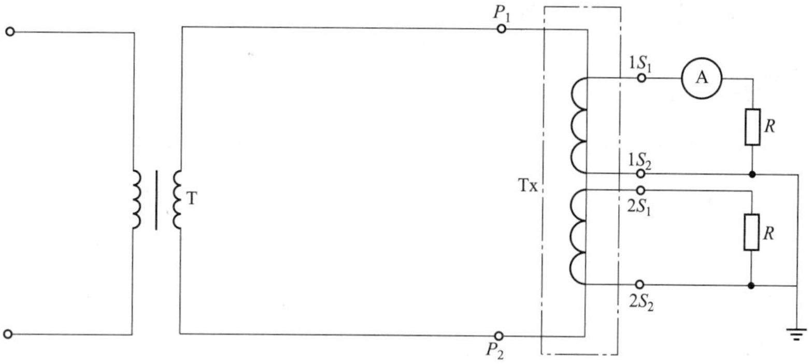

图 5-12　电流互感器温升试验接线原理图

T—升流器；A—电流表；R—负载电阻；Tx—被试互感器；

P_1、P_2—一次绕组出线端子；$1S_1$、$1S_2$、$2S_1$、$2S_2$—二次绕组出线端子

绕组和油浸式电流互感器油顶层的温升变化连续三次每小时不超过 1K，则电流互感器达到稳定状态。试验结束准备测量绕组热态电阻。

绕组平均温度测量：

（1）绕组平均温度应采用电阻法测量，测量冷、热电阻应用同一线路和仪器。

（2）在温升试验结束，切断电源之后，立即测量绕组的直流电阻。应在停电后 1～2min 内测出第一个数据。然后在 10min 内每隔相等的时间 Δt（30～60s）测定电阻值，依次记录为 R_1、R_2、R_3、…、R_k。若以切断电源瞬间为 t_0=0，在对数坐标上将相应个点会出，用一曲线连接，按下图的方法绘出 L 线，再确定曲线与 R 轴的焦点即为 t_0=0 时的 R_0 值，由电阻值 R_0 可计算出切断电源瞬间的绕组平均温度 $\Delta\theta$。

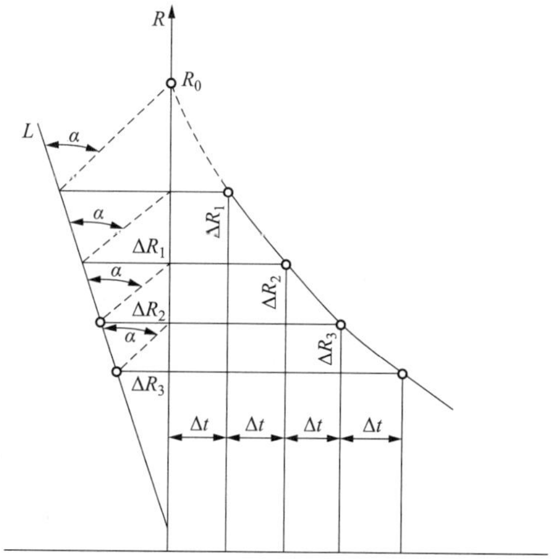

图 5-13　利用外推法绘制的热态电阻温升曲线图

利用外推法绘制的热态电阻温升曲线图如图 5-13 所示。

绕组平均温升$\Delta\theta$为

$$\Delta\theta = \frac{R_0}{R_{\theta_1}}(235+\theta_1)-(235+\theta_2)$$

式中　$\Delta\theta$ ——绕组平均温升，K；

R_0——断电瞬间绕组热态电阻值，Ω；

R_{θ_1}——温度为θ_1时冷态电阻值，Ω；

θ_1——绕组冷态温度（冷态时环境温度），℃；

θ_2——温升试验后期确定温升的环境温度，℃；

235——铜导体温度系数的倒数。

四、注意事项

（1）检查每个绕组的所带负荷必须正确。短路法二次端子必须短接牢靠。

（2）测量热态电阻时提前准备好仪器设备，2min 以内必须测量出第一个热态电阻值。

（3）整个测量回路中所有的接地都应引至同一参考接地点。

（4）试验过程中实时监控互感器外表及关键节点的温度，如关键位置温度严重超标则试验结束。

（5）油浸式电流互感器试验前确认油位是否正常。

五、试验后的检查

（1）浇筑式电流互感器检查绝缘表面有无裂纹损伤，对于油浸式电流互感器检查试品油箱表面有无漏油迹象。

（2）画出绕组温升曲线图得出热态电阻值，根据公式计算出温升值。

（3）核算试品外部关键部位温升是否超出限值。

六、结果判定

记录实测值并绘制温升热电阻曲线，推导出热态电阻并计算温升值和表 6-2 中的相应要求值比较。

七、案例分析

（1）案例概况：试品型号为 ACH-0.66-100×50Ⅱ-4000/5 的电流互感器，温升要求值为 67K。试验要求通以 1.2 倍一次额定连续热电流。

（2）不合格原因描叙：冷态电阻值为 0.91Ω，冷态电阻环境温度 27.3℃。

热态电阻值为 1.3459Ω，热态电阻环境温度 28.1℃。

S_1-S_2绕组温升（$\Delta\theta_{c1}$）$=R_2/R_1(235+\theta_1)-235-\theta_2=1.3459/0.91(235+27.3)-235-28.1=124.8$K。

（3）不合格原因分析：此试品体积小，通以 5000A 连续热电流，散热面积小，内部散热材料不够好造成温升超出试验要求值。

电流互感器温升试验实物接线实物图如图 5-14 所示。电流互感器温升试验温升曲线图如图 5-15 所示。

图 5-14 电流互感器温升试验

实物接线实物图

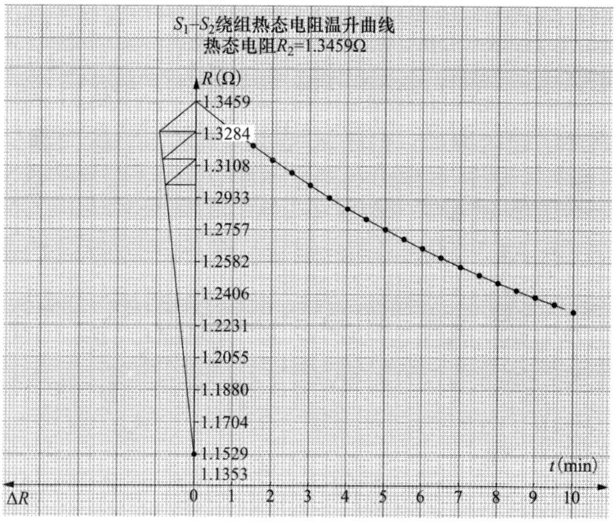

图 5-15 电流互感器温升试验

温升曲线图

第八节 局 部 放 电 测 量

一、试验概述

电流互感器在电力系统运行中除了要承受正常的电压作用外，还要承受各种过电压，如持续工频过电压、瞬态过电压、操作过电压和雷电过电压等。在各种电压作用条件下，电流互感器的绝缘内部或表面会发生局部放电现象，局部放电会造成产生局部放电部件的电气绝缘加速老化，影响电气的使用安全和使用寿命。

1. 试验目的

本试验的目的：验证不同电压等级的电流互感器在相应的电压作用下局部放电量是否超出相应的限值。

2. 试验依据

GB/T 20840.1《互感器通用技术要求》是互感器试验的主标准。

GB/T 20840.2《电流互感器的补充技术要求》是电流互感器专用技术标准。

GB/T 20840.2 中第 7.1.2 条规定本试验为例行试验。

3. 主要参数及定义

（1）设备最高电压 U_m：相对相电压的最高方均根值，设备依据它设计其绝缘以及相关设备标准按此电压规定其他特性。

（2）视在放电量：指在电力设备局部放电的试品两端注入一定电荷量，使试品端电压的变化量和局部放电时端电压变化量相同。此时注入的电荷量即称为局部放电的视在放电量，以皮库（pC）表示。实际上，视在放电量与试品实际点的放电量并不相等，后者不能直接测得。试品放电引起的电流脉冲在测量阻抗端子上所产生的电压波形可能不同于注入脉冲引起的波形，但通常可以认为这两个量在测量仪器上读到的响应值相等。

二、试验前准备

1. 试验设备与环境要求

电流互感器局部放电试验常用设备名称、参数及精度见表 5-19。

表 5-19　　电流互感器局部放电试验常用设备名称、参数及精度

设备名称	设备参数	精度
高压屏蔽室	屏蔽效能：0.15～30MHz≥90dB；混响时间：＜5s（400Hz 时）；吸声性能指标：频率 125Hz，吸声系数 0.32；频率 250Hz，吸声系数 0.76；频率 500Hz，吸声系数 0.70；接地电阻：≤0.3Ω（单点接地）；背景噪声：≤1pC（穿墙套管加屏蔽罩）；屏蔽移门技术要求：电源电压：AC380/220V，50Hz；运行功率：5.5kW；气囊气源压力：0.2MPa；气囊压力：1.2kg/cm^2；移门线速度：0.2～0.37m/s	—
无局部放电工频试验变压器成套设备	总体技术参数：单相，50Hz，额定容量 240kVA；额定输入电压：0.38kV（调压器输入电压）；额定输出电压：120kV；额定输入电流：328.9A（调压器输入电流）；额定输出电流 2A/(抽头 13A)；成套装置运行时间：100%U_n，100%I_n 下运行 60min，70%U_n，70%I_n 下连续运行；成套设备局部放电水平：100%额定电压下≤5pC；70%额定电压下≤2pC；成套设备波形畸变率：当电压在 10%～100%额定电压范围内，调压器输入电压波形畸变率＜3%时，输出电压波形畸变率＜5%；系统噪声水平：≤65dB	不确定度：1%
多通道数字式局部放电综合分析仪	输出电量：10，50，100，500pC 和 5，10，20，50，100pC；脉冲上升时间＜60ns；频率范围：50～1000Hz；整机测量范围：0.1pC～10000nC；测量通道：独立 4 通道；采样精度：12Bit；采样速率：20MHz；本量程非线性误差：5%；量程切换：×1，×10，×100，×1000，×10000，×100000；可测试品的电容量范围：6pF～250μF；测量频带：3dB 带宽 10kHz～1MHz	检测灵敏度：0.1pC

试验时试品应该确保完好无损，所有配件完好齐全，保证外表干净整洁。

试验时互感器应在如同正常使用时一样安装。GB/T 2084.1 第 7.2.1 条试验时环境温度应在 5～40℃，湿度在 85%以下进行。试验现场无其他在高压电场下产生局部放电影响试验结果的设备或物品，不能移动的设备要接地牢固。试验背景噪声水平一般小于 3pC 或更小。

2. 试验前的检查

产品进行局放试验前，要做如下的检查工作。

（1）做好技术准备，核查相应的技术文件、试验标准以及试验要求。

（2）确认试品电压等级和本试验试验电压是否匹配。

（3）对于油浸式电流互感器试验前确认油位是否正常，有无漏油现象，如有漏油现象不得进行本试验。

（4）试品及试验设备要正确接线，为了避免线路对试验的影响，引线上要套上屏蔽波

纹管。要保证引线对各接地部分的绝缘距离足够大，以免在试验过程中出现不应有的放电。

三、试验过程

GB/T 20840.1 第 5.3.1 条规定局部放电试验适用于 $U_m \geqslant 7.2kV$ 的互感器。局部放电水平应不超过下表规定的限值。

局部放电测量电压及允许水平见表 5-20。

表 5-20　局部放电测量电压及允许水平

系统中性点接地方式	互感器类型	局部放电测量电压（方均根值 kV）	局部放电量最大允许水平（pC）	
			绝缘类型	
			液体浸渍或气体	固体
中性点有效接地系统（接地故障因数≤1.4）	电流互感器和接地电压互感器	U_m $1.2U_m/\sqrt{3}$	10 5	50 20
	不接地电压互感器	$1.2U_m$	5	20
中性点绝缘或非有效接地系统（接地故障因数>1.4）	电流互感器和接地电压互感器	$1.2U_m$ $1.2U_m/\sqrt{3}$	10 5	50 20
	不接地电压互感器	$1.2U_m$	5	5

注　1. 如果系统中性点的接地方式未指明时，则按中性点绝缘或非有效接地系统考虑。
　　2. 局部放电最大允许水平也适用于非额定值的频率。

1. 试验原理和接线

局部放电测量校准电路如图 5-16 所示。电流互感器局部放电试验接线图如图 5-17 所示。

电流互感器局部放电试验按照程序 A 或程序 B 施加预加电压以后，将电压降到表 5-20 规定的局部放电测量电压，30s 内测量相应的局部放电水平。测得的局部放电水平应不超过表 5-20 规定的数值。

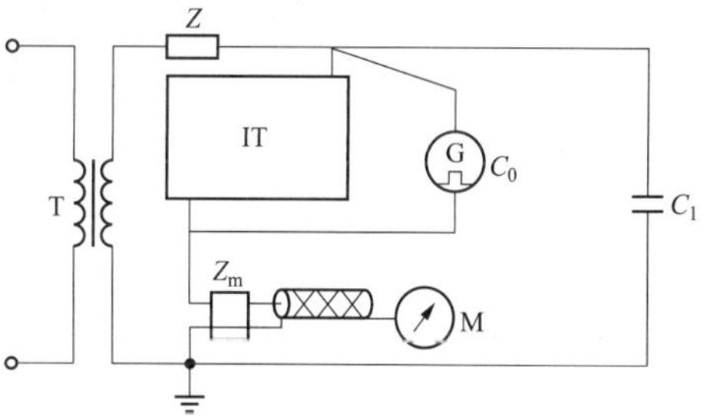

图 5-16　局部放电测量校准电路

G—电容量为 C_0 的脉冲发生器；

T—局部放电用试验变压器

程序 A：局部放电测量电压时在工频耐压试验后的降压过程中达到。

程序 B：局部放电试验是在工频耐压试验结束之后进行。施加电压上升至额定工频耐受电压的 80%，至少保持 60s，然后不间断的降低到规定的局部放电测量电压。

2. 试验方法

一次侧短接接高压，二次侧短接接地，经检查无误后，对试验线路系统背景进行测量校准。背景局部放电量一般要小于 3pC。试验高压线要用波纹管，防止引线在高电压下产生局部放电影响试验结果。电流互感器局部放电测量试验一般和一次工频耐压试验一起做，工频耐压试验完成后在降压过程中，达到测量局部放电压值 30s 内读取测量值。

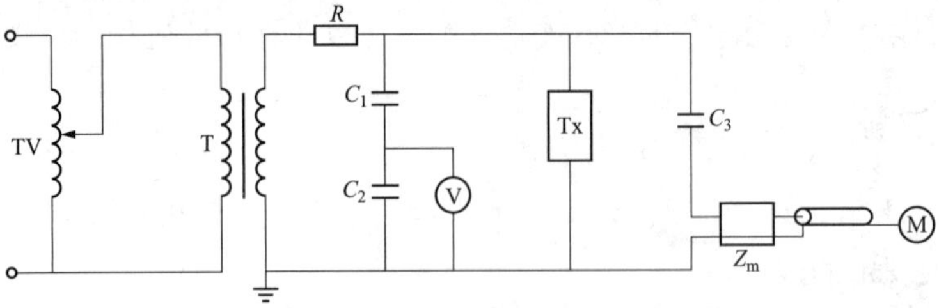

图 5-17　电流互感器局部放电试验接线图

TV—调压器；T—升压变压器；R—保护电阻；C_1、C_2、C_3—分压电容；
V—峰值电压表；Tx—被试互感器；Z_m—测量阻抗；M—局部放电仪

一般测量两次，$1.2U_m$ 测量一次，$1.2U_m/\sqrt{3}$ 电压下测量一次。

如果局部放电量超出规定值，检查线路有没有尖端放电点。试品外壳的尖端接地。反复试验排除外部放电干扰。重复试验时，电压直接升到局部放电测量电压值。

注：如果短路试验后重复局部放电试验，电压值应以规定值的 90%进行。

四、注意事项

（1）局部放电试验对周围环境要求较高，试验时周围清理干净，不能移动的设备要接地牢固。

（2）整个测量回路中所有的接地都应引至同一参考接地点。

（3）试品表面用干净抹布擦干净。

（4）油浸式互感器试验前确认油位是否正常。

（5）油浸式电流互感器试验前必须静止一段时间，防止绝缘油中有气泡对试验结果产生影响。

五、试验后的检查

试验后检查试品的绝缘表面有无异常。

六、结果判定

试验测量局部放电值小于表 5-19 相应电压下的局部放电要求值。

七、案例分析

［案例一］

（1）案例概况：试品名称型号规格为 CTO-36 33kV 800-400/5-5-5A。试品为油浸式电流互感器。分别在 U_m=36kV 及 $U_m/\sqrt{3}$=24.94kV 进行局部放电测量。

（2）不合格现象描述：试验使用程序 A 进行试验，即对此试品进行 70kV 的工频试验后在把电压降到 U_m=36kV 试品局部放电在 2500pC 水平，降到 $U_m/\sqrt{3}$=24.94kV 局部放电在 1000pC 水平。

（3）不合格原因分析：此试品第一次局部放电试验不合格后，排查了外部因素，如检查各接地点，对可能的产生局部放电的外部尖端部位进行了处理，接线端子加装屏蔽环等。得出局部放电为试品内部产生。电流互感器内部有缺陷，有些油浸式电流互感器绝缘油不合格也会造成局部放电超标。试品绝缘中有金属异物，或试品内部真空处理不到位有气泡都会产生内部局部放电。

［案例二］

（1）案例概况：试品名称型号规格为电流互感器（油浸式）CTO-3633kV 2000-1000/5-5-5A 分别在 U_m=36kV 及 $U_m/\sqrt{3}$=24.94kV 进行局部放电测量。

（2）不合格现象描述：试验使用程序 A 进行试验，即对此试品进行 70kV 的工频试验后在把电压降到 U_m=36kV 试品局部放电在 500pC 水平，降到 $U_m/\sqrt{3}$=24.94kV 局部放电在 200pC 水平。

（3）不合格原因分析：试验前对产品进行了外观检查，发现此试品油箱的密封圈有萎缩现象，但是没有漏油痕迹。试验后局部放电不合格，分析原因为密封圈萎缩后空气进入试品内部，造成绝缘油中有气泡。

第九节 匝间过电压试验

一、试验概述

电流互感器在使用过程中，不允许二次绕组开路运行，二次绕组开路会引起过热和过电压危险。

1. 试验目的

为了验证电流互感器在使用运行中二次绕组异常开路时，不至于因二次绕组的短时开路引起过电压和过热造成电流互感器二次绕组匝间绝缘的损坏所以进行本试验进行验证。

2. 试验依据

GB/T 20840.1《互感器通用技术要求》是互感器试验的主标准。

GB/T 20840.2《电压互感器的补充技术要求》是电流互感器专用技术标准。

GB/T 20840.2 中第 7.1 条规定本试验为例行试验。

3. 主要参数及定义

电流互感器分为测量用电流互感器和保护用电流互感器。保护用电流互感器分为 P 级保护用电流互感器，PX 级保护用电流互感器，PXR 级保护用电流互感器等。

（1）测量用电流互感器：为测量仪器和仪表传递信息信号的电流互感器。

（2）保护用电流互感器：为保护和控制装置传送信息信号的电流互感器。

（3）P 级保护用电流互感器：无剩磁通限值的保护用电流互感器。

（4）PX 级保护用电流互感器：无剩余磁通限值的低漏抗保护用电流互感器。

（5）PXR 级保护用电流互感器：具有剩磁通限值的保护用电流互感器。

二、试验前准备

1. 试验设备与环境要求

电流互感器匝间过电压试验常用设备名称、参数及精度见表 5-21。

表 5-21　电流互感器匝间过电压试验常用设备名称、参数及精度

设备名称	设　备　参　数	精　度
电流互感器开路电压测试仪	电压范围（分两档），1 档：0～1999V（峰值）2 档：0～10kV（峰值）；电流表测量范围：0～5A（交流）；输入阻抗：＞10MΩ	不确定度：3%
数显钳形表	AC 电流：0～999.9A，AC 电流：0～2500A，DC 电流：0～999.9A，AC 电压：0～1000V ，DC 电压：0～1000V，电阻：0～60kΩ，电容：1～1000μF	AC 电流：＜2%
电流发生器	额定容量：10kVA；频率：50/60Hz；输入电压：0～420V；输出电流：0～2500A；10A，50A，200A，500A 为固定桩头输出。500A 以上为穿心式输出	—

试验时互感器应在如同正常使用时一样安装。GB/T 2084.1 第 7.2.1 条试验时环境温度应在 5～40℃，湿度在 85%以下进行。试验室不满足此条件不得试验。

2. 试验前检查

产品进行匝间过电压试验前，要做如下的检查工作。

（1）做好技术准备，核查相应的技术文件、试验标准以及试验要求。

（2）检查电流互感器电流变比及准确级。

（3）不做试验的二次绕组短接。

（4）试品及试验设备要正确接线，要保证引线对各接地部分的绝缘距离，以免在试验过程中出现不应有的放电。

三、试验过程

GB/T 20840.2 5.3 条规定，绕组匝间绝缘的额定耐受电压为 4.5kV（峰值）。对于额定拐点 E_k＞450V 的 PX 级和 PXR 级电流互感器，匝间绝缘的额定耐受电压值的峰值是所规定拐点电势方均根值的 10 倍或 10kV 峰值，取两者的较低值。

1. 试验原理和接线

利用一次侧施加额定或额定扩大电流，二次侧开路的条件下产生高压来检查绕组的匝间绝缘能力。

按程序 A、B 试验接线原理图如图 5-18、图 5-19 所示。

2. 试验方法

匝间过电压试验应在满匝二次绕组上按下列程序之一进行。

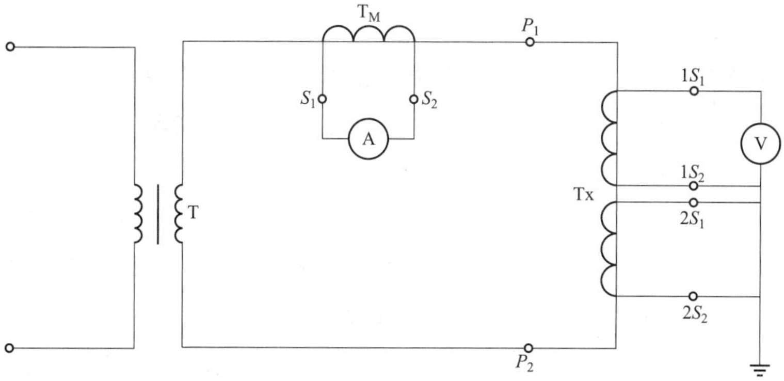

图 5-18 按程序 A 试验接线原理图

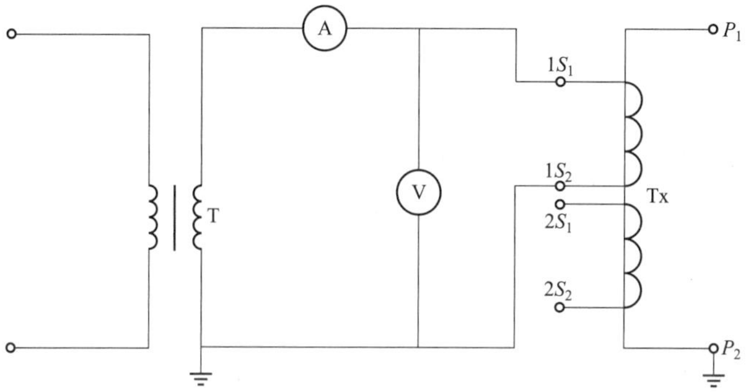

图 5-19 按程序 B 试验接线原理图

T—升流变压器；Tx—被试电流互感器；

P_1、P_2—电流互感器一次端子；$1S_1$、$1S_2$；$2S_1$、$2S_2$—电流互感器二次端子

程序 A：二次绕组开路（或连接读取峰值电压的高阻抗电压测试仪），对一次绕组施加频率为 40～60Hz 的实际正弦电流，其方均根值等于额定一次电流（或额定一次扩大电流，如果有），持续时间 60s。

如果在到达额定一次电流（或额定扩大一次电流）之前，已经得到试验要求规定的试验电压，则施加的电流应受限制。

如果在最大一次电流下未达到规定的试验的试验电压，则所达到的电压应认定为是试验电压。

程序 B：一次绕组开路，在每一个二次绕组端子之间施加试验要求规定的试验电压，则所达到的电压应认定为试验电压。

当试验频率超过两倍额度频率时，试验持续时间 t 可降低为

$$t=\frac{2f_{\mathrm{r}}}{f_{\mathrm{t}}}\times 60$$

式中 t——试验持续时间，s；

f_{r}——额定频率，Hz；

f_{t}——试验频率，Hz。

最少时间为 15s。

匝间过电压试验不是电流互感器二次绕组能否开路运行的验证试验。电流互感器不允许在二次绕组开路时运行，因为可能出现危险的过电压和过热现象。

为了最接近实际使用情况，对于匝间过电压试验，我们一般按程序 A 进行试验。具体试验方法：二次绕组开路并连接读取峰值电压的高阻抗开路电压测试仪，不测试的其他绕组必须短接。对一次绕组施加频率为 50Hz 的实际正弦电流，其方均根值等于额定一次电流（或额定一次扩大电流，如果有），持续时间 60s。

如果在到达额定一次电流（或额定扩大一次电流）之前，已经得到试验要求规定的试验电压，则施加的电流应受限制。

如果在最大一次电流下未达到规定的试验的试验电压，则所达到的电压应认定为是试验电压。

例如：试验电流 500A 绕组匝间绝缘的额定耐受电压为 4.5kV（峰值），在试验电流达到 300A 时二次开路电压已经达到 4.5kV 时停止试验匝间过电压为 4.5kV，如果电流升到 500A 时电压值为 100V 那匝间过电压就是 100V。

四、注意事项

（1）试验时一次电流应平稳上升，注意观测二次开路电压。

（2）试验时不做测试的其他绕组必须可靠短路。

（3）整个测量回路中所有的接地都应引至同一参考接地点。

（4）短路后试验电流是试验前电流的 90%。

五、试验后的检查

检查二次绕组绝缘表面试验前后有无异常。

六、结果判定

试验过程中无电压突然下降，试验中试品内部无响声或外部无破坏性放电现象，及试验后匝间绝缘无损坏，则认为互感器通过本试验。

七、案例分析

（1）案例概况：试品型号规格为 LMZK1-0.66 600/5A 0.5S，下限负荷为 2.5VA，匝间过电压电流值为 $1.2I_{pr}$ 720A。

（2）不合格描述：对此试品进行升流过程中即出现很大的噪声现象。当一次电流值达到 500A 二次绕组电压为 2.3kV 时出现异常响声，试验电压出现突然下降。

（3）不合格原因分析：试后对试品进行检查发现试品表面出现开裂现象，对二次侧进行励磁试品已经无法励磁表明此产品已经损坏。此为匝间短路造成的。

匝间过电压试验接线实物图如图 5-20 所示。

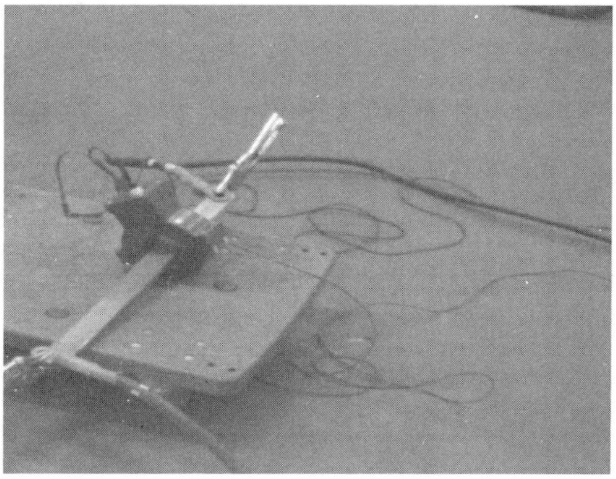

图 5-20 匝间过电压试验接线实物图

另外匝间过电压不合格原因主要有匝间绕组绝缘损坏，对外壳、接地点及二次绕组之间放电。有时试品内部出现异响，而看不到闪络现象。

第十节 短时电流试验

一、试验概述

电流互感器在使用中会受到短时电流的冲击，因此电流互感器必须有足够的承受短路电流热作用和机械力作用的能力。也就是要求电流互感器能满足一定的短时热电流要求和动稳定电流要求。

1. 试验日的

电流互感器的短时电流试验考核的是电流互感器在短时短路时的热稳定和动稳定承受能力。

2. 试验依据

GB/T 20840.1《互感器通用技术要求》是互感器试验的主标准；

GB/T 20840.2《电流互感器的补充技术要求》中第 7.2.201 条；

GB/T 20840.2 中第 7.1.2 条规定本试验为型式试验。

3. 主要参数及定义

额定短时热电流（I_{th}）：在二次绕组短路的情况下，电流互感器能在规定的短时间承受且无损伤的最大一次电流的方均根值。

额定动稳定电流（I_{dyn}）：在二次绕组短路的情况下，电流互感器能承受起电磁力作用而无电气或机械损伤的最大一次电流峰值。

二、试验前准备

1. 试验设备与环境要求

电流互感器短时电流试验常用设备名称、参数及精度见表 5-22。

表 5-22 电流互感器短时电流试验常用设备名称、参数及精度

设备名称	设备参数	精度
数据采集仪	16 通道，1V～50V F.S 500kHz；≥3dB	频率误差：<0.01%，总谐波失真<0.01%
低压大容量试验系统控制台	控制电压：AC220V，PLC：FX-2N 系列，电源容量：700W，通信：CC-Link	—
电源系统（冲击发电机、中间变压器、电容器组、电抗器组、隔离开关组、相控断路器）（仅供参考）	—	—

试验时互感器应在如同正常使用时一样安装。GB/T 2084.1 中第 7.2.1 条试验时环境温度应在 5～40℃，湿度在 85%以下进行。试验室不满足此条件不得试验。

2. 试验前检查

产品进行短路试验前，要做如下的检查工作。

（1）做好技术准备，核查相应的技术文件、试验标准以及试验要求。

（2）确认试品二次绕组端子，所有二次端子短接牢靠。

（3）试品及试验设备要正确接线，试品要固定在专用的试验平台上，必要时要用绝缘绑带加固试品。避免试验工程中试品发生位移，对试品造成外在的损坏。

（4）确认产品一次导线，二次导线的材质及截面积是否能承受相应的试验电流。

（5）试验接线的截面积应能承受相应的试验电流。

（6）接线确认无误后对试品及相关的试验接线拍摄试验过程照。

三、试验过程

GB/T 20840.2 中第 5.204.1 条规定对互感器应规定额定短时热电流（I_{th}）。额定短时热电流的持续时间标准值为 1s。

GB/T 20840.2 中第 5.204.2 条规定额定动稳定电流（I_{dyn}）的标准值是额定短时热电流（I_{th}）的 2.5 倍。

1. 试验原理和接线

电流互感器短时电流试验接线原理图如图 5-21 所示。电流互感器短时电流试验接线实物图如图 5-22 所示。

2. 试验方法

短时热电流试验应在二次绕组短路的情况下进行，施加的一次电流 I'及持续时间 t'应满足

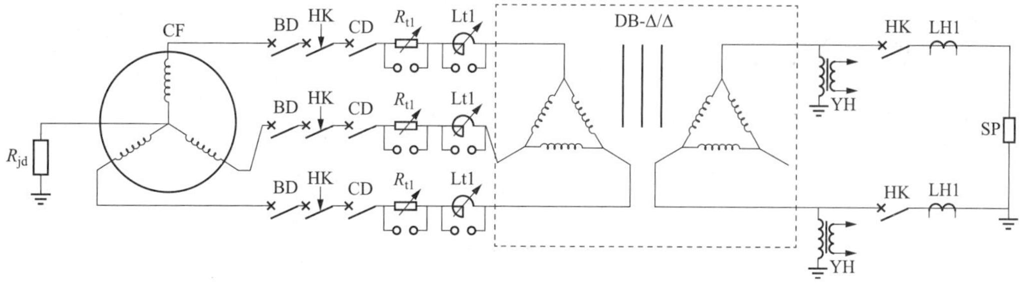

图 5-21 电流互感器短时电流试验接线原理图

CF—短路发电机；BD—保护断路器；HK—合闸开关；CD—操作断路器；R_{t1}—功率因数调节电阻；Lt1—调节电抗器；DB—短路变压器；YH—电压互感器；LH1—电流互感器；R_{jd}—接地电阻；SP—试品

图 5-22 电流互感器短时电流试验接线实物图

$$I'^2 \times t' \geq I_{th}^2 \times t$$

式中 t——短时热电流的持续时间，s；

t'——持续时间，其值应在 0.5～5s，s。

动稳定试验可以与上述短时热电流试验合并进行，但要求该试验电流的第一个主峰值不小于额定动稳定电流 I_{dyn}。

除有特别规定当互感器通过二次绕组抽头改变电流比时，应将具有最小电流比的二次绕组端子短接。

四、注意事项

（1）整个测量回路中所有的接地可靠接地，并都应引至同一参考接地点。

（2）试验时应放置防爆围栏或挡板。

（3）试验前应有准备相应的消防器材及措施，以防备试验出现的起火风险。

五、试验后检查

（1）查看试品有无可见损伤。

（2）二次绕组所用的短接导线拆除。

六、结果判定

试验后的互感器在冷却到环境温度（5～40℃）后，能满足下列要求，则应认为互感器通过本试验：

（1）无可见的损伤；

（2）退磁后，其误差与本试验前的差异不超过其准确级误差限值的一半；

（3）能够承受短路试验前相应的绝缘试验，但其试验的电压或电流降低为规定制定 90%；

（4）经检查，与导体表面接触的绝缘无明显的劣化现象（如：碳化）。

如果一次绕组对应于额定短时热电流（I_{th}）的电流密度不超过下列值，则（4）的检查可不进行。

当绕组规格为 180A/mm^2，且为铜材，其导电率不小于 GB/T 5585.1 中规定值的 97%；

当绕组规格为 120A/mm^2，且为铝材，其导电率不小于 GB/T 3954 中规定值的 97%。

七、案例分析

［案例一］

（1）案例概况：电流互感器型号 LVQB-110W3，规格 2×400/5、2×200/5，试验电流：40+5%/100+5%kA，热稳定值≥4800（×10^{6}A^{2}s），试验次数 1 次，试验时间 3s。

（2）不合格描述：试验过程中试品出现一、二次绕组绝缘损坏及炸裂现象。

电流互感器短时电流试验后损坏图（案例一）如图 5-23 所示。电流互感器短时电流试验采集波形图（案例一）如图 5-24 所示。

（a）

（b）

图 5-23　电流互感器短时电流试验后损坏图（案例一）

（a）损坏图一；（b）损坏图二

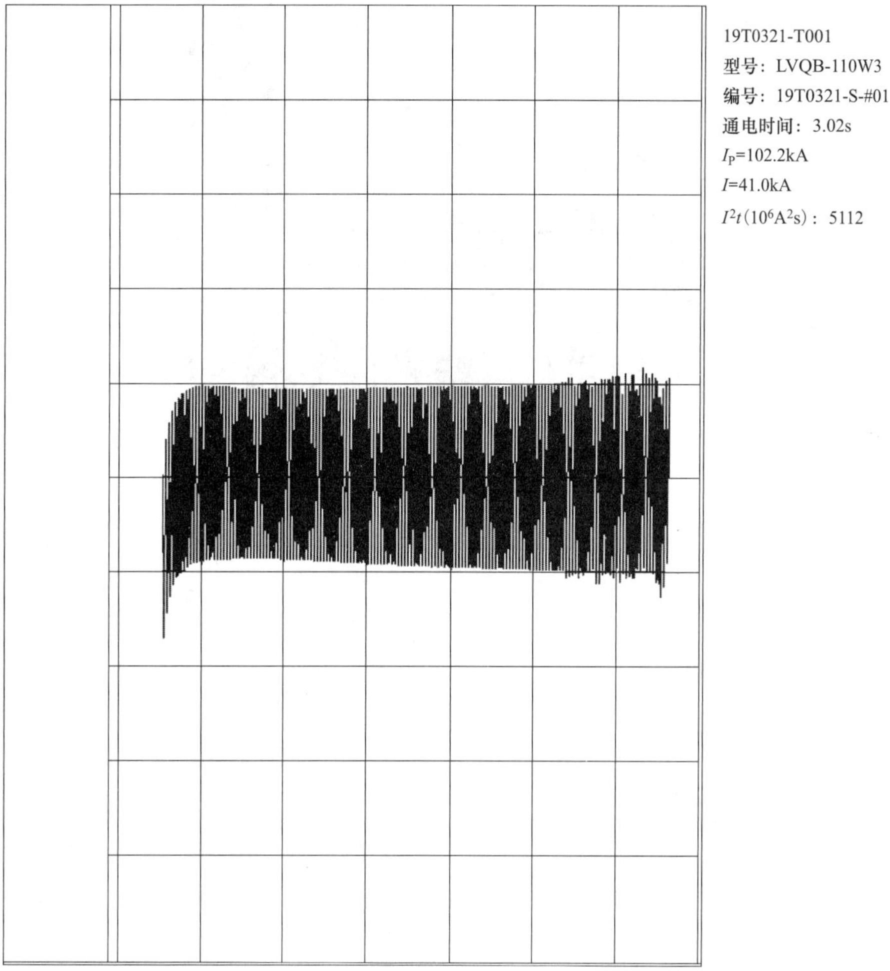

图 5-24 电流互感器短时电流试验采集波形图（案例一）

（3）不合格原因分析：短时电流试验即动、热稳定试验会在产品绕组内产生短时的高温和过热现象，也会在产品的绕组上产生瞬间的电动力。当产品的设计及结构工艺不合理时，就会导致产品在短时电流试验中发生绝缘老化或结构损坏现象，有的还会产生产品碎裂及爆炸起火现象。

［案例二］

（1）案例概况：电流互感器型号 LZZBJ9-35，规格 2500/5/5/5，试验电流：80+5%/200+5%kA，热稳定值≥6400（$\times10^6A^2s$），试验次数：1 次，试验时间：1s。

（2）不合格描述：试验过程中试品绝缘出现损坏。

（3）不合格原因分析：短时电流试验由于试验电流值很大，试验瞬间会在产品的绕组上瞬间产生很大的电动力。当产品的设计及结构工艺不合理时，就会导致产品在短时电流试验中发生绝缘老化或结构损坏现象。电流互感器短时电流试验后损坏图（案例二）如图 5-25 所示。电流互感器短时电流试验采集波形图（案例二）如图 5-26 所示。

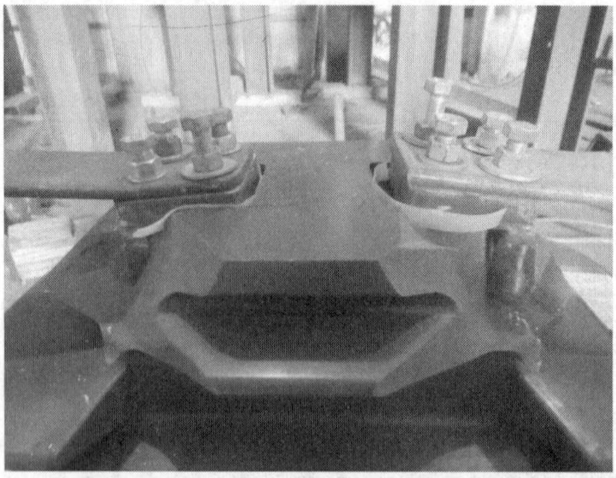

图 5-25 电流互感器短时电流试验后损坏图（案例二）

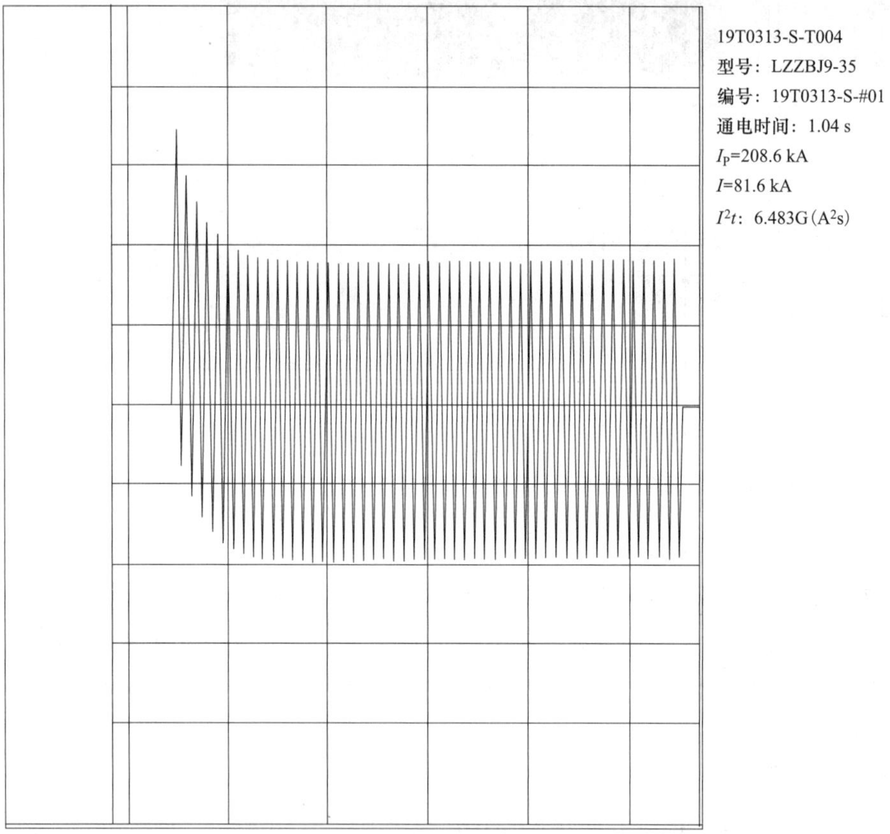

图 5-26 电流互感器短时电流试验采集波形图（案例二）

［案例三］

（1）案例概况：户外电流互感器，型号 LZZW-10 50，规格 100/5A，试验电流：10+5%/25+5%kA，热稳定值≥100（$\times10^6A^2s$），试验 1 次，试验时间为 1s。一次绕组为铜材截面积为 $50mm^2$。

（2）不合格描述：一次绕组对应额定短时热电流（I_{th}）的电流密度超 $180A/mm^2$ 的限值。

（3）不合格原因分析：设计不合理，一次绕组线径截面积过小。